桂北摩天岭地区花岗岩体特征与铀成矿作用

徐争启　倪师军　张成江
梁　军　程发贵　唐纯勇　著

科学出版社

北京

内 容 简 介

本书系统研究了摩天岭地区花岗岩岩体地质学、地球化学以及年代学特征，阐述该区经历的岩浆-构造热事件；深入研究了典型铀矿床的地质地球化学特征，分析成矿流体来源，揭示矿床成因；总结了研究区的铀成矿作用，建立了研究区的铀成矿模式；总结了研究区铀矿化的定位标志，指出了研究区的铀找矿方向。本书对国内同类矿床的研究有借鉴意义，对摩天岭地区铀矿找矿具有一定的理论指导作用。

本书适合铀矿地质勘查从业人员、大专院校相关专业师生以及科研院所相关科研人员参考阅读。

图书在版编目(CIP)数据

桂北摩天岭地区花岗岩体特征与铀成矿作用／徐争启等著.
—北京：科学出版社，2014.6
　ISBN 978-7-03-041286-7

Ⅰ.①桂⋯　Ⅱ.①徐⋯　Ⅲ.①花岗岩-岩体-特征-研究-广西
②铀矿床-成矿作用-广西　Ⅳ.①P588.12　②P619.140.1

中国版本图书馆 CIP 数据核字（2014）第 138498 号

责任编辑：张　展　罗　莉／封面设计：墨创文化
责任校对：王　翔／责任印制：余少力

科学出版社 出版
北京东黄城根北街16号
邮政编码：100717
http://www.sciencep.com

成都创新包装印刷厂印刷
科学出版社发行　各地新华书店经销

*

2014年6月第 一 版　　开本：787*1092 1/16
2014年6月第一次印刷　　印张：12 1/4
字数：295 千字
定价：59.00 元

前　言

桂北摩天岭—元宝山地区位于江南古陆西南缘，是我国重要的古老花岗岩出露区，也是我国花岗岩型铀矿分布区之一。摩天岭岩体是桂北，乃至华南地区非常重要的产铀花岗岩体，因其"老岩体产大矿"而闻名于世。长期以来，对摩天岭岩体、元宝山岩体及其周围地层的研究从未间断。在基础地质工作方面，前人做了大量的工作，主要从岩体年龄、岩体成因及岩体所反映的大地构造环境及演化等方面进行了较为深入的研究。但从摩天岭岩体与铀成矿作用方面进行研究的较为分散，缺乏系统性成果总结。在广西地质矿产勘查开发局地质找矿工程项目"广西摩天岭—元宝山地区铀矿成矿规律及找矿方向"的资助下，成都理工大学和广西壮族自治区305核地质大队共同承担完成了对摩天岭—元宝山岩体与铀成矿作用的研究。本书以广西摩天岭、元宝山岩体为研究目标，以新村和达亮等代表性铀矿床为重点研究对象，在深入分析前人在该区所作的铀矿地质、基础地质调查及研究等资料的基础上，通过野外地质调查，采取适当样品进行分析研究，重点研究对比新村和达亮两种不同类型铀矿床的异同点。研究中运用现代成矿理论、新的思路，深入研究摩天岭岩体和元宝山岩体铀成矿作用及控矿因素，总结成矿规律，进行成矿预测，明确铀矿找矿方向，为生产单位在该区开展大规模铀矿地质找矿提供理论依据和工作靶区。本书吸收了中国核工业地质局（现中核集团地矿事业部）项目"西南地区深部地质过程与铀成矿作用"的部分研究成果，本书还得到成都理工大学青年科技骨干计划支持。

本书由项目组主要成员分工合作完成，徐争启负责统筹思路及提纲，并撰写前言、绪论、第2章、第3章、第4章，徐争启、倪师军、张成江撰写第5章，梁军、程发贵、唐纯勇撰写第1章，徐争启、程发贵、唐纯勇撰写第6章。全书由徐争启统稿。宋昊博士、祁家明硕士、赵永鑫硕士、孙娇硕士参加了部分工作。本书撰写过程中得到了郑大瑜研究员，广西地质矿产勘查开发局核地质处韦联贵处长、罗寿文副处长、戴经国副处长的大力支持与帮助，得到了广西壮族自治区305核地质大队颜秋连教授级高级工程师的悉心指导，在项目实施过程中得到了广西地质矿产勘查开发局核地质处、广西壮族自治区305核地质大队、中国核工业地质局、成都理工大学科技处、成都理工大学核技术与自动化工程学院有关领导的大力支持，成都理工大学许多研究生及本科生、广西壮族自治区305核地质大队多位工程师参与项目研究工作，在本书的撰写过程中引用了大量前人的研究资料，在此一并表示感谢。

由于水平有限，本书仍有许多不足之处，敬请各位读者批评指正。

著者

2014.2

目　　录

绪　　论

0.1　研究区概况

一、地理经济概况

研究区工作范围行政上隶属于广西壮族自治区柳州市融水县(图1)。研究区所在的融水县为云贵高原东南部,九万大山蜿蜒其间,山体庞大,地势高峻,海拔多为1000~1500m,中部高四周低,中西部和西南部为中山地区,海拔1500m以上的山峰有57座,其中摩天岭海拔1938m,元宝山海拔2081m,为研究区最高峰。东南部和东北部为低山地区。南端为丘陵岩溶区,该地区较为平缓,被称为县内平原。

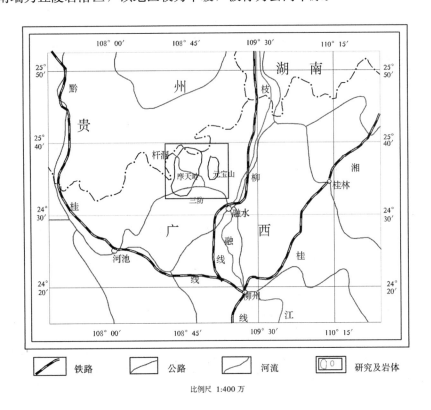

比例尺 1:400 万

图1　研究区交通位置图

研究区属典型的中亚热带季风气候。气候温和,雨量充沛,但分布不均,夏季多雨,冬季干燥,雨热同季。气温冬季南北温差大,夏季温差小,1959~2000年年平均温度为19.4℃,历年值为18.6~19.8℃。最冷月是1月,大部分地区为6.3~8.9℃;最热月的7月,大部分地区在28℃以上。最高气温大部分地区为36~38℃。

研究区以经营林业为主,多杉、松、竹、油茶、油桐等,森林覆盖率达60.5%,为广西木材主要产地,以优质高产杉木而著称全国。林副产品有茶籽、桐籽、薯莨、竹笋、香菇、木耳及五倍子、金银花、山甲片等药材。农产以稻为主。

枝柳铁路经过融水县境。研究区内有省道和县道相通,乡间公路蜿蜒相连,交通较为方便。

二、矿产资源概况

研究区矿产资源丰富,有铀矿、锡矿、铜铅锌矿等矿产资源分布,是重要的锡矿基地和铀资源分布区之一。研究区已发现矿种近40种,除铀外,主要有锡、钨、铜、铅、锌、铁、铂、钯、锑等,发现的矿产地约190处,已探明的矿产资源有锡、铜、硅、金等23种。有色金属矿产以锡铜锌多金属为主,资源潜力大,主要分布在元宝山岩体周边及摩天岭岩体西侧,可划分为:摩天岭西侧锡铜多金属成矿区;元宝山西侧钨铜锡多金属成矿区;元宝山东侧锡铜锌多金属成矿区。其中锡矿资源最有潜力,已有2个大型,5个中型矿床,集中分布在元宝山东侧锡铜锌多金属成矿区和摩天岭西侧锡铜多金属成矿区(朱小波,2009)。锡多金属矿床围绕花岗岩体接触带及附近分布,具横向分带性。

融水地区铜多金属矿床点很多,直接产于岩体接触带的有大平、石棉厂、红岗山、雨平山、一洞、沙坪、九毛、六秀、杆洞等矿床(点)。金兰铜矿点产于岩体内部,规正锡铅锌矿点和甲洞铅锌矿产于岩体的外围(黄惠民,2002)。

除铜矿以外,还有具较大工业意义的锡矿。该区锡矿,有九毛、一洞大型锡矿。目前,还发现了杆洞纪念碑锡矿、大坪锡矿。其矿床类型,前者为硫化物型,围岩具强烈碳酸盐化蚀变;后者为强烈硅化石英岩型富锡矿,肉眼见不到任何硫化物。杆洞铜矿产在华南最老地层——四堡群中。四堡群含矿物质丰富,经过多次构造运动、岩浆活动、变质作用,促进成矿物质迁移富集,除含有锡、铜、镍、金等矿产外,其外围较新地层中有铅、锌、锑、银、钨等矿化发育。

上述多金属矿产资源与铀矿在空间上有一定的关系,在融水摩天岭—元宝山地区形成了多金属矿集区。前人在研究中也累积了丰富的资料,取得了一些认识。

0.2 研究区以往地质工作程度

摩天岭—元宝山地区地处桂北,由于摩天岭岩体和元宝山岩体以最老产铀花岗岩而闻名于世,是桂北乃至华南地区非常重要的产铀花岗岩体。长期以来,人们对摩天岭岩体、元宝山岩体及其周围地层的研究做了大量的工作,主要从岩体年龄、岩体成因及岩体所反映的大地构造环境及演化等方面进行了较为深入的研究。

一、大地构造环境演化方面

华南扬子地块周边广泛出露新元古代火成岩，其中以长英质侵入岩和火山岩为主。尤其桂北地区广泛发育新元古代花岗岩及与其伴生的镁铁质-超镁铁质岩石。其中镁铁质岩石和辉长质侵入体，在时间和空间上都与长英质岩石紧密联系，是研究镁铁质和花岗质岩浆作用及其相互关系的理想场所。对其岩石成因和构造环境的研究，对扬子地块东南缘新元古代花岗岩的成因及其大地构造背景的研究有重要意义。因此，桂北地区新元古代火成岩的研究是华南地区前寒武纪地质研究的热点，其成因是与"岛弧"还是与"地幔柱"相关成为争论的焦点。

从 20 世初期，中外地质学家就对包括摩天岭和元宝山地区在内的华南大地构造进行了研究，A. W. Grabau(1924)首次提出了"华夏古陆"的概念。自 20 世纪 70 年代以来，国外很多学者认为可以用板块构造的理论来解释元古代地壳演化的机制(Burke，1977；Kroner，1980，1981)。李春昱(1980)首次在中国板块的扬子-华南构造区划分出了"扬子陆块"和"华南早古生代褶皱带"，并指出"扬子陆块"可能是单独的板块，"华南早古生代褶皱带"是晚加里东由华南早古生代地槽沉积区向扬子陆块俯冲而形成的。

晚元古代—早古生代，华南大地构造格局和演化也存在争论。有人认为扬子陆块东南大陆边缘是沟-弧-盆系(郭令智等，1980；Guo et al，1985；王自强等，1986)；也有人认为，在扬子古陆东南与华夏古陆之间为陆内裂陷槽(任纪舜，1999，1991)或裂谷带(程裕淇，1994)，经加里东运动才形成南华褶皱系；还有人认为扬子古陆与华夏古陆之间为洋壳，但加里东运动并没有发生直接碰撞(杨巍然等，1986；刘宝珺等，1993)。丘元禧等(1996，1999)则认为扬子古陆与华夏古陆之间开始为拗拉槽，后来可能出现有限的小洋盆，小洋盆闭合时发生有限的消减作用，然后进入陆内俯冲造山阶段。郭福祥(1994)认为，桂北中新元古代时期由于"陆小洋盆"的俯冲，在扬子板块的南缘先后形成了"四堡弧"和"龙胜弧"。

20 世纪 90 年代，一些学者尝试重建早新元古代 Rodinia 超大陆(Hoffma，1991；Dalziel，1991)。Z. X. Li 等(1999)认为中元古代末期华南可能是澳大利亚与劳伦古陆之间缺失的格林威尔造山带，华南是中元古代超大陆 Rodinia 的重要组成部分。扬子陆块可能是澳大利亚与劳伦古陆之间的碎块，而华夏陆块在拼贴到扬子陆块之前(1.9～1.4Ga)，可能是劳伦古陆西侧大陆边缘的一部分，大约在 0.7Ga 时 Rodinia 的裂解使得华南(包括扬子陆块和华夏陆块)与其他大陆分离。国内很多学者也用超大陆理论对 Rodinia 及华南元古代地壳演化进行了研究(Li X. H. ，1999；李江海等，1999；吴根耀，2000；凌文黎等，2000；王剑，2000)。

Z. X. Li 等(1999，2002，2003)认为新元古代中期(830～740Ma)的火成岩是板内岩浆作用形成，并与 Rodinia 超大陆下的地幔柱/超级地幔柱活动引起的大规模地壳去顶、南华与康滇裂谷的发育具有同时性。此外，桂北广泛发育的 825Ma 花岗岩很可能是与地幔柱活动相关的镁铁质岩浆侵入和底侵过程产生的热而引起地壳深熔形成(葛文春等，2001a；Li X. H. et al. ，2003)。J. C. Zhuo 等(2003)认为镁铁质岩是岛弧岩浆，另一种解释是，825Ma 的花岗岩为扬子和华夏地块冲、碰撞造山的产物（Wang X. L. et al.，2006；徐夕生，1992；Li X. H.，1999）。

二、摩天岭岩体和元宝山岩体形成时代方面

摩天岭岩体位于九万大山隆起吉羊短轴复背斜的轴部，构成典型的花岗岩穹窿。摩天岭花岗岩体出露面积 955km²，元宝山岩体出露面积约 310km²，其岩性、岩相也基本相同。长期研究认为摩天岭岩体是为数不多的同期多阶段侵入的巨型花岗岩岩基。前人对研究区的地球物理特征，特别是重力特征研究表明，摩天岭岩体与元宝山岩体为同源连体岩基（图 2）。

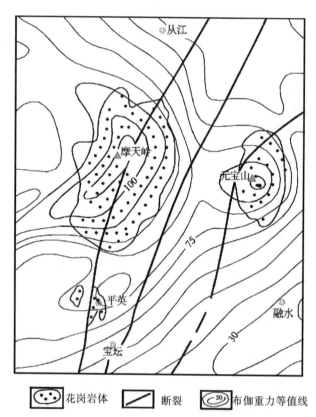

图 2　研究区及其附件重力异常图

摩天岭岩体侵入于四堡群，局部还侵入到丹洲群底部，外接触带有轻微的角岩化。岩体西北部围岩（丹洲群）受到了混合岩化。从而认为岩体形成时间应在丹洲群沉积以后。但岩体没有上覆地层，故时代上限的地质依据不足。

为此，近几十年来，各有关单位在岩体中采集同位素年龄样较多，对岩体时代的确定提供了比较可靠的依据。

对于岩体测年工作，早期根据岩体中的黑云母采用 K-Ar 法测试年龄值为 291～350Ma，认为是"加里东期的同褶皱侵入体"；也有的考虑大地构造单元与区域地质背景，推测性地将其划归吕梁期。后几经专题研究，其中 1975 年广西壮族自治区 305 核地

质大队取样 36 个(其中锆石样 21 个、黑云母样 3 个、长石样 4 个、全岩样 8 个),分别
进行 U-Pb 法、K-Ar 法和 Rb-Sr 法测定,然后运用等时线和一致曲线等图解计算方法处
理有关数据,所获结论为:摩天岭岩体"形成年龄为 760Ma,属前寒武纪雪峰期"。与此
同时,湖北地质研究所对岩体的形成时代研究取得了与此完全一致的结论,即摩天岭岩
体的形成年龄为 757Ma。核工业北京地质研究院(原北京铀矿地质研究所,简称三所)在
摩天岭岩体取了 2 个锆石样,求得表面年龄分别 640Ma、704Ma。在元宝山岩体中取了 2
个锆石样,求得表面年龄分别为 768Ma、884Ma。这些年龄数据都比较接近于岩体的形
成年龄。同时查明 K-Ar 法所测定的年龄值是岩体的变质年龄。由此可见,摩天岭岩体
作为华南最老的产铀花岗岩,其时代归属的同位素地质年龄依据是较为充分的。

随着资料的积累和研究的深入,人们对摩天岭这样的巨型岩基为一次性形成持怀疑
态度。有的从理论上引据国外对一些大型花岗岩基的研究表明,一次侵入的岩体一般只
有几十平方千米,认为摩天岭岩体可能是复式岩体(张泰贵,1989)。

20 世纪 80 年代南岭铀矿项目组也认为,摩天岭岩体可能是多种岩性、多次侵入的
复式岩体。并举出野外调查看到的侵入关系及岩性特征证据,将其初步划分为四次侵入。
还特别指出,野外观察到黑云母花岗斑岩、含电气石细粒二云母花岗岩侵入到新华夏系
早期产物——糜棱岩片理带中,区域上对比新华夏系早期为晚三叠世至晚侏罗世。

1981 年北京三所在岩体中采集晶质铀矿作 U-Pb 法年龄测定,年龄值为 522～
532Ma。广西壮族自治区 305 核地质大队亦获得锆石 U-Pb 法表面年龄 530Ma 的数据。
这以往都作为花岗岩化程度不同或补充侵入花岗岩来解释。

本研究通过锆石 U-Pb 法测得不同岩体年龄为 740～830Ma。

三、岩体成因研究方面

经过数十年的研究,人们对摩天岭岩体的成因认识已基本趋于一致。广西壮族自治
区 305 核地质大队经过长期工作认为其属原地半原地交代花岗岩,原核工业系统基本都
认同;广西区域地质志将其划为壳源重熔型岩浆成因花岗岩。其实这两种说法都归入到
南京大学张祖还教授对花岗岩分类三分法(改造型、同熔型和幔源型)的改造型花岗岩类。
但无论那一种成因说法,都不否认以下基本事实:①摩天岭岩体产于吉羊穹状复式背斜
的核部,二者空间展布与基本形态完全一致。岩体与围岩关系协调,一般是整合的,局
部(东部)有侵入与穿插,没有强烈挤压和冲破围岩的现象。接触热变质现象不明显、范
围较窄。根据岩体接触面高程的趋势分析电算资料,2～6 阶趋势面的拟合度变化于
0.646～0.731,表明摩天岭岩体形态简单,并与吉羊穹状复式背斜的总体产状相当吻合。
②岩体与围岩四堡群的岩石化学,微量元素成分十分接近,二者的稀土元素配分模式基
本一致,表明该岩体系元古代四堡群经区域变质改造而形成。③$^{87}Sr/^{86}Sr$ 初始值为
0.724～0.735,这在世界范围而言比值如此之高也是比较罕见的。摩天岭岩体在上地幔
和陆壳锶同位素演化图上的位置十分突出,不仅远离"玄武岩源区"可以完全排除上地
幔来源的可能性,而且还高居于"大陆壳线"之上,表明了岩体组分主要来自于大陆壳
的物质。$\delta^{18}O$ 为 11.4‰,$\delta^{34}S$ 变化于 $-4.87‰～+13.61‰$,显然这些同位素组成数据都

支持了岩体具典型改造型花岗岩特征。④四堡群厚达 4594m，而且未见底，丹洲群不整合覆于其上；再往后的前震旦纪地层厚度也有 3km 左右。这套总厚度超过八千米的地层，具备了花岗岩化与深熔作用的必要条件。

0.3 研究目的和意义

本书在详细总结前人研究成果的基础上，以当代成矿理论为指导，重新认识和总结摩天岭—元宝山一带铀矿的地质特征和控矿的主要地质条件，划分成矿阶段，研究不同成矿阶段，特别是主成矿阶段矿石及围岩蚀变的矿物组合、化学组成特点及空间分布规律，为成矿规律研究对象(典型矿床、矿体、矿物、蚀变岩石等)的选择以及矿床成因模式的建立奠定坚实的地质基础。

通过对研究区铀成矿带不同类型岩石、蚀变围岩、矿石及其不同阶段、不同产状、不同矿物组合热液脉体，特别是与沥青铀矿密切共生的方解石、石英等矿物的化学组成、稳定同位素和微量元素、稀土元素地球化学等的系统研究，进一步研究成矿流体的来源及其演化过程，查明矿床的成矿机理，总结成矿规律。

在成矿规律研究基础上，建立成矿模式，划分成矿远景区，最终为铀矿找矿提供指导。

0.4 取得的主要成果

本书通过对桂北摩天岭—元宝山地区基础地质进行深入分析研究，对铀成矿条件进行分析，对铀成矿规律进行了研究，指出了今后的找矿方向。取得的主要成果如下。

(1)系统研究了摩天岭岩体和元宝山岩体的地质学、地球化学以及年代学特征，首次系统性地阐述了该区经历的岩浆－构造热事件。

(2)深入研究了达亮矿床等的成矿流体来源。

(3)系统总结了研究区的铀成矿作用。

(4)系统总结了研究区的铀成矿规律，分析了铀源、流体来源、热源以及控矿条件。

(5)分析了研究区铀及多金属矿的分带规律。

(6)建立了研究区的铀成矿模式。

(7)总结了研究区铀矿化的定位标志，划分了成矿远景区，指出了研究区的铀找矿方向。

第1章 区域地质概况

1.1 大地构造位置

研究区位于扬子板块与华南地块结合部之江南造山带西南侧,桂北隆起的核部、扬子板块西南部九万大山隆褶带之复合部位(图1-1)。

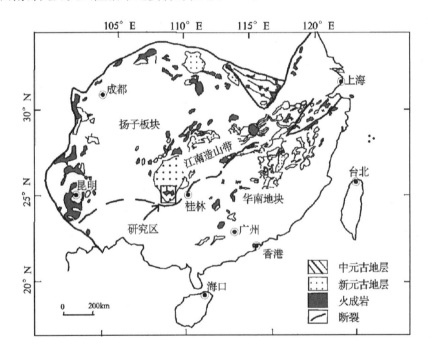

图1-1 研究区大地构造位置(据王剑,2000)

桂北地块地史上经历了三大发展阶段:前泥盆纪地槽型沉积、泥盆纪—中三叠世准地台型沉积、晚三叠世—新生代陆缘活动带盆地型沉积。桂北地块经受多次构造运动的影响,构造比较复杂,四堡运动和广西运动使四堡群和丹洲群至下古生界的地层强烈褶皱,其后的构造运动以升降活动为主,为间歇性上升隆起区。由于在桂北地块中的西南部与东北部出露的地层、表现的构造和岩浆活动存在明显差异,次一级构造把桂北地块一分为二,大体以三江-融安断裂为界,西侧为九万大山隆起,东侧为龙胜断褶带。研究区则位于九万大山隆起。

1.2 地 层

研究区是广西出露最老的地层分布区之一。基底为元古代和早古生代地层，元古界为四堡群、丹洲群、南华系、震旦系，早古生界主要是寒武系、奥陶系，局部分布有志留系。上覆盖层为泥盆纪砂砾岩和碳酸盐岩，沉积零星(图 1-2)。此外，在局部地段发育陆相断陷盆地，沉积白垩纪砂砾岩、泥岩。

1.2.1 四堡群(Pt_2s)

研究区域内最老的地层为中元古代的四堡群，四堡群是广西区域地质调查队 1972 年参加《中南地区区域地层表》编制会议时正式提出创名，用以代替湘、黔、桂交界地区的下板溪群。四堡群分布于九万大山—元宝山一带，由轻变质砂泥岩及多层超基性－基性火山岩组成，未见底，与上覆丹洲群呈明显角度不整合关系。按岩性组合自下而上可分为九小组、文通组、鱼西组，总厚大于 4594m。

(1)九小组(Pt_2j)

仅见于融水县汪洞南侧的黄蜂山一带，岩性为灰绿色变质砂岩、变质长石石英砂岩、变质泥质粉砂岩、千枚岩。板岩夹层状、似层状基性－超基性岩，未见底，厚度大于 655m。

(2)文通组(Pt_2w)

分布于融水洞头、安太、文通，罗城五弟、界碑，环江九蓬等地，岩性为灰绿色变质细砂岩、粉砂岩夹基性熔岩、凝灰岩、科马提岩。火山岩以文通、界碑一带最厚，有 6 层，其中 3 层具有鬣刺结构的科马提岩，发育气孔、杏仁体和枕状构造。广西区调队在文通组获科马提岩全岩 Rb-Sr 等时线年龄为 1667±247Ma，属长城纪，厚度大于 2514m。

(3)鱼西组(Pt_2y)

伴随文通组分布于鱼西、烟岭、九小等地，由变质泥质粉砂岩、板岩、绢云千枚岩变质细砂岩组成，局部夹中酸性火山喷发岩，岩石具条带构造，发育水平层理、单向斜层理及冲刷构造，厚度大于 1405m。

四堡群铀平均含量 $4.3×10^{-6}$，平均铀浸出率达 46.24%，其中黑云变粒岩最高，达 74%，变质粉砂岩次之，平均 48.02%，云母石英片岩最低，为 32.56%。

1.2.2 丹洲群(Pt_3d)

20 世纪 70 年代，湘、桂、黔三省(区)地层工作者共同将板溪群一名限于原板溪群上亚群。现在，板溪群一名已主要用于湖南的原板溪群上亚群，在贵州、广西分别改称下江群和丹洲群(广西壮族自治区地质矿产局，1985)。

丹洲群分布于桂北九万大山—越城岭一带，桂北丹洲群自下而上可分为白竹组、合桐组、三门街组、拱洞组，以三江－融安断裂为界，两侧以含砾片岩、含砾千枚岩、变

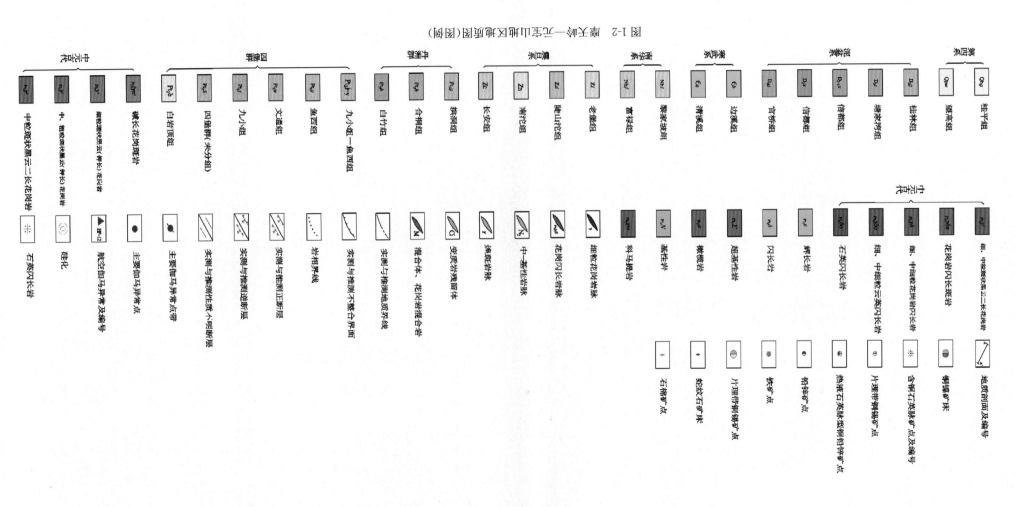

图 1-2　鹰嘴岩—尤寨山南区地质略图（图例）

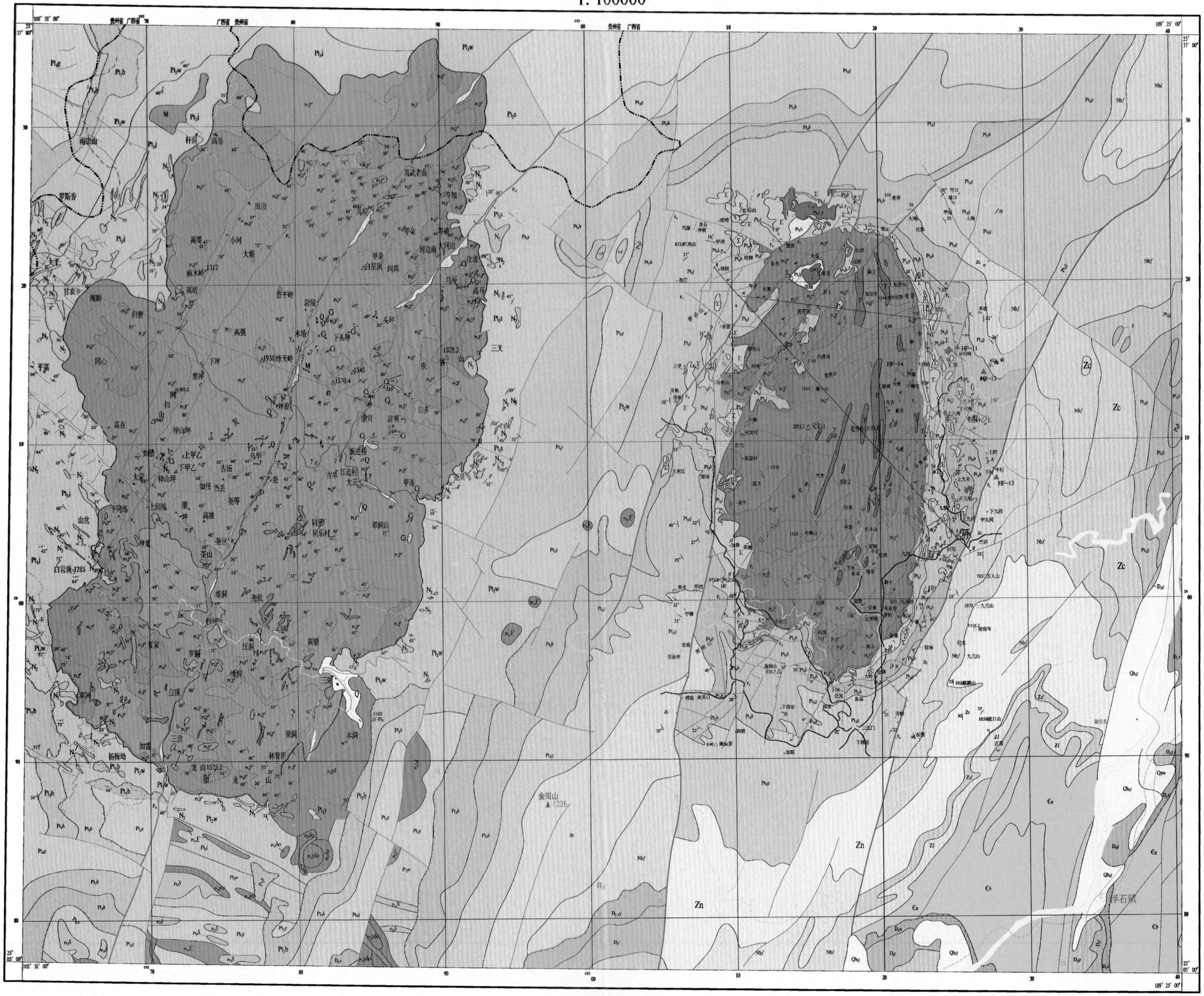

图 1-2 摩天岭—元宝山地区地质图(示意图)

1:100000

质砂砾岩与下伏四堡群呈角度不整合，不夹火山岩；东侧未见底，在合桐组与拱洞组之间夹多层基性火山岩，并有大量透镜状、似层状基性-超基性岩顺层侵入。三门街组基性岩锆石 U-Pb 法年龄为 837Ma，时代为青白口纪。

（1）白竹组（Pt₃b）

分布于九万大山—元宝山，自下而上由灰绿色变质砾岩、变质含砾砂岩或含砾绿泥石英片岩、变质砂岩夹千枚岩或云母石英片岩，到钙质片岩、条带状大理岩，组成一个完整的海侵旋回。与下伏四堡群呈角度不整合接触。由于白竹组与四堡群之间存在滑脱构造，片理取代了层理，底部砾石沿片理方向拉伸为长条状，故多数地方看不到不整合面。该组岩性自西向东碎屑物由粗变细，上部钙质层厚度增大，总厚 345～618m。

（2）合桐组（Pt₃h）

分布于九万大山—越城岭一带，下部为灰绿色绢云千枚岩、绢云石英千枚岩夹变质长石石英砂岩，局部夹白云岩透镜体及磷块岩；上部灰-黑色炭质页岩夹绢云石英千枚岩、砂质板岩，在罗城四堡一带夹碳酸盐岩的滑塌角砾岩及水道砾岩，龙胜泗水一带砂岩、粉砂岩夹层增多，厚 308～1793m。

（3）三门街组（Pt₃s）

分布于龙胜三门街镇—和平马海一带，下部为灰黑色含炭千枚岩夹层状基性-超基性岩，上部为细碧角斑岩系，主要由细碧岩、中基性熔岩、角砾岩、凝灰熔岩、火山角砾岩及大理岩、硅质岩等组成了三个喷发旋回。细碧岩具枕状构造、球粒、杏仁体。该组自西向东厚度变薄，火山岩夹层减少，总厚 300～850m。

（4）拱洞组（Pt₃g）

分布于九万大山—越城岭，岩性为灰绿色绢云板岩、绢云千枚岩夹变质长石石英砂岩、变质泥质粉砂岩。在罗城宝坛毛坪—金峒一带见水道砾岩、含砾砂岩及滑塌角砾岩，常见底冲刷面、递变层理、交错层理、水平层理。三江合桐一带见磷块岩结核，龙胜一带砂岩夹层变多。该组厚度在融水拱洞最厚 1793m，龙胜界口次之为 1184m，罗城江口最薄仅 384m。

1.2.3　南华系（Nh）

南华系由第二届全国地层委员会提出，源自刘鸿允"南华大冰期"。该系相当于我国南方原震旦系下统。广西南华系主要分布于桂北，自下而上为长安组、福禄组、黎家坡组，属滨岸冰水沉积。

（1）长安组（Nhc）

下部灰绿色砂质板岩、板岩夹中厚层变质砂岩。含砾砂岩，上部为灰绿色块状含砾砂岩，含砾砂岩夹砂泥岩，含砾砂岩多为块状构造，分选差，砾石成分复杂，有泥岩、砂岩、脉石英、花岗岩等，磨圆度差别大，局部见擦痕。厚度自西向东减小，融安马架 1974m，三江石显 1453m，全州茶园头 125m。

长安组与下伏丹洲群一直被认为是整合接触，但两者之间在岩性组合、变形变质程度方面差异极大，似有构造运动存在。

（2）福禄组（Nh*f*）

毗连长安组分布，岩性以灰绿色厚层状岩屑砂岩、长石石英砂岩、泥质为主，局部夹含砾砂岩、透镜状白云岩，底部以 1～3 层含铁页岩与长安组为界，呈平行不整合接触。顶部为灰黑色页岩，发育斜层理、平行层理、递变层理及不对称波痕。以三江－融安断裂为界，西部厚 600～800m 左右，东部厚多在 100m 以下。

（3）黎家坡组（Nh*l*）

原为南沱组，因岩性与沉积环境与峡东南沱组差异较大，广西区调队于 1987 年改称之为泗里口组。1997 年广西区调队在进行地层清理时，因其与贵州区调队 1964 年创建的黎家坡组岩性相似，层位相当，据命名优先权采用黎家坡组。

广西境内黎家坡组岩性为灰绿、浅紫色块状砾质砂泥岩、含砾泥岩，砾石形状各异、大小悬殊、成分复杂，部分砾石具擦痕、扭裂痕、压凹面，中上部夹浅紫色泥岩、长石砂岩、含锰白云岩，普遍含黄铁矿结核。在三江泗里口剖面含微古生物，厚度变化较大，罗城—三江一带 967～1413m，龙胜—全州小于 400m。

1.2.4 震旦系（Z）

桂北为滨岸斜坡－凹地相沉积，可分陡山沱组、老堡组、培地组。

（1）陡山沱组（Z_1d）

分布于九万大山—越城岭一带，岩性为灰黑色、灰绿色页岩、硅质页岩、炭质页岩夹白云岩透镜体，局部有结核状磷、锰、黄铁矿及石煤层，于三江老堡—斗江一带夹含锰白云石、磷块岩透镜体及石煤层较多。多数地区与下伏黎家坡组为连续沉积，唯罗城、肯城见其底部有一层厚约 0.5m 的砾岩，砾岩底面凹凸不平并有古风化壳，属平行不整合接触。厚度以三江老堡及龙胜以东地区较厚在 150m 以上，其余地区均在 100m 以下。

（2）老堡组（Z_1l）

岩性为灰白－灰黑色薄－中厚层状硅质岩。局部夹少量炭质页岩、炭质硅质页岩，顶部夹含磷层，在罗城一带夹玻屑凝灰质及火山灰球等，厚 25～228m。

（3）培地组（Z_1p）

广西区调队 1976 年创名于贺县大宁镇培地村，原指水口群下亚群。1997 年岩石地层清理时将其顶部一套硅质岩与桂北老堡组对比。现据 1:25 万贺州幅区调资料，将螺石口剖面原培地组第五层（硅质岩）之上的地层划为震旦系，其下的大套长石石英砂岩夹页岩划为南华系。

培地组零星出露于贺州大宁、昭平庇江、蒙山陈塘、藤县沙街、金秀、苍梧寨冲等地。岩性为灰绿色厚层状长石石英杂砂岩夹粉砂岩、页岩、硅质岩。顶部为一层 5～27m 厚的硅质岩与上复寒武系小内冲组中厚层长石石英砂岩分界，底部也以一层中薄层状硅质岩与南华系分界，厚 879～1326m。

1.2.5 寒武系（Є）

广西寒武系主要分布于桂东北、桂东、桂中南地区，桂西也有零星分布。桂北寒武系为一套复理石建造的碎屑岩，分为两个组：清溪组和边溪组。

（1）清溪组（$\in_1 q$）

主要分布于融水—全州一带，在架桥岭、老厂、富川一带也有小面积出露，岩性为黑色炭质页岩、页岩夹砂岩、粉砂岩、灰岩、白云质灰岩。炭质页岩中含磷结核或磷块岩及钒、铀、钼等元素，局部富集成矿。该组自北向南炭质页岩减少，砂岩夹层增多，厚 391~1451m。

（2）边溪组（$\in_2 b$）

分布于融水—全州一带，在架桥岭、都庞岭等地，以灰绿色厚层状不等粒长石石英砂岩、细粒杂砂岩为主，夹粉砂岩、页岩、灰岩、泥灰岩、钙质泥岩。以大套砂岩的出现与下伏清溪组灰岩或炭质页岩、页岩分界；龙胜—寿城一线以西未见顶，龙胜以东顶部以绢云板岩与白洞组灰岩或黄隘组含火山碎屑杂砾岩分界，厚 391~742m，与上覆奥陶系白洞组呈整合接触关系。

1.2.6 奥陶系（O）

分布于桂东北龙胜、兴安、全州、灌阳、恭城一带。桂东北区（含大明山）底部为火山碎屑杂砾岩或灰岩，其余为含笔石的砂页岩，可分白洞组、黄隘组、升坪组、田林口组。

（1）白洞组（$O_1 b$）

分布于临桂、兴安、资源、全州等地，岩性为灰-深灰色中厚层状细晶灰岩，局部为泥灰岩夹页岩、薄层状灰岩夹白云岩，厚 16~120m。

（2）黄隘组（$O_1 h$）

在桂东北为灰绿色页岩夹长石石英砂岩，局部夹钙质页岩、泥灰岩或白云岩，本组丰产笔石以及腕足类等，时代为早奥陶世，厚 764~2114m。

（3）升坪组（$O_1 s$）

分布于桂东北临桂五通、兴安升坪、全州大西江及灌阳等地，以灰黑色炭质页岩、页岩为主夹少量砂岩，局部夹放射虫硅质岩，水平层理及条带状构造发育，富含笔石等，时代为早奥陶世晚期，厚度自东向西增厚，厚 80~700m。

（4）田林口组（$O_{2-3} l$）

分布于临桂黄沙—全州大西江一带，灌阳北部也有小面积出露。岩性为中厚层状细粒长石石英砂岩、不等粒岩屑砂岩与页岩互层。以水平层理为主，斜层理次之，常见同生角砾岩，发育复理石韵律，时代为中-晚奥陶世，厚 276~731m。该组与上覆泥盆系莲花山组呈角度不整合接触关系，之间缺失志留系。

1.2.7 上古生界（Pz_2）

志留纪末的广西运动使前泥盆纪地层褶皱造山，形成加里东褶皱带。晚古生代时，广西全区泥盆系普遍呈角度不整合覆盖在下古生界及更老的地层之上。桂北地区的上古生界地层多分布在桂北地区的东南部，包括泥盆系、石炭系和二叠系，主要为浅海碳酸盐岩和碎屑岩及深水硅泥质岩。由于上古生界距本研究区较远，此处不作详细描述。

1.2.8　中生界(Mz)

在桂北地区零星出露，主要为白垩系红层，底部为紫红色砾岩，往上为杂色砂岩、粉砂岩夹泥岩。

1.2.9　新生界

主要为第四纪残坡积物、冲洪积物，分布于缓坡、河流沿岸。

1.3　岩　浆　岩

研究区域内岩浆岩分布广泛，主要出露中元古代四堡期、新元古代雪峰期侵入岩及火山岩。侵入岩主要包括花岗岩类和镁铁质-超镁铁质岩类，九万大山地区中元古代花岗岩具有代表性的岩体为本洞花岗闪长岩体，新元古代花岗岩具有代表性的岩体为摩天岭花岗岩体和元宝山花岗岩体；九万大山和元宝山地区镁铁质-超镁铁质岩类主要为中元古代四堡期，龙胜地区镁铁质-超镁铁质岩类主要为新元古代雪峰期火山岩。火山岩以镁铁质-超镁铁质为主，四堡期火山岩主要分布在九万大山地区，雪峰期火山岩主要分布在龙胜地区。20世纪60年代的1:20万区调报告均认为桂北中、新元古代火山岩是海底火山喷发作用形成的"细碧岩系"（广西壮族自治区地质局，1966，1968）。

1.3.1　侵入岩

(1)九万大山—元宝山地区四堡期镁铁质-超镁铁质岩

多为层状-似层状，分布于摩天岭岩体南部罗城县宝坛地区和元宝山岩体周围，共有大小岩体600多个，单个岩体面积为 $0.02\sim1.5km^2$，最大不超过 $5km^2$。主要岩石类型为变纯橄榄岩、变辉橄岩、变橄辉岩、变辉石岩、变辉长岩、变辉绿岩、变辉长辉绿岩等。镁铁质-超镁铁质岩类都遭受了强烈蚀变作用，蚀变类型有阳起石化、透闪石化、绿泥石化、蛇纹石化、滑石化、绿帘石化、钠长石化、斜黝帘石化、碳酸盐化等。1:5万三防幅区调工作测得超镁铁质岩中锆石 U-Pb 同位素年龄为 $1662\pm28Ma$ (广西地质矿产勘查开发局，1995)。具铜、镍矿化，局部形成工业矿床。非金属有蛇纹石、石棉等矿产。

(2)龙胜地区雪峰期镁铁质-超镁铁质岩

多为层状-似层状或透镜状，分布于龙胜、三门、马海山一带，共有大小岩体230多个，出露面积约 $91km^2$，呈层状、似层状、透镜状侵入于丹洲群合桐组、三门街组中。主要岩石类型与九万大山四堡期镁铁质-超镁铁质岩体基本一致，也为变纯橄榄岩、变辉橄岩、变橄辉岩、变辉石岩、变辉长岩、变辉绿岩、变辉长辉绿岩等。蚀变作用非常强烈，主要蚀变类型有阳起石化、透闪石化、绿泥石化、蛇纹石化、滑石化、绿帘石化、钠长石化、斜黝帘石化、碳酸盐化等。1:5万三门幅区调工作测得三门双朗岩体变辉长辉绿岩中锆石 U-Pb 同位素年龄为 837Ma（广西壮族自治区地质局，1977）。葛文春等（2001b）测得三门塘头采石场变辉长辉绿岩中锆石 U-Pb 同位素年龄为 760Ma。本研究在摩天岭岩体内部采集辉绿岩锆石样品，获得锆石 U-Pb 同位素年龄为 760～830Ma。

（3）本洞花岗闪长岩体

本洞花岗闪长岩体位于融水县三防镇本洞村一带，呈一长轴为北北东向的似肾状，面积约 43km²。主要岩石类型为中－细粒黑云母花岗闪长岩，主要矿物为斜长石、石英、微斜条纹长石，次要矿物为黑云母，副矿物有磷灰石、锆石、榍石、金红石、磁铁矿等十多种。本洞岩体被认为是华南最古老的花岗岩类侵入体之一，时代为中元古代四堡期（伍实，1979；董宝林等，1987b；李志昌等，1991）。李献华（1999）用高精度的离子探针质谱（SHRIMP）和颗粒级锆石 U-Pb 定年方法测定本洞岩体的同位素年龄为 820±7Ma，认为本洞岩体时代为新元古代，并认为桂北不存在中元古代花岗岩。但是，野外地质证据并不支持本洞岩体时代为新元古代的观点。本洞岩体东北和东南两端侵入到四堡群中，岩体西部被晚元古代三防岩体侵入，而在岩体东部被丹洲群底部的白竹组底砾岩沉积覆盖，与丹洲群为沉积接触，并在岩体顶部发育有古风化壳，古风化壳内的岩石为特征的"假花岗岩"，所以，把本洞岩体的时代确定为四堡期可能更为合理。陈毓川等（1995）也认为本洞岩体为四堡期。关于本洞岩体的成因，最早被认为是华南典型的幔源分异型花岗岩（M 型）（王德滋等，1982），或是 I 型花岗岩（赵子杰等，1987），也有人认为本洞岩体是一种以地壳物质为主，地幔物质为辅的混源型花岗岩（毛景文等，1988），或兼有 M 型或 I 型花岗岩的双重特征（刘家远，1994），也有人认为本洞岩体是过铝质的 S 型造山花岗岩（李献华，1998）。

（4）摩天岭花岗岩体

摩天岭花岗岩体也称"三防岩体"，位于融水县摩天岭，向北延伸到贵州境内，为一巨型的椭圆形复式岩体，椭圆长轴呈北北东向，南北向最长大于 45km，东西向最宽大于25km，出露面积为 955km²，为斑状黑云母二长花岗岩，斑晶由钾长石、石英组成。

摩天岭岩体中片麻状构造广泛发育。岩体分相清楚，内部相和过渡相比较发育，边缘相较差，多分布在接触带附近。三个相带面积比为 4.7∶4∶1。细粒花岗岩的小岩体比较发育，大小不等，由几十平方千米到数百平方米或更小。它们与主体有两种接触关系：一是呈明显的侵入接触，一是呈渐变的关系。岩性由细粒逐渐过渡为粗粒。有时同一岩体在其不同的部位见到两种接触关系。渐变关系多在标高 900～1200m 的地带出现，并具有定向排列。

在主体内，围岩的残留体比较常见，它们的分布与区域构造线的方向基本一致。在残留体和主体之间也多为渐变关系，即由变质岩经细粒花岗岩再变为粗粒花岗岩。主体岩性为片麻状粗粒、中粗粒变斑状黑云母花岗岩，片麻理比较明显，但各地发育程度不等，它们一般与围岩片理的产状一致，靠近边部的倾角一般较陡，中部则较缓。

关于摩天岭岩体的时代，一直存在不同看法。20 世纪 60 年代 1∶20 万三江幅、罗城幅和融安幅区调报告认为其时代是加里东期。20世纪90年代1：5万三防幅和滚贝幅区调报告所测定的同位素年龄值为：更丹地区872±12Ma，吉羊地区858±50Ma，汪洞地区859±29Ma，水碾地区822±30Ma。施实(1976)测得摩天岭岩体锆石U-Pb同位素年龄为760Ma，赵子杰等(1987)测得摩天岭岩体全岩Rb-Sr同位素年龄为845Ma，饶冰等(1989)测得九桶岩体的Rb-Sr等时线年龄为668Ma，李献华(1999)利用SHRIMP和颗粒级锆石U-Pb定年方法测定三防和元宝山岩体的年龄分别为825±8Ma和824±4Ma，根据中元古代上限为1000Ma的新的地质年代表，以上所有年龄数据都说明摩天岭岩体的时代为雪峰期。

（5）元宝山花岗岩体

位于融水县元宝山，呈一长轴为近南北向的椭圆状，长约25km，宽约13km，出露面积约310km²。元宝山岩体是斑状黑云母二长花岗岩。元宝山岩体中，特别是岩体中西部，广泛发育片麻状构造。

前人通过对地球物理等特征的研究，发现元宝山岩体和摩天岭岩体为同源底部相连的一个岩体。在本研究过程中发现两个岩体在岩性上有很大的相似性，并呈现对称性分布，即两个岩体中部为粗粒片麻状黑云母花岗岩，石英含量相对较低，黑云母含量很多；摩天岭岩体的西侧和元宝山岩体的东侧为细粒－中细粒花岗岩，石英含量很多，黑云母含量显著减少。

1.3.2 火山岩

（1）四堡期火山岩

分布于黄峰山、红岗山、清明山、五弟、杨梅坳等地，主要产于文通组上段，共有6层火山岩。其中4层发现有具鬣刺结构的玄武质科马提岩(杨丽贞，1987，1990；Zhou et al.，2000)；3层发现有"海底火山射气作用"形成的钠质硅质岩(广西壮族自治区地质矿产局，1987，1985)。四堡群文通组上段科马提岩的Rb-Sr同位素年龄为1667±247Ma(董宝林，1987)，四堡群枕状玄武岩中锆石Pb-Pb同位素年龄为1734±20Ma，Sm-Nd同位素年龄为1782±82Ma(韩发等，1994)，四堡群文通组下部凝灰岩中锆石U-Pb的同位素年龄为1935±227Ma(广西地质矿产勘查开发局，1995)，四堡群文通组镁铁质－超镁铁质火山岩Sm-Nd同位素年龄为2219±111Ma(毛景文等，1990)，所有这些同位素年龄数据都说明其时代为中元古代。但是，有学者利用SHRIMP方法测得九万大山杨梅坳四堡群文通组第五层基性－超基性火山岩的U-Pb同位素年龄为828±7Ma，认为是新元古代(Li Z. X.，et al, 1999)。关于九万大山四堡期科马提岩，目前仍然存在争论，有人认为这些镁铁质岩石并非是科马提岩，而是侵入四堡群的镁铁质岩床(葛文春，2000)，与澳大利亚中南部代表大陆裂解过程中的基性岩脉群非常相似(Zhao et al，1994；Wingate et al，1998)。

（2）雪峰期火山岩

主要分布于龙胜地区三门街一带，为一套由海底喷发作用形成的细碧角斑岩系，顺层产于丹洲群合桐组上段，董宝林(1990)把含有这套细碧角斑岩系火山岩的合桐组上段创名为"三门街组"。三门街组中细碧角斑岩系由细碧岩、角斑岩、变中基性熔岩、变基性凝灰熔岩等组成。细碧岩呈灰绿色，间粒结构或交织结构，气孔(杏仁)构造和枕状构造，主要矿物成分为钠长石、透闪石、绿泥石、斜黝帘石、绿帘石、方解石、石英等。角斑岩呈浅灰绿色，斑状结构，斑晶为钠长石，基质主要矿物由钠长石、绿泥石、绢云母、方解石等矿物组成。甘晓春等(1996)测得龙胜丹洲群合桐组细碧岩结晶锆石 U-Pb 同位素年龄为 977 ± 10Ma。

1.4 构 造

研究区的构造较为发育，构造线方向主要为北东向，次为北西向。四堡深大断裂处于摩天岭岩体和元宝山岩体之间，除四堡深断裂外，在摩天岭岩体中有一条较大规模的北东向的大断裂(高武硅化带)，在元宝山岩体的西侧有平硐岭断裂、东侧有三江－融安断裂。北西向的断裂往往错断北东向的大断裂。

桂北地块经受多次构造运动的影响，构造比较复杂，四堡运动和广西运动使四堡群和丹洲群至下古生界的地层强烈褶皱，其后的构造运动以上升活动为主，为间歇性上升隆起区。四堡群以高角度密线状复式褶皱为主，构造线多呈西偏北方向，往东北逐渐转为北东向，至元宝山一带则为南北向。丹洲群至下古生界则以紧密线状平行排列的复式褶皱为主，次级褶皱发育，局部有倒转褶皱，构造线呈北偏东方向。上古生界(盖层)印支期褶皱，见于隆起区东北部和南部边缘，多呈短轴状或长轴状向斜，构造线呈北偏东方向。从上古生界及中新生界上叠盆地不发育的特征看，桂北一带在晚古生代和中新生代处于长期隆起，为露出海面的陆地和剥蚀区。

四堡－晋宁运动除伴随有四堡期、雪峰期中基性火山岩和基性－超基性侵入岩分布在隆起区西南部四堡群和中部丹洲群外，在四堡－晋宁、加里东造山期及造山期后中酸性岩浆活动强烈，分别形成了西南部摩天岭—元宝山和东北部猫儿山—越城岭花岗岩体。四堡期、雪峰期、加里东期花岗岩多出现于复背斜核部，是受褶皱造山运动控制的最好证据。自华力西期至燕山期主要表现为断块升降运动为主，这一时期构造活动自西向东加强，同时伴随各个时期的酸性岩浆侵入，最终形成猫儿山—越城岭复式岩体，造就了摩天岭—猫儿山产铀岩体。由于在桂北地块中的西南部与东北部出露的地层、表现的构造和岩浆活动存在明显差异，次一级构造把桂北地块一分为二，大体以三江－融安断裂为界，西侧为九万大山隆起，东侧为龙胜断褶带。

1.4.1 褶皱构造

由于桂北地区南华－震旦系与丹洲群为整合接触，以往一般把桂北地区前泥盆系划分为两个构造层：四堡期构造层和丹洲－南华－震旦－早古生代构造层，四堡期构造层主要在九万大山至元宝山一带出露，丹洲－南华－震旦－早古生代构造层在整个桂北地区广泛出露。

四堡构造层褶皱：主要在九万大山摩天岭岩体南侧黄峰山—红岗山一带出露

（表1-1）。四堡期褶皱轴迹为近东西方向，多为一系列相间分布的倒转背斜和向斜，倒转褶皱轴面均向南倾，倒转翼倾角较陡，为50°~80°，正常翼倾角较缓，为30°~50°。四堡期倒转褶皱被认为是华南大洋板块向扬子大陆板块仰冲形成的叠瓦状逆掩推覆构造带（郭令智等，1980；丘元禧等，1999）。

丹洲－南华－震旦－早古生代构造层褶皱：在九万大山、元宝山、三江、龙胜、越城岭、海洋山地区均有出露（表1-1）。丹洲－南华－震旦－早古生代构造层褶皱轴线基本均为北北东向，轴面倾向北西西或直立，一般认为是加里东期近东西向强烈挤压作用形成的（广西壮族自治区地质矿产局，1985）。

表1-1　桂北地区主要褶皱特征表

构造层	褶皱名称	轴迹线	轴面	核部地层	翼部地层	翼部倾角
四堡期	黄蜂山倒转背斜	290°	南南西	文通组下段	文通组上段	南翼20°~30°（正常） 北翼50°~80°（倒转）
	烟岭倒转背斜	280°	南南西	鱼西组	文通组	北翼20°~30°（正常） 南翼30°~60°（倒转）
	红岗山倒转背斜	275°	南南西	文通组	鱼西组	南翼30°~50°（正常） 北翼50°~80°（倒转）
丹洲－南华－震旦－早古生代	三防复式背斜	10°~15°	直立	花岗岩体 四堡群	丹洲群 南华－震旦系	西翼40°~50°/东翼30°~50° 往南、往北倾伏
	元宝山复式背斜	20°~30°	北西西	花岗岩体 四堡群	丹洲群 南华系	西翼30°~50°/东翼40°~60° 往南、往北倾伏
	老堡复式背斜	20°~25°	直立	南华－震旦	寒武系	两翼40°~60°
	三江背斜	25°	北西西	丹洲群	南华系	西翼50°~70°/东翼65°~80°
	三门复式背斜	25°~30°	北西西	丹洲群	南华－寒武系	西翼50°~60°/东翼70°~80°
	龙胜－金车背斜	25°~30°	北西西	丹洲群	南华－寒武系	西翼50°~60°/东翼65°~75°
	马海背斜	25°~30°	北西西	丹洲群	南华－奥陶系	西翼50°~60°/东翼65°~75°
	猫儿山－越城岭 复式背斜	25°~30°	北西西	花岗岩体 南华－震旦	寒武系 奥陶系	西翼20°~30°/东翼40°~70°
	海洋山复式背斜	10°~15°	直立	花岗岩体 寒武系	奥陶系	西翼20°~30°/东翼20°~30°

1.4.2　断裂构造

桂北地区前泥盆纪构造层中断裂构造十分发育，走向以北北东向占主导地位。主要大断裂的基本特征表现如下（表1-2）。

表1-2　桂北地区主要大断裂特征表

断裂名称	走向	倾向/倾角	断裂性质	切割地层	断裂主要特征
四堡断裂	北北东 20°	北西西 35°~70°	正断层为主， 多期活动	Pt_2－C_2 龙有岩体	遥感影像线性构造，错断地层破碎带，角砾岩，硅化，糜棱岩化，控制四堡期花岗岩体，控制丹洲群，泥盆系沉积相
池洞断裂	北北东 15°	北西西 40°~70°	正断层为主， 多期活动	Pt_2－C_1 摩天岭岩体	遥感影像线性构造，错断地层破碎带，角砾岩，硅化，糜棱岩化，控制泥盆系沉积相

续表

断裂名称	走向	倾向/倾角	断裂性质	切割地层	断裂主要特征
三江－融安断裂	北北东 20°	北西西 40°～80°	逆断层为主，多期活动	$Pt_3 - C_2$	遥感影像线性构造，错断地层破碎带，角砾岩，硅化，糜棱岩化，控制元古代以来沉积相和岩浆活动
寿城断裂	北北东 20°	北西西 38°～55°	早期正，晚期逆，多期活动	$Pt_3 - C_1$	遥感影像线性构造，错断地层破碎带，角砾岩，硅化，糜棱岩化，控制元古代－古生代沉积相和岩浆活动
龙胜断裂	北北东 15°	北西西 22°～75°	逆断层为主，多期活动	$Pt_3 - D$	遥感影像线性构造，错断地层破碎带，角砾岩，硅化，糜棱岩化，控制泥盆－石炭系沉积相和岩浆活动
资源断裂	北北东 25°	北西西 30°～45°	正断层为主，多期活动	$Z - K$ 越城岭岩体	遥感影像线性构造，错断地层破碎带，角砾岩，硅化，糜棱岩化，控制白垩系沉积相，早期具韧性变形
兴安－桂林断裂	北东 60°	北西 40°～50°	正断层为主，多期活动	$D - C$	遥感影像线性构造，错断地层破碎带，角砾岩，硅化，糜棱岩化，控制泥盆－石炭系沉积相分区
荔浦断裂	北东 60°	北西 30°～45°	逆断层为主，多期活动	$\in - C$	遥感影像线性构造，错断地层破碎带，角砾岩，硅化，糜棱岩化，控制寒武－泥盆－石炭系沉积相分区

1.5　构造发展历史

综合前人研究资料，研究区除了发生过多期构造和岩浆事件，还发生多期沉积和变质事件，根据构造年代学的资料，结合地质背景，按顺序划分出以下几个主要构造发展阶段。

（1）原始洋盆阶段

在华南地区，古元古代末期（约 1800Ma）分别形成了原始扬子陆块和原始华夏陆块，原始扬子陆块可能位于四川中部地区，原始华夏陆块位于东南沿海一带，在原始扬子陆块与原始华夏陆块之间为原始华南洋（李春昱，1980；乔秀夫等，1981；王鸿祯，1982，1986；刘宝珺等，1993）。桂北及邻近的湘、黔地区位于原始华南洋，具有与现代洋板块相似的性质，从中元古代开始了现代板块活动机制（刘宝珺等，1993）。

（2）四堡期沟－弧－盆系阶段

尽管现代板块构造体制是否从元古代就开始活动仍存在争议，但众多地质学家成功地运用板块构造学说解释了元古代的地壳演化过程（Kroner，1980，1981；李春昱等，1980，1986；Windley，1983；Park，1994）。桂北中元古代四堡期时，华南大洋板块向扬子大陆板块俯冲，产生了江南元古代沟－弧－盆构造系，在九万大山分布有蛇绿岩套，并与围岩呈构造接触，是古板块俯冲的重要证据。四堡群是由深海浊积岩、蛇绿岩和钙碱性火山岩构成的杂岩群，是活动大陆边缘的典型产物（郭令智等，1980，1986）。

前人根据对九万大山地区四堡群镁铁质－超镁铁质岩岩石地球化学特征研究，判断其具有弧岩浆岩的明显特征，以本洞花岗闪长岩为代表的四堡期花岗闪长岩以火山弧花岗岩为主，四堡群文通组砂岩反映活动大陆边缘或大陆弧环境，这一结论与有学者提出的岛弧或弧后盆地成因的结论相近（刘宝珺等，1993；阎明等，1995；周金城等，2003；顾雪祥等，2003），说明四堡群岩浆岩为会聚板块边缘的岩浆作用产物。

（3）四堡群褶皱变质阶段

根据四堡群的区域褶皱特征，四堡群主要经历了三期变形。第一期变形为近南北向挤压形成近东西向紧闭褶皱，并伴随低绿片岩相的区域变质作用，岩石类型主要包括变质砂岩、变质粉砂岩、板岩和千枚岩。变质矿物组合主要为：绿泥石＋绢云母－白云母＋绿帘石＋石英＋钠长石，其变质相为典型的低绿片岩相。第二期变形为近东西向紧闭褶皱的进一步发展为同斜倒转褶皱。第三期变形表现为加里东期北北东向褶皱的叠加，但总体没有改变四堡群东西向褶皱的特点。

（4）雪峰期沟－弧－盆系阶段

郭令智等（1980，1986）的江南元古代沟－弧－盆系还包括雪峰旋回形成的沟－弧－盆系，在桂北位于龙胜一带，龙胜蛇绿岩是洋壳的关键证据之一。关于龙胜蛇绿岩的构造环境有多种认识，有认为是古岛弧环境的（钟自云等，1983）；也有认为有两种成因，一种洋壳成因蛇绿岩，另一种是岛弧成因蛇绿岩（夏斌，1984）或"洋壳－岛弧过渡型"蛇绿岩（张桂林等，1993，1997）；还有认为是岛弧系弧间裂谷盆地中亲弧岩浆杂岩，而不是蛇绿岩（张福勤，1993）。根据前人对龙胜地体丹洲群镁铁质－超镁铁质岩岩石地球化学特征研究，发现其岩石地球化学具有弧岩浆岩、洋中脊玄武岩（mid ocean ridge basalt，MORB）及板内玄武岩区的多重特征，反映了其形成环境的复杂性。以摩天岭和元宝山为代表的雪峰期黑云母花岗岩类的构造环境为火山弧花岗岩（VAG）和同碰撞花岗岩（syn-COLG）的混合区，并且多数趋向于 syn-COLG 区。龙胜地区丹洲群砂岩的岩石地球化学图解投点均落在活动大陆边缘和被动大陆边缘混合区，但更趋向于活动大陆边缘环境，与湖南地区研究结果一致（顾雪祥等，2003）。

（5）丹洲群褶皱变质阶段

从区域对比来看，与雪峰运动相当的"晋宁运动"在湘西和黔东地区造成了板溪群与震旦系之间的明显角度不整合，说明湘西和黔东地区在雪峰期发生的是挤压机制下的褶皱造山运动，而桂北地区在雪峰期发生的是伸展体制下的地壳水平减薄运动，是雪峰运动在桂北地区的特殊表现形式。

丹洲群区域变质岩主要类型包括变质砂岩、板岩、千枚岩、片岩、大理岩等，变质程度普遍不高。下部白竹组主要为钙质片岩、绿泥片岩、大理岩夹千枚岩，中部合桐组主要为千枚岩夹板岩和变质砂岩，上部拱洞组主要为板岩和变质砂岩夹千枚岩，变质程度由上往下逐渐增强。泥质原岩变质形成板岩、千枚岩和片岩的典型矿物组合为：绿泥石＋绢云母－白云母＋绿帘石＋石英＋钠长石＋方解石，反映了其变质相为典型的低绿片岩相。

（6）南华－震旦－早古生代被动大陆边缘沉积阶段

华南晋宁运动（约850Ma）使扬子板块与华夏板块在浙江江山—绍兴一带碰撞缝合，在江西以西的原始华南洋盆转变为残留盆地（水涛，1987；刘宝珺等，1993）。在桂北地区，雪峰期的龙胜岛弧夭折，在丹洲群合桐组中基性火山－沉积岩系之上，连续沉积了拱洞组的浊积岩。从震旦纪开始，关于华南残留盆地的问题出现了不同看法，水涛

(1987)把整个加里东阶段(包括震旦纪和早古生代)都作为残留盆地阶段,而刘宝珺等(1993)则认为从震旦纪开始,晋宁晚期的地壳消减收缩环境已经转变为地壳拉张环境,相应的残留盆地转变为拉张裂谷盆地,桂北位于湘桂盆地带,三江一带为一地堑,下震旦统厚达 4000 余米,龙胜一带为一地垒,厚度仅数百米,反映垂直差异运动强烈。

从早震旦世开始,扬子陆块东南缘从活动的岛弧系转化为典型的被动大陆边缘性质(王鸿祯,1986;刘宝珺等,1993;蒲心纯等,1993;田景春等,1995),桂北地区早震旦世沉积为浅海陆棚相,下震旦统杂砾岩是冰水和海水改造后的堆积物,经泥石流或浊流再搬运沉积的产物(田景春,1989,1990;郝杰等,1992;夏文杰等,1994)。

寒武纪时,扬子陆块东南缘垂直差异运动幅度减小,并转变为热沉降为主,地貌上转变为向南东缓倾斜的斜坡带(刘宝珺等,1993;蒲心纯等,1993)。在桂北地区,寒武系为一套厚达数千米的富含黄铁矿的黑色页岩及少量硅质岩、碳酸盐岩。奥陶系继承了寒武系的沉积环境,总体为浅海陆棚-半深海环境,属典型的被动大陆边缘沉积。志留系在桂北基本缺失(广西壮族自治区地质矿产局,1985)。根据郭令智等(1980,1987),华南加里东期武夷—云开早古生代沟-弧-盆系的模式,俯冲作用发生在武夷—云开一带,桂北一带属于弧后盆地范围,构造机制是拉张环境。任纪舜(1990)则认为,华南加里东期是一个拗拉槽型冒地槽(陆内裂陷槽),显然是属于拉张机制。尽管对华南加里东期沉积古构造环境有不同看法,但是对于拉张构造机制这一点几乎都是一致的。

(7)加里东挤压造山运动阶段

早古生代末期席卷华南的加里东运动是一次重要的造山运动,形成著名的华南加里东褶皱系。对于华南加里东褶皱系,长期以来有不同的认识,郭令智等(1980,1987)认为是由俯冲作用形成的岛弧褶皱系,并进一步由复杂的地体拼贴及碰撞作用使边缘海封闭。任纪舜(1964,1990)认为,华南加里东褶皱系为拗拉槽造山作用形成的一陆内褶皱系,而非碰撞造山带。刘宝珺等(1993)认为,在华南加里东期盆地消亡过程中,虽然发生过有限的俯冲作用,但没有形成典型的岛弧型或科迪勒拉型或地体拼贴型造山带,也不同于拗拉槽造山作用形成的陆内造山带,而是华夏板块向北西漂移,导致华南盆地脉动式收缩形成的一种独特的"南华型"造山带。丘元禧等(1996,1999)则认为是弧后盆地进一步演化而形成的陆弧碰撞拼贴造山带,桂北位于扬子古陆东南边缘的褶断山系。尽管对华南加里东褶皱系形成的具体机制有不同看法,但是对于造山带主要形成于挤压构造体制这一点几乎也是一致的。

加里东运动在广西及其邻区称为广西运动,在全广西造成了泥盆系与下古生界的区域性角度不整合,在桂北地区,伴随广西运动还形成了越城岭、猫儿山、海洋山等大型花岗岩体。

(8)加里东晚造山期—后造山期伸展阶段

在桂北及相邻的雪峰古陆地区,尽管有少数学者曾认识到加里东造山过程除了挤压体制外,还包括有伸展构造体制(丘元禧等,1996,1999;侯光久等,1998),但是关于该地区加里东期伸展构造的认识研究不够深入。张桂林等(2004)通过桂北地区花岗岩、镁铁质-超镁铁质岩及变质地层的变形构造研究,发现了大量与伸展作用有关的韧性剪切带和糜棱岩带,根据其几何学、运动学及构造年代学的研究,首次在桂北确定了加里东晚造山期—后造山期的伸展构造，其形成的具体时代由糜棱岩中新生矿物的$^{40}Ar/^{39}Ar$年龄提供了定量的制约。本洞花岗质糜棱岩、摩天岭花岗质糜棱片麻岩、元宝山花岗质糜棱片麻岩的$^{40}Ar/^{39}Ar$法坪年龄结果分别为404.3±6.2Ma，425.67±0.9Ma，324.82±0.58Ma，分别代表了三个花岗岩体中滑脱型韧性剪切带的形成时代，分别为早泥盆世、晚志留世、早石炭世。兴洞口超镁铁质糜棱岩有两个主要的坪年龄：一个是809±36.4Ma，反映的是镁铁质—超镁铁质岩的侵位时代，与桂北雪峰期大规模的岩浆活动相吻合；另一个是339±36.4Ma，代表了超镁铁质糜棱岩的形成时代，为早石炭世。总体来看，研究区元古代花岗岩体和超镁铁质岩体中糜棱岩的形成时代为晚志留世—早石炭世，发生在加里东晚造山期—后造山期。

（9）燕山－喜马拉雅期的伸展构造运动

自晚三叠世—早侏罗世开始，该区进入了一个全新的构造演化阶段，即由陆内俯冲渐进地转换为陆内走滑造山作用，并分别在白垩纪和古近纪经历了两次重大的构造性质转换和两个性质完全不同的走滑造山过程，形成了十分复杂的构造组合(图1-3)。

本区大量存在的北北东向断裂表明，新华夏构造运动对研究区的影响十分明显，在摩天岭—元宝山地区形成了麻木岭、梓山坪、高武、乌指山和平硐岭等数条北北东向延伸的大断裂。断裂形成以后，后期活动十分明显，属多期次活动的断裂。

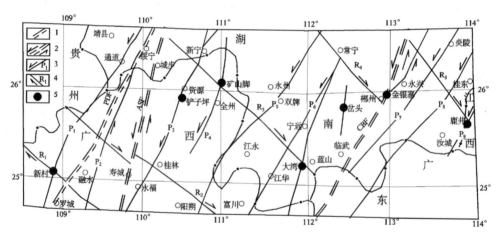

图1-3　桂北地区主要伸展构造示意图

1-扬子陆块与华南陆块拼合带；2-主走滑断裂带：ASF-安化－城步－寿城断裂，CBF-茶陵－郴州－博白断裂；3-同向走滑断层：P_1-溆浦－四堡断裂；P_2-三江断裂；P_3-公田－灰汤－新宁－资源断裂；P_4-四所断裂；P_5-长寿街－双牌断裂；P_6-常宁－江华断裂；P_7-资兴断裂；P_8-桂东断裂；P_9-遂川－热水断裂；4-反向走滑断层；R_1-新村断裂；R_2-桂林－广州断裂；R_3-新宁－蓝山断裂；R_4-邵阳－郴州断裂；R_5-五峰仙－彭公庙断裂；5-铀矿床(田)

第 2 章　摩天岭地区花岗岩特征

2.1　岩体围岩特征

摩天岭及元宝山岩体围岩为中元古代四堡群和新元古代丹洲群。如第 1 章所述,四堡群分布于九万大山至元宝山两侧,由浅变质砂岩、变质粉砂岩、千枚岩、科马提岩、基性熔岩、凝灰岩组成,与上覆丹洲群呈明显角度不整合关系。

四堡群总厚度 4594m,自下而上可分为九小组、文通组和鱼西组。九小组岩性主要由灰-灰绿色变质砂岩、变质长石石英砂岩、变质泥质粉砂岩、板岩、千枚岩、似层状基性-超基性岩组成,未见底。文通组岩性主要由灰绿色、深灰色变质细砂岩、粉砂岩、板岩、千枚岩、基性熔岩、凝灰岩、细碧岩、科马提岩等组成。鱼西组岩性主要为灰色变质砂岩、粉砂岩、板岩、千枚岩互层,局部夹中酸性火山岩,与上覆丹洲群为角度不整合接触关系。前人研究认为四堡群平均铀含量 4.3×10^{-6},平均铀浸出率达 46.24%,其中黑云变粒岩最高,达 74%,变质粉砂岩次之,平均为 48.02%,云母石英片岩最低为 32.56%。

丹洲群可分为白竹组、合桐组、三门街组、拱洞组,以三江-融安断裂为界,两侧以含砾片岩、含砾千枚岩,变质砂砾岩与下伏四堡群呈角度不整合,不夹火山岩。

在本次研究中采集了 4 个四堡群样品,分析结果为:铀平均含量为 3.5×10^{-6},U/Th 为 0.28。一个丹洲群片岩样品,铀含量为 9.62×10^{-6},U/Th 为 0.54(表 2-1)。

表 2-1　四堡群和丹洲群中铀含量特征

样号	岩性	U 含量/($\times 10^{-6}$)	Th 含量/($\times 10^{-6}$)	U/Th	备注
M021-1	砂质板岩	6.12	11.2	0.55	四堡群
M30	千枚岩	2.16	12.3	0.18	四堡群
M34	粉砂质板岩	2.24	13.2	0.17	四堡群
M74	变质粉砂岩	3.46	14.4	0.24	四堡群
Y02-3	绢云母片岩	9.62	17.7	0.54	丹洲群

2.2　岩体地质特征

摩天岭岩体地处扬子板块以南、华南板块以西的江南褶皱造山带西南端。岩体呈椭圆状,椭圆长轴方向 10°,为一巨型的复式岩体,南北向最长大于 45km,东西向最宽大于 25km，出露面积为 955km^2。为斑状黑云母二长花岗岩，斑晶由钾长石、石英组成，0.3～5cm 大小，部分达 5～8cm。岩石主要矿物为钾长石、石英、斜长石，次要矿物为黑云母和白云母，副矿物有电气石、锆石、独居石、金红石、磷灰石、榍石、钛铁矿、石榴子石等共 20 多种。

岩体的围岩主要为中元古代四堡群，岩性为复理石构造的浅变质沉积岩系。岩体与围岩接触界限大部分地方清楚，个别点处呈渐变过渡关系。接触产状各处不一，北端平缓外倾南端向外陡倾。东西两侧均向北西西倾伏，自北而南倾角逐渐变大，岩体顶部接触面呈波澜起伏，中部摩天岭一带为波浪起伏，吉羊附近为波状凹陷。接触带宽度局限，一般为数米，局部为数十米，内带以云英岩化为主，电气石化、硅化次之。外带常有石榴子石化，局部具角岩化，但都表现不强，与岩体规模不相称。

在主体内，围岩的残留体比较常见，它们的分布与区域构造线的方向基本一致。在残留体和主体之间也多为渐变关系，即由变质岩经细粒花岗岩再变为粗粒花岗岩。主体岩性为片麻状粗粒、中粗粒变斑状黑云母花岗岩，片麻理比较明显，但各地发育程度不等，它们一般与围岩片理的产状一致，靠近边部的倾角一般较陡，中部则较缓。岩石中长石斑晶特征比较明显，多数平行片麻理方向排列。基质粒度为 0.5～1cm，在边缘相表现更细，多为 0.03～0.2cm。花岗岩的主要矿物成分有石英 30%～35%，正长石 10%～30%，微斜长石 5%～20%，条纹长石 5%～20%，斜长石 10%～15% 及黑云母 3%～7%。副矿物成分主要有锆石、石榴子石、黄玉、黄铁矿等。

岩体岩性总体比较单一，按粒度分为粗粒黑云母花岗岩、中粒黑云母花岗岩、细粒黑云母花岗岩，部分区域有过渡类型。粗粒黑云母花岗岩主要分布在岩体中部区域，细粒黑云母花岗岩主要分布于岩体边缘和高山顶部，中粒花岗岩分布于粗粒花岗岩与细粒花岗岩带之间。三种粒度花岗岩无明显的分界限，小范围内两种粒度的岩石可以相互变化。内部相和过渡相比较发育，边缘相较差，多分布在接触带附近。三个相带面积比为 4.7：4：1。细粒花岗岩的小岩体比较发育，大小不等，由几十平方千米到数百平方米或更小。它们与主体有两种接触关系：一是呈明显的侵入接触，一是呈渐变的关系，岩性由细粒逐渐过渡为粗粒。有时同一岩体在其不同的部位见到两种接触关系。渐变关系多在标高大于 900～1200m 以上的地带出现，并具有定向排列。

岩体从中部至边缘，粒度由粗变细，黑云母含量逐渐减少，白云母和长石含量逐渐增加，斜长石含量逐渐降低。岩体中部，长石晶体粗大，往往呈斑晶产出，个别粒径可达 10～15cm，一般为 5～8cm。岩体边缘粒度变细，个别含斑晶，称含斑细粒花岗岩，斑晶主要为石英。岩石一般强烈绢云母化，其次是绿泥石化、硅化、高岭石化、电英岩化等蚀变特征。

镜下观察可见，典型矿物组合为石英（26%～30%）、斜长石（26%～30%）、微斜长石（35%～44%）、黑云母（4%～6%）、白云母（1%～5%），其中白云母可分为长石颗粒空隙中结晶的较自形原生白云母和沿岩石裂隙或斜长石蚀变而成的次生白云母，副矿物为绿帘石、锆石和电气石。

摩天岭岩体构造发育，断层众多。综合分析，可以分为四组：北东向、北西向、近南北向、近东西向。其中最为主要的是北东向，其次是北西向。

从断裂性质来看，北东向基本为压扭性断裂，规模大，以乌指山断裂、高武断裂、梓山坪断裂、麻木岭断裂为主，该组断裂与区域上的构造线一致，与新华夏构造体系一致，是中新生代以来形成的继承性断裂。

北西向断裂较北东向断裂规模要小，但数量较多，对铀矿成矿起着重要的作用。该组断裂与北东向断裂有互切现象，通过构造力学分析，认为该组断裂与北东向断裂属于共轭断裂。北西向断裂数量与北东向断裂的规模相协调。该组断裂绝大部分为张扭性断裂。

近南北向断裂规模小，数量也不多，主要分布在西南地区，性质以张性为主，极少量为压性断裂。近东西向断裂更少，仅在达亮矿区及其附近有分布，达亮矿区 F_{52} 断层就是规模较大的近东西向断裂，在某种意义上，该断裂限定了达亮矿床的北界。

2.3　岩体年代学特征

锆石($ZrSiO_4$)，作为一种副矿物广泛分布于各类岩石中，由于其较高的硬度、较强的抗物理风化能力和较稳定的化学性质，并且具有抵抗热扰动的能力，同时由于其富 U、低普通铅而成为 U-Pb 精确定年的首选对象，从而广泛应用于火成岩和变质岩等多方面的研究。

为进一步研究岩体和矿床成因，探讨本地区铀矿及多金属矿成矿机制，本研究采集了摩天岭—元宝山岩体的部分代表性样品(见附录　彩色图版　图 2-1)，对广西摩天岭—元宝山研究区的地质特征进行了分析，并运用 LA-MC-ICP-MS 锆石 U-Pb 法确定了含矿岩体的成岩时间，并以此针对本地区年代学格架和岩浆成矿作用提供进一步的制约，在分析矿床形成的区域构造背景和控矿因素基础上，探讨了典型铀矿床成因，对该地区类似矿床的找矿工作具有重要意义。

2.3.1　锆石准备工作

各采样点采集的样品约重 20kg，经粗碎、中碎、细碎和磨矿，将原样碎至锆石单体解离的粒度，然后采用重选、磁选方法富集锆石，再用多种方法精选提纯，最后在双目镜下挑出残留的少许杂质，最终获得纯度为 100% 的锆石单矿物供标型特征研究。锆石选样流程如图 2-2 所示。

首先将双面胶黏在玻璃片上，然后将锆石放置在双面胶上，最后就是用环氧树脂将锆石固定做成薄圆饼状。做成的样品靶用不同型号的砂纸和磨料将锆石磨去一半然后抛光。为了做测试时方便起见，要对做好的样品靶锆石进行照相。

2.3.2　锆石 CL 图像描述

在做 LA-MC-ICP-MS 锆石 U-Pb 年龄原位分析定年之前，对其逐个进行反射、透射光拍照及阴极发光照像，由阴极发光图像来看，所测锆石的内部结构比较复杂，这可能会增加对锆石年龄解释的难度。锆石样品的阴极发光(cathode luminescence，CL)图像显示，所测锆石均呈半透明短柱状，大都呈等粒、短柱状或长柱状，自形程度高，半透明，

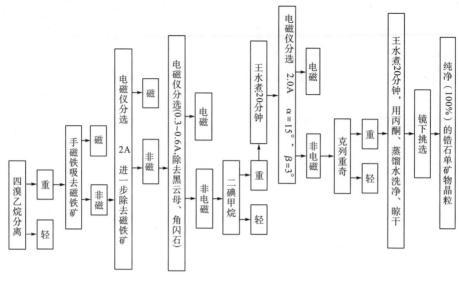

图 2-2　锆石选样流程

淡黄色，呈自形至半自形柱状，长宽比约为 2：1。晶体柱面平直发育，且锆石内部均显示较清晰的韵律环带结构，是典型的岩浆结晶锆石。锆石 CL 图像显示锆石内部有四种结构：略显条带的均一结构、条带状结构、中间具有暗色残留核、振荡环结构。

　　所测酸性岩，如细粒花岗岩、钾长花岗岩、中细粒黑云母花岗岩等是本次测试的重点，其中锆石选自样品 M015-1、M016-1、M021-02、M040、M062-3、M063-1、M066、Y007、ZK2-10。自形程度较高，呈自形至半自形柱状，颗粒粗大，一般为 $80 \sim 260 \mu m$，个别可达 $400 \mu m$，CL 图像显示少数锆石可见岩浆锆石特征的振荡环带发育，少数颗粒有破损现象，矿物成分和化学成分不是十分均匀；部分晶体核心存在残留锆石，成浑圆状，缺少振荡环带，代之以出现扇形分区。

　　所测基性岩主要是辉绿岩，其中锆石选自样品 M068、M075，晶体大小与酸性岩中的相比略小，且自形程度稍差，单偏光下部分有较明显的破损现象，同样具有振荡环带。

2.3.3　锆石 U-Pb 年龄原位分析定年方法

　　LA-MC-ICP-MS 锆石 U-Pb 定年测试分析在中国地质科学院矿产资源研究所和中国科学院广州地球化学研究所 MC-ICP-MS 实验室完成，锆石定年分析所用仪器为Finnigan Neptune 型 MC-ICP-MS 及与之配套的 Newwave UP 213 激光剥蚀系统。激光剥蚀所用斑束直径为 $25 \mu m$，频率为 10Hz，能量密度约为 $2.5 \mathrm{J/cm^2}$，以 He 为载气。信号较小的 ^{207}Pb，^{206}Pb，$^{204}Pb(+^{204}Hg)$，^{202}Hg 用离子计数器（multi-ion-counters）接收，^{208}Pb，^{232}Th，^{238}U 信号用法拉第杯接收，实现了所有目标同位素信号的同时接收并且不同质量数的峰基本上都是平坦的，进而可以获得高精度的数据。LA-MC-ICP-MS 激光剥蚀采样采用单点剥蚀的方式，数据分析前用锆石 GJ-1 进行调试仪器，使之达到最优状态，锆石 U-Pb 定年以锆石 GJ-1 为外标，U、Th 含量以锆石 M127(U：923×10^{-6}；Th：439×10^{-6}；Th/U：0.475. Nasdala et al，2008)为外标进行校正。测试过程中在每测定 10 个样品前后重复测定两个锆石 GJ1 对样品进行校正，并测量一个锆石 Plesovice，观察仪器的状态以保证测试的精确度。数据处理采用中国地质大学刘勇胜编写的 ICPMSDataCal 程序(Liu et al. 2010)，测量过程中绝大多数分析点 $^{206}Pb/^{204}Pb > 1000$，未进行普通铅校正，^{204}Pb 由离子计数器检测，^{204}Pb 含量异常高的分析点可能受包体等普通 Pb 的影响，对 ^{204}Pb 含量异常高的分析点在计算时剔除，锆石年龄谐和图用 Isoplot 3.0 程序(Ludwig K R. 2001)进行分析和作图获得。详细实验测试过程可参见相关文献(侯可军等，2009)。样品分析过程中，Plesovice 标样作为未知样品的分析结果为 $337.11Ma \pm 0.21(n=28，2\sigma)$，对应的年龄推荐值为 337.13 ± 0.37 (2σ)(Slama et al, 2008)，两者在误差范围内完全一致。由于所测锆石的年龄基本 $<1000Ma$，选取 $^{206}Pb/^{238}U$ 年龄作为锆石的形成年龄。

2.3.4　锆石特征及 LA-MC-ICP-MS 定年

1. 元宝山岩体锆石特征及 LA-MC-ICP-MS 定年

元宝山 Y007 样品岩性为灰白－灰黄色细粒花岗岩，野外见细粒花岗岩脉走向 $300°$，宽约 $20 \sim 30m$，$\gamma = 34 \times 10^{-6}$，主要由斜长石、石英、钾长石、黑云母及少量的白云母和电气石组成。

(1)锆石 CL 特征

元宝山细粒花岗岩 Y007 样品以 LA-MC-ICP-MS 定年共测定了其中的晶形好、具代表性的 20 个锆石颗粒。图 2-3 为被测锆石的 CL 图像，测定点位和相应的 ^{206}Pb-^{238}U 年龄标注于其上。表 2-2 列出了广西摩天岭—元宝山地区岩体 11 个锆石样品的 LA-MC-ICP-MS U-Pb 年龄测定数据。

图 2-3　元宝山 Y007 细粒花岗岩锆石 CL 图像

从样品中分选出来的锆石无色透明，大部分呈柱状，粒度在 0.1mm 左右，部分颗粒粗大，长为 $80 \sim 260\mu m$；长宽比约为 2：1，晶型为自形－半自形，少量可见较完整的晶棱或晶锥，晶面整洁光滑。总体而言，呈长柱状，结晶程度较好，少数颗粒保留了继承性锆石残核，呈核-边结构；锆石边部具有清晰的岩浆振荡生长结构。另外部分锆石晶形完整，发光性较好，但无明显的环带，测试时尽量不选该类锆石。测试过程中部分发现较老的锆石颗粒或核部的残留锆石，不同锆石晶体具有接近的 Th/U 比值和 U 含量，说明大部分锆石是从相对均匀的岩浆中结晶形成。CL 图像显示存在两类锆石，一类具有明显的岩浆成因环带且部分颗粒具有较窄的白色均匀增生边；另一类则无明显的内部结构，大多呈灰色。所有锆石无新生环带，反映岩浆成因的生长纹清晰可见，其亮度变化不大，部分颗粒中心较暗，边部较亮，可能是各锆石颗粒中 U 的含量不一致及颗粒内部 U 分布不均匀所致。

表 2-2　元宝山细粒花岗岩 Y007 中锆石的 LA-MC-ICP-MS U-Pb 年龄测定结果

测点	含量/×10⁻⁶				比值(Ratio±1σ)				误差相关系数	年龄(Ma±1σ)						和谐度
	Pb	^{232}Th	^{238}U	Th/U	^{207}Pb/^{235}U		^{206}Pb/^{238}U			^{207}Pb/^{235}U		^{206}Pb/^{238}U		^{208}Pb/^{232}Th		
Y007-1	209.54	154.71	296.61	0.52	0.265	0.00411	0.035	0.00032	0.5744	238.60	3.30	224.28	1.96	47.63	6.69	93%
Y007-3	113.26	47.24	150.63	0.31	0.510	0.00479	0.066	0.00043	0.6962	418.42	3.22	411.65	2.61	118.00	14.08	98%
Y007-4	253.84	53.67	190.59	0.28	1.198	0.00813	0.129	0.00079	0.8973	799.52	3.76	783.71	4.50	149.40	13.97	98%
Y007-5	120.73	27.70	78.07	0.36	1.205	0.01155	0.129	0.00085	0.6888	802.90	5.32	779.56	4.85	220.15	28.70	97%
Y007-6	230.90	54.71	143.80	0.38	1.161	0.01221	0.127	0.00106	0.7934	782.36	5.74	770.51	6.06	134.32	18.65	98%
Y007-7	65.70	220.72	328.45	0.67	0.088	0.00179	0.013	0.00009	0.3612	85.50	1.67	81.65	0.60	24.98	4.18	95%
Y007-8	274.90	521.59	1655.09	0.32	0.088	0.00053	0.013	0.00008	0.9815	85.98	0.50	84.34	0.50	17.28	1.83	98%
Y007-9	414.96	389.47	403.11	0.97	0.244	0.00198	0.034	0.00024	0.8835	221.73	1.61	214.70	1.51	35.08	4.17	96%
Y007-11	84.35	21.38	76.56	0.28	1.206	0.00840	0.129	0.00070	0.7780	803.56	3.87	780.04	3.98	240.13	29.84	97%
Y007-12	74.74	190.18	826.70	0.23	0.091	0.00075	0.014	0.00007	0.6440	88.37	0.70	86.73	0.46	26.25	3.43	98%
Y007-13	124.16	32.05	114.75	0.28	1.212	0.00802	0.130	0.00066	0.7631	806.29	3.68	790.64	3.76	219.80	23.95	98%
Y007-16	49.31	189.59	297.78	0.64	0.088	0.00189	0.013	0.00016	0.5827	85.20	1.77	81.07	1.01	28.12	3.54	95%
Y007-17	143.66	38.01	154.21	0.25	1.182	0.00898	0.128	0.00088	0.9039	792.42	4.18	777.01	5.03	205.78	15.63	98%
Y007-18	494.54	155.03	408.77	0.38	1.193	0.00833	0.129	0.00084	0.9283	797.56	3.86	783.64	4.78	148.14	8.63	98%
Y007-19	99.28	270.02	295.57	0.91	0.087	0.00097	0.013	0.00009	0.6044	84.31	0.91	82.88	0.56	25.04	2.02	98%
Y007-20	105.24	28.76	91.82	0.31	1.206	0.00918	0.130	0.00088	0.8857	803.19	4.23	788.30	5.00	244.15	19.34	98%

（2）锆石 Th/U 值特征

已有研究表明，锆石的微量元素特征，特别是 U，Th 含量和 Th/U 值可以指示其形成环境及锆石的成因。一般认为，岩浆成因锆石的 Th/U 值大于 0.5，且 Th 和 U 之间具有明显的正相关，而变质重结晶锆石 Th/U 值则小于 0.1（Hoskin and Black，2000；Hanchar and Miller，1993；Belousova et al.，2002）。依据元素分配理论和花岗岩中 U，Th 的平均值估算出从花岗质岩浆中晶出的锆石 Th/U 值约为 1（Rowley et al.，1997）。从对阿尔卑斯造山带内及南大别的片麻岩围岩、北大别糜棱岩化花岗岩和花岗质片麻岩中岩浆成因锆石的微量元素的研究来看，岩浆锆石的 Th/U 值范围大致为 0.4~1.8（Vavra et al.，1996；1999；Nasdala et al.，1998；Rubatto et al.，1999）。

元宝山岩体锆石 U 含量变化范围为 76.555×10⁻⁶~1655.088×10⁻⁶，Th/U 值变化于 0.279~0.966，多数为 0.30~0.80，展示出岩浆锆石 U、Th 成分特征，且 Th 和 U 之

间具有明显的正相关(图 2-4、图 2-5),同样测试的锆石为岩浆成因。

锆石的 CL 成像是区分岩浆锆石和变质锆石的有效方法(Vavra et al.,1996),锆石的 CL 特征是其内部元素分布规律的外在表现,发光强度与锆石的微量元素尤其是稀土元素 U 和 Th 的含量相关(Hanchar and Miller,1993)。样品中大多数锆石具有核边结构和显著的韵律环带,核部 CL 强度较弱,外围 CL 强度较高,反映了 U、Th 含量的变化,表 2-2 中给出了不均一的 U ($76.56\times10^{-6}\sim1655.09\times10^{-6}$)、Th ($21.38\times10^{-6}\sim521.59\times10^{-6}$)含量及变化范围较大的 Th/U 值(0.28~0.97),Th、U 含量总体上呈现正相关关系(图 2-4)。结晶环带和 Th/U 值特征均说明锆石为岩浆成因。值得注意的是个别锆石虽然具有核边结构,但环带不明显而具有面状分布特征,CL 强度较高,Th/U >0.25,此类锆石也是岩浆成因,只不过它们可能为残留的古老岩浆锆石,由于年龄较老而受后期变质作用影响较大而发生了重结晶作用使得锆石韵律环带结构消失。

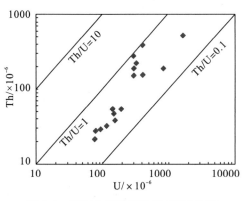 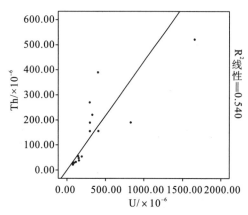

图 2-4　元宝山细粒花岗岩 Y007 锆石　　　　　图 2-5　元宝山细粒花岗岩 Y007 锆石
　　　　Th-U 对数相关图　　　　　　　　　　　　　Th-U 协变图

(3)锆石年代学特征

所有数据点在 U-Pb 谐和图上集中落在谐和线上及其附近(图 2-6)。元宝山细粒花岗岩 Y007 锆石 20 个测点均投影在谐和线上,这一特征指示被测锆石没有遭受明显的后期热事件的扰动。用 8 个点的 ^{206}Pb/^{238}U 年龄进行加权平均所得的平均年龄为 782.7±5.0Ma (95%可信度),MSWD=1.7(图 2-7)。另一组为 84.1±2.8Ma (5 个点,95%可信度)(Y007-7、Y007-8、Y007-12、Y007-16、Y007-19),MSWD=16,可能代表了本区较新的一次热液活动。图 2-8 为元宝山细粒花岗岩 Y007 锆石年龄频率分布图,年龄值主要集中于 800Ma 和 80Ma 左右的年龄段。

结合锆石具有生长环带和 Th/U=0.28~0.97 的特征,推测该年龄值 782.7±5.0Ma 应代表该细粒花岗岩体的侵位时代。另外测点 Y007-1、Y007-3、Y007-9 年龄分别为 224.28Ma、411.65Ma、214.70Ma,可能代表另外两期构造热事件,也可能是较晚期变质增生或热液蚀变的年龄。

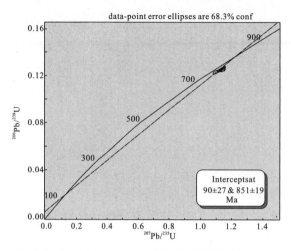

图 2-6　元宝山细粒花岗岩 Y007 锆石 U-Pb 谐和图

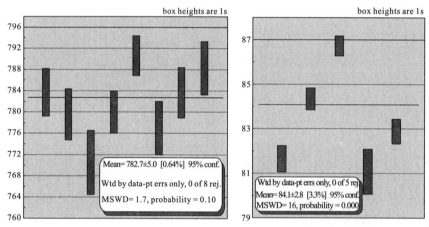

图 2-7　元宝山细粒花岗岩 Y007 锆石加权平均年龄计算示意图

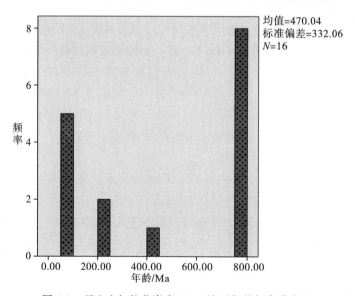

图 2-8　元宝山细粒花岗岩 Y007 锆石年龄频率分布图

2. 摩天岭 M015-1 锆石特征及 LA-MC-ICP-MS 定年

摩天岭 M015-1 细粒花岗岩采于达亮矿区 ZK915 机台，该点为含斑细粒花岗岩与中粒花岗岩接触带，北东为细粒花岗岩，南西为粗粒花岗岩。细粒花岗岩主要成分为钾长石、黑云母、石英，斑晶主要为石英，大小 4mm×4mm，大者可达 4mm×7mm，基质长石含量较高，可见黑云母团粒。

(1) 锆石 CL 特征

图 2-9 为被测锆石的 CL 图像，测定点位和相应的^{206}Pb/^{238}U 视年龄标注于其上。摩天岭 M015-1 细粒花岗岩样品以 LA-MC-ICP-MS 定年共测定了其中的晶形好、具代表性的 20 个锆石颗粒。

CL 图像显示存在两类锆石，一类具有明显的岩浆成因环带且部分颗粒具有较窄的白色均匀增生边；另一类则无明显的内部结构，大多呈灰色。所有锆石无新生环带，反映岩浆成因的生长纹清晰可见，其亮度变化不大，部分颗粒中心较暗，边部较亮，可能是各锆石颗粒中 U 的含量不一致及颗粒内部 U 分布不均匀所致。

从样品中分选出来的锆石无色透明，大部分呈柱状，粒度在 0.12mm 左右，部分颗粒粗大，长为 80～300μm，长宽比约为 2.5∶1，晶型为自形-半自形，少量可见较完整的晶棱或晶锥，晶面整洁光滑。总体而言，呈长柱状，结晶程度较好，少数颗粒保留了继承性锆石残核，呈核-边结构；锆石边部具有清晰的岩浆振荡生长结构。另外部分锆石晶形完整，发光性较好，但无明显的环带，测试时尽量不选该类锆石。测试过程中发现部分较老的锆石颗粒或核部的残留锆石，不同锆石晶体具有接近的 Th/U 值和 U 含量，说明锆石是从相对均匀的岩浆中结晶形成。

图 2-9　摩天岭 M015-1 细粒花岗岩锆石 CL 图像

(2) 锆石 Th/U 值特征

样品中大多数锆石具有核边结构和显著的韵律环带，核部 CL 强度较弱，外围 CL 强度较高，反映了 U、Th 含量的变化，表 2-3 中给出了不均一的 U（$60.08×10^{-6}$～$314.68×10^{-6}$）、Th（$13.86×10^{-6}$～$110.1×10^{-6}$）含量及变化范围较大的 Th/U 值（0.19～0.41），Th、U 含量总体上呈现正相关关系（图 2-10）。结晶环带和 Th/U 值特征均说明锆石为岩浆成因。值得注意的是个别锆石虽然具有核边结构，但环带不明显而具有面状分布特征，CL 强度较高，Th/U>0.2，此类锆石也是岩浆成因，只不过它们可能为残留的古老岩浆锆石，由于年龄较老而受后期变质作用影响较大而发生了重结晶作用使得锆石韵律环带结构消失。

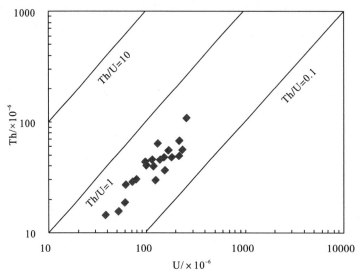

图 2-10　摩天岭 M015-1 细粒花岗岩锆石 Th-U 对数相关图

表 2-3　摩天岭 M015-1 细粒花岗岩中锆石的 LA-MC-ICP-MS U-Pb 年龄测定结果

测点	含量/×10⁻⁶				比值(Ratio±1σ)				误差相关系数	年龄(Ma±1σ)						和谐度
	Pb	²³²Th	²³⁸U	Th/U	²⁰⁷Pb/²³⁵U		²⁰⁶Pb/²³⁸U			²⁰⁷Pb/²³⁵U		²⁰⁶Pb/²³⁸U		²⁰⁸Pb/²³²Th		
M015-1-1	151.58	45.25	169.56	0.267	1.211	0.00767	0.131	0.00076	0.9152	805.85	3.52	791.69	4.32	805.85	3.52	98%
M015-1-2	217.04	64.57	156.66	0.412	1.200	0.00701	0.131	0.00072	0.9440	800.38	3.24	791.91	4.11	800.38	3.24	98%
M015-1-3	229.71	68.39	265.70	0.257	1.229	0.00694	0.132	0.00069	0.9264	813.90	3.16	799.78	3.94	813.90	3.16	98%
M015-1-4	128.08	41.00	120.39	0.341	1.203	0.00763	0.130	0.00070	0.8472	801.80	3.51	789.19	3.99	801.80	3.51	98%
M015-1-5	166.41	47.13	185.72	0.254	1.216	0.00732	0.131	0.00072	0.9057	808.03	3.35	795.99	4.08	808.03	3.35	98%
M015-1-6	85.88	17.98	69.10	0.260	1.199	0.01177	0.128	0.00085	0.6772	800.10	5.43	775.95	4.86	800.10	5.43	96%
M015-1-7	137.35	36.18	186.39	0.194	1.206	0.00926	0.127	0.00077	0.7842	803.32	4.26	772.79	4.38	803.32	4.26	96%
M015-1-8	8.81	110.91	314.56	0.352	0.086	0.00110	0.013	0.00008	0.4810	83.83	1.03	82.90	0.51	83.83	1.03	98%
M015-1-9	84.51	29.39	149.73	0.196	1.206	0.01005	0.131	0.00094	0.8598	803.44	4.62	792.78	5.34	803.44	4.62	98%
M015-1-10	48.79	13.86	44.06	0.315	1.182	0.01436	0.127	0.00106	0.6872	792.45	6.68	772.00	6.07	792.45	6.68	97%
M015-1-11	37.69	28.94	87.57	0.331	1.173	0.01468	0.127	0.00108	0.6890	788.14	6.86	763.28	6.20	788.14	6.86	96%
M015-1-12	55.48	14.93	60.08	0.248	1.158	0.01174	0.127	0.00088	0.6856	781.19	5.52	770.84	5.05	781.19	5.52	98%
M015-1-13	25.66	29.50	91.68	0.322	1.170	0.01113	0.127	0.00076	0.6307	786.42	5.21	771.76	4.37	786.42	5.21	98%
M015-1-14	76.79	43.29	116.02	0.373	1.232	0.01081	0.132	0.00092	0.7929	815.17	4.92	799.66	5.23	815.17	4.92	98%
M015-1-15	79.95	38.94	139.95	0.278	1.183	0.00956	0.127	0.00089	0.8693	792.88	4.45	769.96	5.10	792.88	4.45	97%
M015-1-16	115.44	55.77	279.96	0.199	1.222	0.01143	0.131	0.00121	0.9876	810.74	5.22	796.25	6.92	810.74	5.22	98%
M015-1-17	151.58	45.25	169.56	0.266	1.211	0.00767	0.131	0.00076	0.9828	805.85	3.52	791.69	4.32	805.85	3.52	98%
M015-1-18	217.04	64.57	156.66	0.190	1.200	0.00701	0.131	0.00072	0.9540	800.38	3.24	791.91	4.11	800.38	3.24	98%
M015-1-19	229.71	68.39	265.70	0.222	1.229	0.00694	0.132	0.00069	0.9309	813.90	3.16	799.78	3.94	813.90	3.16	99%
M015-1-20	128.08	41.00	120.39	0.337	1.203	0.00763	0.130	0.00070	0.9317	801.80	3.51	789.19	3.99	801.80	3.51	98%

（3）锆石年代学特征

摩天岭 M015-1 锆石 20 个测点均投影在谐和线上（图 2-11），这一特征指示被测锆石没有遭受明显的后期热事件的扰动。用 17 个点的 $^{206}Pb/^{238}U$ 年龄进行加权平均所得的平均年龄为 788.5±6.2Ma（95％可信度），MSWD=1.2（图 2-12）。其中该范围内的锆石测点年龄可以细分为两组，一组为 795.2±2.8Ma（12 个点，95％可信度），MSWD=0.66；

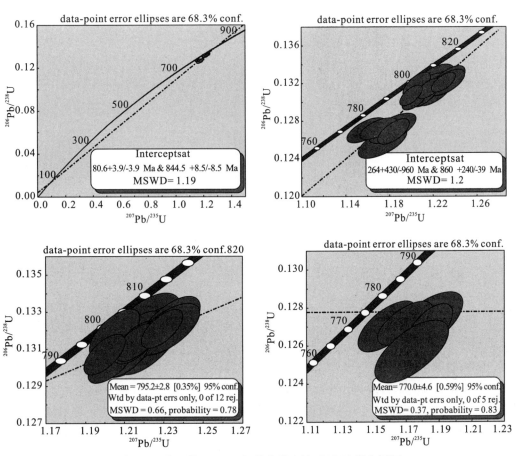

图 2-11　摩天岭 M015-1 细粒花岗岩锆石 U-Pb 谐和图解

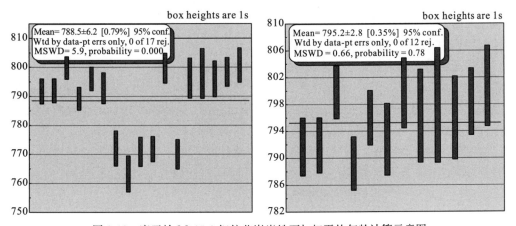

图 2-12　摩天岭 M015-1 细粒花岗岩锆石加权平均年龄计算示意图

另一组为 770.0±4.6Ma（5 个点，95% 可信度），MSWD＝0.37；这两组相差 25Ma，可能代表了细粒花岗岩先后两期的结晶作用。另外，点 M015-1-8 的年龄分别为 82.90Ma，结合其他样品，可能代表了本区较新的一次热事件。图 2-13 为锆石年龄频率分布图，年龄值主要集中于 800Ma 和 80Ma 左右的年龄段。

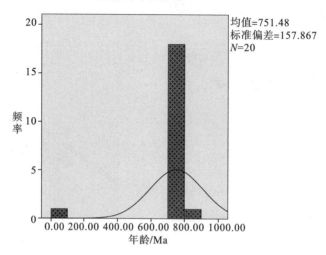

图 2-13　摩天岭 M015-1 细粒花岗岩锆石年龄频率分布图

3. 摩天岭 M016 锆石特征及 LA-MC-ICP-MS 定年

该点为达亮矿区云英岩出露点，灰白色，主要成分为白云母、石英。石英有烟灰色、白色，烟灰色石英有 2mm×2mm、3mm×3mm，野外现场 γ＝46×10⁻⁶（见附录彩色图版图 2-14）。

（1）锆石 CL 特征

图 2-15 为被测锆石的 CL 图像，测定点位和相应的 $^{206}Pb/^{238}U$ 视年龄标注于其上。摩天岭 M016 云英岩样品以 LA-MC-ICP-MS 定年共测定了其中的晶形好、具代表性的 20 个锆石颗粒。

CL 图像显示存在两类锆石，一类具有明显的岩浆成因环带且部分颗粒具有较窄的白色均匀增生边；另一类则无明显的内部结构，大多呈灰色。所有锆石无新生环带，反映岩浆成因的生长纹清晰可见，其亮度变化不大，部分颗粒中心较暗，边部较亮，可能是各锆石颗粒中 U 的含量不一致及颗粒内部 U 分布不均匀所致。

从样品中分选出来的锆石无色透明，大部分呈柱状，粒度在 0.15mm 左右，部分颗粒粗大，长为 100~300μm；长宽比约为 2.5∶1，晶型为自形－半自形，少量可见较完整的晶棱或晶锥，晶面整洁光滑。总体而言，呈长柱状，结晶程度较好，少数颗粒保留了继承性锆石残核，呈核－边结构；锆石边部具有清晰的岩浆振荡生长结构。另外部分锆石晶形完整，发光性较好，但无明显的环带，测试时尽量不选该类锆石。测试过程中部分发现较老的锆石颗粒或核部的残留锆石，不同锆石晶体具有接近的 Th/U 值和 U 含量，说明锆石是从相对均匀的岩浆中结晶形成。

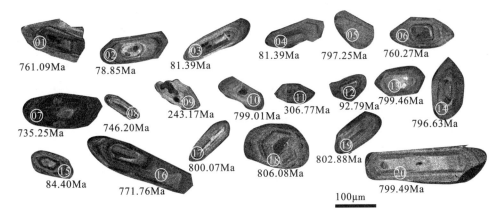

图 2-15　摩天岭 M016 云英岩锆石 CL 图像

(2)锆石 Th/U 值特征

样品中大多数锆石具有核边结构和显著的韵律环带，核部 CL 强度较弱，外围 CL 强度较高，反映了 U、Th 含量的变化，表 2-4 中给出了不均一的 U（$29.07 \times 10^{-6} \sim 4165.79 \times 10^{-6}$）、Th（$13.82 \times 10^{-6} \sim 688.11 \times 10^{-6}$）含量及变化范围较大的 Th/U 值（$0.152 \sim 1.444$），Th、U 含量总体上呈现正相关关系(图 2-16)。结晶环带和 Th/U 值特征均说明锆石为岩浆成因。值得注意的是个别锆石虽然具有核边结构，但环带不明显而具有面状分布特征，CL 强度较高，Th/U >0.2，此类锆石也是岩浆成因，只不过它们可能为残留的古老岩浆锆石，由于年龄较老而受后期变质作用影响较大而发生了重结晶作用使得锆石韵律环带结构消失。

表 2-4　摩天岭 M016 云英岩中锆石的 LA-MC-ICP-MS U-Pb 年龄测定结果

测点	含量/$\times 10^{-6}$				比值(Ratio±1σ)				误差相关系数	年龄(Ma±1σ)						和谐度
	Pb	^{232}Th	^{238}U	Th/U	^{207}Pb/^{235}U		^{206}Pb/^{238}U			^{207}Pb/^{235}U		^{206}Pb/^{238}U		^{208}Pb/^{232}Th		
M016-1	176.45	118.99	192.11	0.619	1.178	0.00952	0.125	0.00088	0.8682	790.40	4.44	761.09	5.03	109.19	8.46	96%
M016-2	7.34	49.60	70.89	0.700	0.083	0.00562	0.012	0.00013	0.1553	80.80	5.27	78.85	0.83	92.16	14.66	97%
M016-3	140.80	688.11	4165.79	0.165	0.090	0.00133	0.013	0.00020	1.0561	87.27	1.24	81.42	1.27	14.75	2.17	93%
M016-4	3.09	91.09	325.86	0.280	0.092	0.00159	0.013	0.00008	0.3427	89.60	1.48	81.39	0.48	45.35	8.14	90%
M016-5	273.63	180.38	124.96	1.444	1.337	0.01496	0.132	0.00141	0.9576	862.10	6.50	797.25	8.03	100.51	12.25	92%
M016-6	72.72	44.44	235.94	0.188	1.154	0.00754	0.125	0.00069	0.8418	779.23	3.55	760.27	3.94	126.35	19.83	97%
M016-7	17.34	18.96	50.34	0.377	1.124	0.01397	0.121	0.00109	0.7248	764.66	6.68	735.25	6.26	225.94	42.92	96%
M016-8	35.19	25.24	55.42	0.455	1.127	0.01044	0.123	0.00093	0.8205	766.17	4.98	746.20	5.35	185.64	35.46	97%
M016-9	95.74	143.47	205.64	0.698	0.320	0.00392	0.038	0.00032	0.6772	281.86	3.02	243.17	1.98	45.35	9.57	85%
M016-10	57.22	24.71	95.32	0.259	1.261	0.00995	0.132	0.00075	0.7183	828.14	4.47	799.01	4.26	217.07	53.37	96%
M016-11	3.68	13.82	29.07	0.476	0.573	0.02497	0.049	0.00116	0.5451	460.22	16.12	306.77	7.11	238.18	73.46	59%
M016-12	47.52	170.14	422.79	0.402	0.099	0.00104	0.014	0.00008	0.5573	95.78	0.96	92.79	0.54	24.97	5.79	96%
M016-13	46.11	32.69	67.19	0.487	1.221	0.01261	0.132	0.00096	0.7061	810.32	5.76	799.46	5.48	113.25	25.80	98%
M016-14	249.28	146.98	226.03	0.650	1.224	0.00936	0.132	0.00077	0.7673	811.81	4.27	796.63	4.39	72.00	15.01	98%
M016-15	34.60	179.40	343.29	0.523	0.128	0.00279	0.013	0.00011	0.4002	122.55	2.51	84.40	0.73	18.55	4.68	63%
M016-16	362.26	222.42	203.47	1.093	1.166	0.01377	0.127	0.00123	0.8207	784.75	6.45	771.76	7.05	65.26	13.72	98%
M016-17	155.86	83.81	511.38	0.164	1.222	0.00741	0.132	0.00075	0.9413	810.90	3.39	800.07	4.29	67.75	14.97	98%
M016-18	151.95	70.42	462.34	0.152	1.242	0.00630	0.133	0.00063	0.9261	819.71	2.85	806.08	3.56	73.08	17.36	98%
M016-19	78.95	28.50	116.03	0.246	1.296	0.01114	0.133	0.00076	0.6691	843.98	4.93	802.88	4.34	134.71	35.58	95%
M016-20	131.60	84.57	133.13	0.635	1.223	0.00855	0.132	0.00085	0.9197	811.23	3.91	799.49	4.84	57.53	16.95	98%

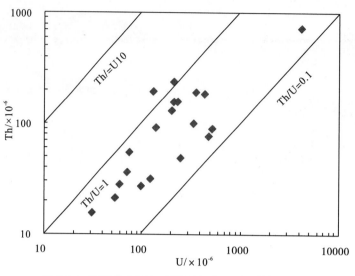

图 2-16　摩天岭 M016 云英岩锆石 Th-U 对数相关图

（3）锆石年代学特征

图 2-17 为锆石年龄频率分布图，年龄值主要集中于 800Ma 和 80Ma 左右的年龄段。在锆石年龄谐和图（图 2-18）上，各个测点均落在谐和线以下，通过其放射成因铅和 U 含量可推断部分锆石如 M016-5 可能是后期放射成因铅发生了丢失而偏离至谐和线下方。大部分个测点均投影在谐和线上及附近，这一特征指示被测锆石没有遭受明显的后期热事件的扰动。剔除 3 个离群点后，13 个点的 ^{206}Pb/^{238}U 谐和年龄为 786±14Ma（95％可信度），其 MSWD=23（图 2-19）；另外一组年龄为 85±11Ma（95％可信度），可能为后期一次弱热事件。另外测点 M016-9、M016-11 年龄分别为 243.17Ma、306.77Ma，可能为测试的原因，也可能代表另一期构造热事件。

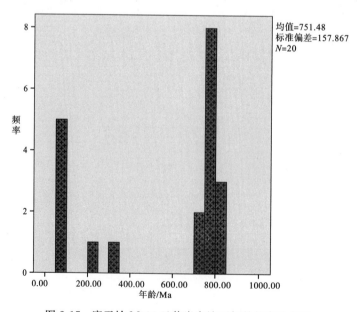

图 2-17　摩天岭 M016 云英岩中锆石年龄频率分布图

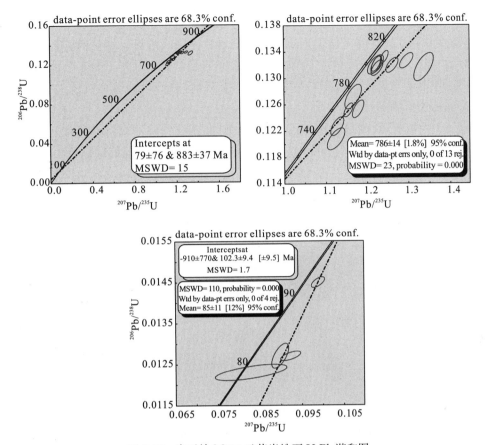

图 2-18 摩天岭 M016 云英岩锆石 U-Pb 谐和图

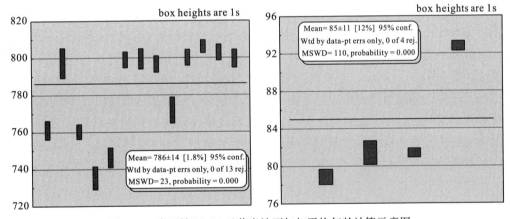

图 2-19 摩天岭 M016 云英岩锆石加权平均年龄计算示意图

4. 摩天岭 M021-2 锆石特征及 LA-MC-ICP-MS 定年

M021-2 样品采集于摩天岭岩体东侧接触带内侧的电英岩。从外围至内带依次为具角岩化的岩石，可见石榴子石；电英岩呈透镜体，电气石集合体分散，分布于浅色石英、长石中，无规律排列；内带为花岗岩，具弱风化，浅色矿物为主，石英呈烟灰色，他形粒状，暗色矿物中除黑云母外，电气石集合体较多，分散分布，为中－粗粒含电气石花岗岩。中间的补充侵入体含电气石较少，边缘相花岗岩中含斑晶，电气石较多。此处接触带具冷接触特点，围岩未见任何烘烤、穿插现象。围岩中可见细小的石榴子石，表明围岩曾经历过一定的较高温度。与围岩直接接触的是电英岩脉体，而非含电气石中细粒花岗岩（见附录彩色图版　图2-20）。

（1）锆石 CL 特征

图2-21为被测锆石的 CL 图像，测定点位和相应的$^{206}Pb/^{238}U$年龄标注于其上。摩天岭 M021-2 电英岩样品以 LA-MC-ICP-MS 定年共测定了其中的晶形好、具代表性的20个锆石颗粒。

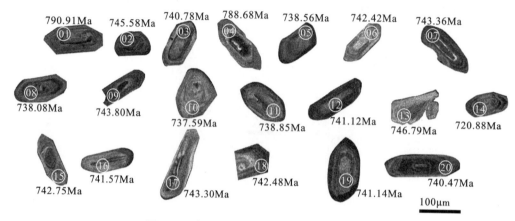

图2-21　摩天岭 M021-2 电英岩锆石 CL 图像

CL 图像显示存在两类锆石，一类具有明显的岩浆成因环带且部分颗粒具有较窄的白色均匀增生边；另一类则无明显的内部结构，大多呈灰色。所有锆石无新生环带，反映岩浆成因的生长纹清晰可见，其亮度变化不大，部分颗粒中心较暗，边部较亮，可能是各锆石颗粒中 U 的含量不一致及颗粒内部 U 分布不均匀所致。

从样品中分选出来的锆石无色透明，大部分呈柱状，粒度在 0.15mm 左右，部分颗粒粗大，长为 $100\sim250\mu m$；长宽比约为 2.5：1，晶型为自形-半自形，少量可见较完整的晶棱或晶锥，晶面整洁光滑。总体而言，呈长柱状，结晶程度较好，少数颗粒保留了继承性锆石残核，呈核-边结构；锆石边部具有清晰的岩浆振荡生长结构。另外部分锆石晶形完整，发光性较好，但无明显的环带，测试时尽量不选该类锆石。测试过程中部分发现较老的锆石颗粒或核部的残留锆石，不同锆石晶体具有接近的 Th/U 值和 U 含量，说明锆石是从相对均匀的岩浆中结晶形成。

（2）锆石 Th/U 值特征

样品中大多数锆石具有核边结构和显著的韵律环带，核部 CL 强度较弱，外围 CL 强度较高，反映了 U、Th 含量的变化，表2-5中给出了不均一的 U（$82.88\times10^{-6}\sim500.47\times10^{-6}$）、Th（$25.69\times10^{-6}\sim147.24\times10^{-6}$）含量及变化范围较大的 Th/U 值（$0.072\sim1.777$），Th、U 含量总体上呈现正相关关系（图2-22）。结晶环带和 Th/U 值特征均说明锆石为岩浆成因。值得注意的是个别锆石虽然具有核边结构，但环带不明显而具有面状分布特征，CL 强度较高，Th/U >0.2，此类锆石也是岩浆成因，只不过它们可能为残留的古老岩浆锆石，由于年龄较老而受后期变质作用影响较大而发生了重结晶作用使得锆石韵律环带结构消失。

表 2-5　摩天岭 M021-2 电英岩中锆石的 LA-MC-ICP-MS U-Pb 年龄测定结果

测点	含量/×10⁻⁶				比值(Ratio±1σ)				误差相关系数	年龄(Ma±1σ)						和谐度
	Pb	²³²Th	²³⁸U	Th/U	²⁰⁷Pb/²³⁵U		²⁰⁶Pb/²³⁸U			²⁰⁷Pb/²³⁵U		²⁰⁶Pb/²³⁸U		²⁰⁸Pb/²³²Th		
M021-2-1	167.83	70.24	144.47	0.486	1.225	0.00889	0.131	0.00081	0.8569	812.09	4.05	790.91	4.63	123.48	12.81	97%
M021-2-2	84.03	31.82	192.60	0.165	1.162	0.00775	0.123	0.00068	0.8306	782.93	3.64	745.58	3.90	200.74	25.82	95%
M021-2-3	73.82	36.80	147.87	0.249	1.138	0.00785	0.122	0.00069	0.8227	771.64	3.73	740.78	3.97	168.80	18.50	95%
M021-2-4	76.37	33.73	92.19	0.366	1.206	0.00834	0.130	0.00062	0.6884	803.49	3.84	788.68	3.53	193.30	18.97	98%
M021-2-5	138.89	59.73	250.13	0.239	1.130	0.00690	0.121	0.00071	0.9634	767.85	3.29	738.56	4.10	128.02	12.10	96%
M021-2-6	130.70	55.16	176.26	0.313	1.141	0.00773	0.122	0.00062	0.7549	772.94	3.67	742.42	3.59	150.04	12.63	95%
M021-2-7	86.37	25.69	356.40	0.072	1.138	0.00956	0.122	0.00105	1.0234	771.77	4.54	743.36	6.04	287.45	28.40	96%
M021-2-8	90.80	39.73	146.45	0.271	1.147	0.01031	0.121	0.00099	0.9032	775.70	4.88	738.08	5.25	193.55	18.87	95%
M021-2-9	124.18	56.68	281.34	0.201	1.142	0.00774	0.122	0.00069	0.8327	773.56	3.67	743.80	3.96	158.17	13.62	96%
M021-2-10	64.20	32.67	118.04	0.277	1.124	0.00720	0.122	0.00067	0.8661	764.72	3.44	737.59	3.87	208.00	18.66	96%
M021-2-11	138.85	47.74	357.69	0.133	1.144	0.00897	0.121	0.00072	0.7585	774.62	4.25	738.85	4.15	267.49	34.26	95%
M021-2-12	81.23	35.23	174.74	0.202	1.150	0.00939	0.122	0.00074	0.7424	777.35	4.43	741.12	4.24	207.84	21.46	95%
M021-2-13	84.19	41.24	105.29	0.392	1.138	0.01151	0.123	0.00080	0.6445	771.57	5.47	746.79	4.60	167.72	19.50	96%
M021-2-14	139.98	74.42	143.10	0.520	1.124	0.00709	0.118	0.00052	0.7029	764.67	3.39	720.88	3.02	125.70	8.37	94%
M021-2-15	111.69	61.56	148.10	0.416	1.137	0.00904	0.122	0.00068	0.7035	770.91	4.30	742.75	3.93	126.87	12.76	96%
M021-2-16	260.93	147.24	82.85	1.777	1.138	0.00970	0.122	0.00062	0.6000	771.49	4.61	741.57	3.58	111.79	7.32	96%
M021-2-17	112.07	52.97	129.90	0.408	1.158	0.00659	0.122	0.00055	0.7953	780.98	3.10	743.30	3.18	149.01	11.37	95%
M021-2-18	181.22	84.09	500.47	0.168	1.137	0.00572	0.122	0.00054	0.8763	770.88	2.72	742.48	3.09	118.20	8.60	96%
M021-2-19	103.43	46.95	283.68	0.165	1.131	0.00688	0.122	0.00066	0.8883	768.38	3.28	741.14	3.78	156.80	12.19	96%
M021-2-20	91.27	41.27	236.32	0.175	1.120	0.00721	0.122	0.00066	0.8403	762.99	3.46	740.47	3.79	161.55	14.35	97%

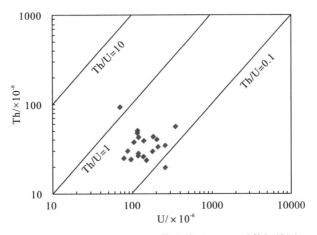

图 2-22　摩天岭 M021-2 电英岩锆石 Th-U 对数相关图

(3)锆石年代学特征

测年结果显示：样品中锆石的 17 个分析点的²⁰⁶Pb/²³⁸U 表观年龄集中在 720.88～790.91Ma（图 2-23），它们集中分布于一致曲线上。所有数据点在 U-Pb 谐和图上集中落在谐和线附近并略向右偏移，显示后期放射成因铅发生了少量丢失。在谐和图及年龄频率图上对 17 个点给出了 741.8±1.9Ma（95% 可信度，$n = 17$，MSWD = 0.36）的

^{206}Pb/^{238}U年龄的加权平均值（图 2-24），较好代表了电英岩的成岩结晶年龄。图 2-25 为锆石年龄频率分布图，年龄值主要集中于 740Ma 和 790Ma 左右的年龄段。

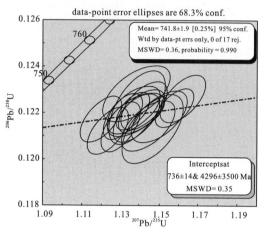

图 2-23　摩天岭 M021-2 电英岩锆石 U-Pb 谐和图

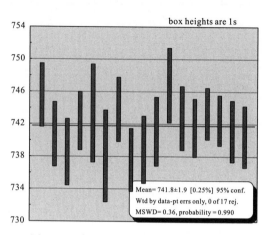

图 2-24　摩天岭 M021-2 电英岩锆石加权平均年龄计算示意图

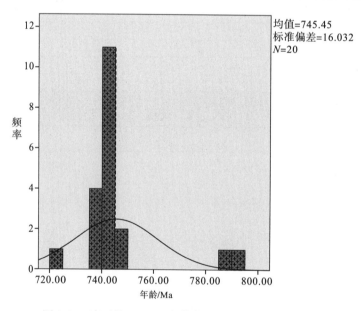

图 2-25　摩天岭 M021-2 电英岩中锆石年龄频率分布图

5. 摩天岭 M040 锆石特征及 LA-MC-ICP-MS 定年

M040 样品采集于同乐矿点的细粒花岗岩，岩石新鲜未见风化，等粒矿物，含长石较多，可见白云母，有定向构造（见附录彩色图版　图 2-26）。

（1）锆石 CL 特征

图 2-27 为被测锆石的 CL 图像，测定点位和相应的 ^{206}Pb/^{238}U 年龄标注于其上。可能由于锆石磨片或抛光强度不够，锆石的 CL 图像明显较暗，由于测试时选择抛光及亮度合适的锆石，因此结果并未受影响。摩天岭 M040 细粒花岗岩样品以 LA-MC-ICP-MS 定

年共测定了其中的晶形好、具代表性的 20 个锆石颗粒。

　　CL 图像显示存在两类锆石，一类具有明显的岩浆成因环带且部分颗粒具有较窄的白色均匀增生边；另一类则无明显的内部结构，大多呈灰色。所有锆石无新生环带，反映岩浆成因的生长纹清晰可见，其亮度变化不大，部分颗粒中心较暗，边部较亮，可能是各锆石颗粒中 U 的含量不一致及颗粒内部 U 分布不均匀所致。

　　从样品中分选出来的锆石无色透明，大部分呈柱状，粒度在 0.12mm 左右，部分颗粒粗大，长为 90~200μm；长宽比约为 2.5∶1，晶型为自形－半自形，少量可见较完整的晶棱或晶锥，晶面整洁光滑。总体而言，呈长柱状，结晶程度较好，少数颗粒保留了继承性锆石残核，呈核－边结构；锆石边部具有清晰的岩浆振荡生长结构。另外部分锆石晶形完整，发光性较好，但无明显的环带，测试时尽量不选该类锆石。测试过程中部分发现较老的锆石颗粒或核部的残留锆石，不同锆石晶体具有接近的 Th/U 值和 U 含量，说明锆石是从相对均匀的岩浆中结晶形成。

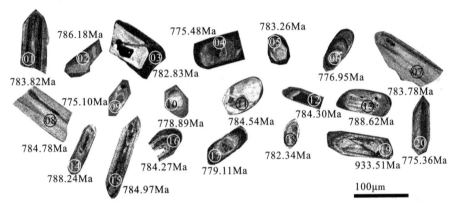

图 2-27　摩天岭 M040 细粒花岗岩锆石 CL 图像

（2）锆石 Th/U 值特征

样品中大多数锆石具有核边结构和显著的韵律环带，核部 CL 强度较弱，外围 CL 强度较

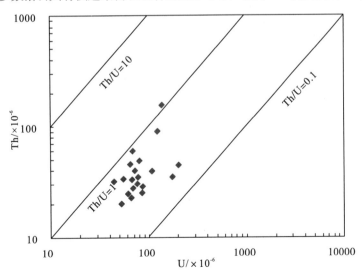

图 2-28　摩天岭 M040 细粒花岗岩锆石 Th-U 对数相关图

高，反映了 U、Th 含量的变化，表 2-6 中给出了不均一的 U（$63.37 \times 10^{-6} \sim 440.30 \times 10^{-6}$）、Th（$24.39 \times 10^{-6} \sim 165.97 \times 10^{-6}$）含量及变化范围较大的 Th/U 值（$0.140 \sim 1.195$），Th、U 含量总体上呈现正相关关系（图 2-28）。结晶环带和 Th/U 值特征均说明锆石为岩浆成因。值得注意的是个别锆石虽然具有核边结构，但环带不明显而具有面状分布特征，CL 强度较高，Th/U>0.2，此类锆石也是岩浆成因，只不过它们可能为残留的古老岩浆锆石，由于年龄较老而受后期变质作用影响较大而发生了重结晶作用使得锆石韵律环带结构消失。

（3）锆石年代学特征

研究区锆石 U 含量变化范围在 $63.37 \times 10^{-6} \sim 440.30 \times 10^{-6}$，Th/U 值分别变化于 $0.140 \sim 1.195$，主要变化于 $0.4 \sim 0.7$，所有数据点在 U-Pb 谐和图上集中落在谐和线附近（图 2-29），表明这些锆石颗粒形成后 U-Pb 同位素体系是封闭的，基本上没有 U 或 Pb 的丢失或加入。

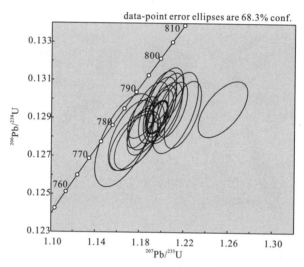

图 2-29　摩天岭 M040 细粒花岗岩锆石 U-Pb 谐和图

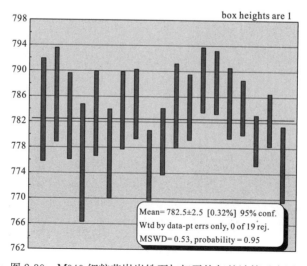

图 2-30　M040 细粒花岗岩锆石加权平均年龄计算示意图

　　19 个点的谐和年龄为 782.5±2.5Ma(95％可信度)，其 MSWD＝0.53 (图 2-30)，较好代表了细粒花岗岩的侵入结晶成岩年龄。其中 19 号测点锆石的谐和年龄为 933.51±4.69Ma，该锆石的 CL 特征与其他具有明显不同，主要因其粒度偏小约为 $80\mu m$，且磨圆度较高，代表为更早期的继承性锆石，很可能来源于围岩——四堡群。图 2-31 为锆石年龄频率分布图，年龄值主要集中于 780Ma 和 940Ma 左右的年龄段。

表 2-6　摩天岭 M040 细粒花岗岩中锆石的 LA-MC-ICP-MS U-Pb 年龄测定结果

测点	含量/×10⁻⁶				比值(Ratio±1σ)				误差相关系数	年龄(Ma±1σ)						和谐度
	Pb	^{232}Th	^{238}U	Th/U	^{207}Pb/^{235}U		^{206}Pb/^{238}U			^{207}Pb/^{235}U		^{206}Pb/^{238}U		^{208}Pb/^{232}Th		
M040-1	135.82	36.74	115.56	0.32	1.212	0.01373	0.129	0.00141	0.9653	806.18	6.30	783.82	8.07	216.13	23.26	97％
M040-2	96.68	32.79	152.57	0.22	1.202	0.01204	0.130	0.00129	0.9956	801.34	5.55	786.18	7.38	223.03	24.21	98％
M040-3	158.58	48.05	131.23	0.37	1.188	0.01175	0.129	0.00119	0.9291	795.24	5.45	782.83	6.77	192.22	18.18	98％
M040-4	82.65	24.39	83.43	0.29	1.166	0.01734	0.128	0.00162	0.8523	784.81	8.13	775.48	9.26	251.09	40.82	98％
M040-5	962.88	332.06	277.83	1.20	1.219	0.01104	0.129	0.00117	0.9996	809.35	5.05	783.26	6.68	151.91	10.15	96％
M040-6	89.65	31.44	97.24	0.32	1.172	0.01351	0.128	0.00123	0.8301	787.77	6.32	776.95	7.00	227.53	26.07	98％
M040-7	147.45	51.72	370.18	0.14	1.203	0.01044	0.129	0.00107	0.9519	801.82	4.81	783.78	6.10	158.20	14.33	97％
M040-8	201.06	69.60	440.30	0.16	1.210	0.00892	0.129	0.00096	1.0070	805.06	4.10	784.78	5.48	151.78	12.29	97％
M040-9	118.46	47.18	87.50	0.54	1.177	0.01297	0.128	0.00097	0.6878	789.98	6.05	775.10	5.53	167.36	18.44	98％
M040-10	89.90	40.89	132.28	0.31	1.186	0.01086	0.128	0.00091	0.7739	793.92	5.04	778.89	5.20	155.22	16.81	98％
M040-11	210.17	75.59	142.60	0.53	1.196	0.01128	0.129	0.00116	0.9492	798.87	5.21	784.54	6.61	155.80	13.49	98％
M040-12	254.81	96.85	113.53	0.85	1.199	0.00915	0.129	0.00090	0.9158	800.02	4.22	784.30	5.16	132.29	9.64	98％
M040-13	129.79	37.69	155.80	0.24	1.199	0.00934	0.130	0.00090	0.8898	800.21	4.31	788.62	5.15	206.76	16.83	98％
M040-14	128.70	46.42	114.23	0.41	1.206	0.00917	0.130	0.00087	0.8807	803.13	4.22	788.24	4.97	160.30	12.80	98％
M040-15	199.48	69.21	105.01	0.66	1.255	0.01473	0.129	0.00098	0.6422	825.81	6.63	784.97	5.57	146.47	13.30	94％
M040-16	181.74	58.33	122.67	0.48	1.198	0.00807	0.129	0.00076	0.8710	799.70	3.73	784.27	4.33	152.49	11.91	98％
M040-17	176.46	57.55	203.88	0.28	1.180	0.00753	0.128	0.00069	0.8417	791.50	3.51	779.11	3.94	146.78	13.80	98％
M040-18	99.89	28.35	110.59	0.26	1.183	0.00904	0.128	0.00073	0.7352	792.72	4.21	782.34	4.14	225.49	21.93	98％
M040-19	600.71	165.97	243.80	0.68	1.550	0.00863	0.156	0.00084	0.9702	950.62	3.44	933.51	4.69	140.67	9.83	98％
M040-20	115.16	43.24	63.37	0.68	1.176	0.01505	0.128	0.00104	0.6368	789.40	7.02	775.36	5.95	151.35	18.62	98％

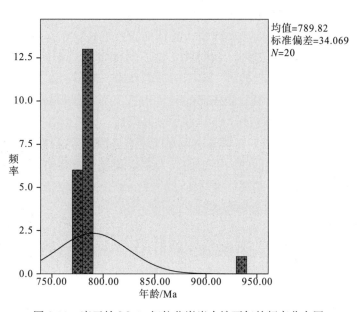

图 2-31　摩天岭 M040 细粒花岗岩中锆石年龄频率分布图

6. 摩天岭 ZK2-10 锆石特征及 LA-MC-ICP-MS 定年

样品采自达亮矿床钻孔深部样品。岩性为烟灰色、灰白色中细粒黑云母花岗岩，岩石新鲜，沿裂隙有少量细粒黄铁矿，石英呈灰色、淡紫色他形粒状，长石为钾长石，暗色矿物以黑云母为主，有电气石集合体。ZK2-10，采样深度 797.25～797.45m。

（1）锆石 CL 特征

图 2-32 为被测锆石的 CL 图像，测定点位和相应的 $^{206}Pb/^{238}U$ 年龄标注于其上。可能由于锆石磨片或抛光强度不够，锆石的 CL 图像明显较暗，由于测试时选择抛光及亮度合适的锆石，因此结果并未受影响。摩天岭 ZK2-10 中细粒黑云母花岗岩样品以 LA-MC-ICP-MS 定年共测定了其中的晶形好、具代表性的 20 个锆石颗粒。

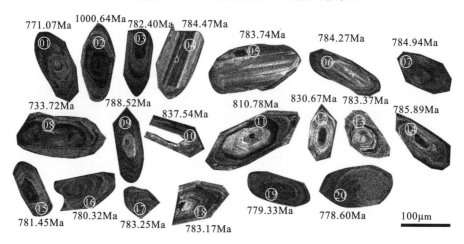

图 2-32　摩天岭 ZK2-10 中细粒黑云母花岗岩锆石 CL 图像

从样品中分选出来的锆石无色透明，大部分呈柱状，粒度在 0.13mm 左右，部分颗粒粗大，长为 100～250μm；长宽比约为 2.5∶1，甚至更大，晶型为自形-半自形，少量可见较完整的晶棱或晶锥，晶面整洁光滑。总体而言，呈长柱状，结晶程度较好，少数颗粒保留了继承性锆石残核，呈核-边结构；锆石边部具有清晰的岩浆振荡生长结构。另外部分锆石晶形完整，发光性较好，但无明显的环带，测试时尽量不选该类锆石。测试过程中部分发现较老的锆石颗粒或核部的残留锆石，不同锆石晶体具有接近的 Th/U 值和 U 含量，说明锆石是从相对均匀的岩浆中结晶形成。

CL 图像显示存在两类锆石，一类具有明显的岩浆成因环带且部分颗粒具有较窄的白色均匀增生边；另一类则无明显的内部结构，大多呈灰色。所有锆石无新生环带，反映岩浆成因的生长纹清晰可见，其亮度变化不大，部分颗粒中心较暗，边部较亮，可能是各锆石颗粒中 U 的含量不一致及颗粒内部 U 分布不均匀所致。

（2）锆石 Th/U 值特征

样品中大多数锆石具有核边结构和显著的韵律环带，核部 CL 强度较弱，外围 CL 强度较高，反映了 U、Th 含量的变化，表 2-7 中给出了不均一的 U（82.04×10^{-6}～447.03×10^{-6}）、Th（21.28×10^{-6}～161.68×10^{-6}）含量及变化范围较大的 Th/U 值（0.109～1.099），Th、U 含量总体上呈现正相关关系（图 2-33）。结晶环带和 Th/U 值特征均说明锆石为岩浆成因。值得注意

的是个别锆石虽然具有核边结构，但环带不明显而具有面状分布特征，CL 强度较高，Th/U>
0.2，此类锆石也是岩浆成因，只不过它们可能为残留的古老岩浆锆石，由于年龄较老而受后
期变质作用影响较大而发生了重结晶作用使得锆石韵律环带结构消失。

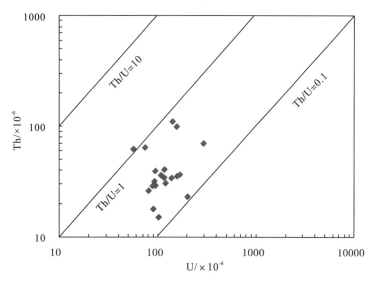

图 2-33　摩天岭 ZK2-10 中细粒黑云母花岗岩锆石 Th-U 对数相关图

（3）锆石年代学特征

研究区锆石 U 含量变化范围 82.04×10^{-6}～447.034×10^{-6}，Th/U 值分别变化于 0.109～
1.099，主要变化于 0.1～0.5，所有数据点在 U-Pb 谐和图上集中落在谐和线附近（图 2-34）。
15 个点的谐和年龄为 782.9±2.8Ma(95%可信度)，其 MSWD=0.40（图 2-35）；较好代表了中
细粒黑云母花岗岩的成岩年龄。对比发现，ZK2-10 锆石特征与 M040 非常相似。图 2-36 为锆
石年龄频率分布图，年龄值主要集中于 800Ma 和 1000Ma 左右的年龄段。

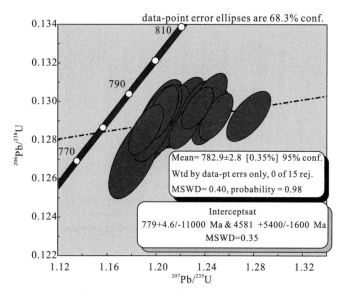

图 2-34　摩天岭 ZK2-10 中细粒黑云母花岗岩锆石 U-Pb 谐和图

表 2-7　摩天岭 ZK2-10 中细粒黑云母花岗岩中锆石的 LA-MC-ICP-MS U-Pb 年龄测定结果

测点	含量/×10⁻⁶				比值（Ratio±1σ）				误差相关系数	年龄（Ma±1σ）						和谐度
	Pb	^{232}Th	^{238}U	Th/U	^{207}Pb/^{235}U		^{206}Pb/^{238}U			^{207}Pb/^{235}U		^{206}Pb/^{238}U		^{208}Pb/^{232}Th		
ZK2-10-1	241.17	51.56	244.85	0.21	1.1822	0.0142	0.1271	0.00143	0.9421	792.34	6.59	771.07	8.20	218.40	24.07	97%
ZK2-10-2	202.29	32.80	299.87	0.11	1.7578	0.0186	0.1679	0.00171	0.9618	1030.03	6.84	1000.64	9.41	268.75	24.39	97%
ZK2-10-3	235.83	50.58	234.35	0.22	1.2098	0.0114	0.1290	0.00119	0.9786	805.10	5.23	782.40	6.78	209.60	17.60	97%
ZK2-10-4	389.09	93.46	109.18	0.86	1.2209	0.0123	0.1294	0.00123	0.9394	810.21	5.64	784.47	7.01	178.21	14.12	96%
ZK2-10-5	352.26	90.14	82.04	1.10	1.2026	0.0121	0.1293	0.00106	0.8160	801.79	5.59	783.74	6.07	160.63	12.43	97%
ZK2-10-6	123.34	21.28	152.25	0.14	1.2040	0.0093	0.1294	0.00095	0.9469	802.44	4.29	784.27	5.41	298.09	28.87	97%
ZK2-10-7	179.73	37.09	118.53	0.31	1.2317	0.0102	0.1295	0.00105	0.9725	815.12	4.66	784.94	5.98	223.54	20.86	96%
ZK2-10-8	624.57	144.66	234.35	0.62	1.2485	0.0105	0.1205	0.00093	0.9140	822.73	4.73	733.72	5.32	165.19	11.32	88%
ZK2-10-9	217.73	49.16	204.83	0.24	1.2427	0.0103	0.1301	0.00089	0.8317	820.11	4.64	788.52	5.09	171.64	14.16	96%
ZK2-10-10	241.78	48.60	173.41	0.28	1.3000	0.0094	0.1387	0.00093	0.9210	845.70	4.16	837.54	5.25	188.71	16.13	99%
ZK2-10-11	445.72	161.68	209.77	0.77	1.2565	0.0080	0.1340	0.00077	0.8958	826.35	3.62	810.78	4.37	100.45	7.41	98%
ZK2-10-12	254.91	57.37	136.62	0.42	1.2827	0.0083	0.1375	0.00086	0.9587	838.05	3.71	830.67	4.86	167.71	12.44	99%
ZK2-10-13	121.25	25.50	132.97	0.19	1.2758	0.0119	0.1292	0.00086	0.7152	834.96	5.32	783.37	4.93	261.95	30.25	93%
ZK2-10-14	215.33	43.69	177.96	0.25	1.2337	0.0086	0.1297	0.00073	0.8018	816.91	3.92	785.89	4.15	199.27	16.25	96%
ZK2-10-15	450.11	100.91	447.03	0.23	1.2012	0.0140	0.1289	0.00149	0.9938	801.15	6.44	781.45	8.51	164.69	10.65	97%
ZK2-10-16	194.81	42.58	137.49	0.31	1.2238	0.0089	0.1287	0.00077	0.8229	811.49	4.07	780.32	4.40	192.49	15.41	96%
ZK2-10-17	212.49	42.34	144.82	0.29	1.2491	0.0092	0.1292	0.00081	0.8440	823.01	4.17	783.25	4.60	216.32	17.55	95%
ZK2-10-18	231.48	58.05	173.61	0.33	1.2443	0.0102	0.1292	0.00096	0.9026	820.85	4.62	783.17	5.47	164.01	13.04	95%
ZK2-10-19	153.02	44.08	140.24	0.31	1.1912	0.0096	0.1285	0.00087	0.8401	796.50	4.43	779.33	4.95	164.51	15.34	97%
ZK2-10-20	200.68	51.63	158.75	0.33	1.1973	0.0107	0.1284	0.00102	0.8832	799.34	4.95	778.60	5.80	166.79	16.48	97%

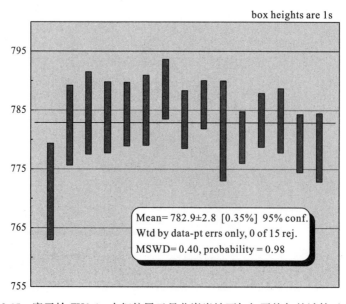

图 2-35　摩天岭 ZK2-10 中细粒黑云母花岗岩锆石加权平均年龄计算示意图

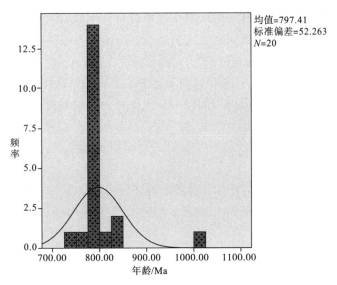

图 2-36　摩天岭 ZK2-10 中细粒黑云母花岗岩中锆石年龄频率分布图

7. 摩天岭 M062-3 锆石特征及 LA-MC-ICP-MS 定年

该样品采集于新村矿床硅化带下盘的细粒花岗岩。细粒花岗岩中石英较少,等粒结构,有的细粒花岗岩呈层状,斑晶更少,片理化发育。细粒花岗岩中发育不同粒径、椭圆状的电气石团斑,和乳白色质地很纯的石英脉,石英脉充填方向与细粒花岗岩中的节理方向近于垂直,电气石周围有几毫米至数十毫米厚的石英环绕(见附录彩色图版图 2-37)。

(1)锆石 CL 特征

图 2-38 为被测锆石的 CL 图像,测定点位和相应的$^{206}Pb/^{238}U$ 年龄标注于其上。可能由于锆石磨片或抛光强度不够,锆石的 CL 图像明显较暗,由于测试时选择抛光及亮度合适的锆石,因此结果并未受影响。摩天岭 M062-3 中细粒花岗岩样品以 LA-MC-ICP-MS 定年共测定了其中的晶形好、具代表性的 30 个锆石颗粒。

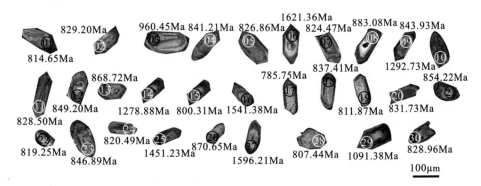

图 2-38　摩天岭 M062-3 细粒花岗岩中锆石 CL 图像

从样品中分选出来的锆石无色透明,大部分呈柱状,粒度在 0.11mm 左右,部分颗粒粗大,长为 90~180μm;长宽比约为 2∶1 及更大,晶型为自形－半自形,少量可见较完整的晶棱或晶锥,晶面整洁光滑。总体而言,呈长柱状,结晶程度较好,少数颗粒保留了继承性锆石残核，呈核-边结构；锆石边部具有清晰的岩浆振荡生长结构。测试过程中部分发现较老的锆石颗粒或核部的残留锆石，不同锆石晶体具有接近的 Th/U 值和 U 含量，说明锆石是从相对均匀的岩浆中结晶形成。

CL 图像显示存在两类锆石，一类具有明显的岩浆成因环带且部分颗粒具有较窄的白色均匀增生边；另一类则无明显的内部结构，大多呈灰色。所有锆石无新生环带，反映岩浆成因的生长纹清晰可见，其亮度变化不大，部分颗粒中心较暗，边部较亮，可能是各锆石颗粒中 U 的含量不一致及颗粒内部 U 分布不均匀所致。

（2）锆石 Th/U 值特征

样品中大多数锆石具有核边结构和显著的韵律环带，核部 CL 强度较弱，外围 CL 强度较高，反映了 U、Th 含量的变化，表 2-8 中给出了不均一的 U（$115.672 \times 10^{-6} \sim 915.502 \times 10^{-6}$）、Th（$42.660 \times 10^{-6} \sim 576.522 \times 10^{-6}$）含量及变化范围较大的 Th/U 值（$0.113 \sim 0.630$），Th、U 含量总体上呈现正相关关系（图 2-39）。结晶环带和 Th/U 值特征均说明锆石为岩浆成因。值得注意的是个别锆石虽然具有核边结构，但环带不明显而具有面状分布特征，CL 强度较高，此类锆石也是岩浆成因，只不过它们可能为残留的古老岩浆锆石，由于年龄较老而受后期变质作用影响较大而发生了重结晶作用使得锆石韵律环带结构消失。

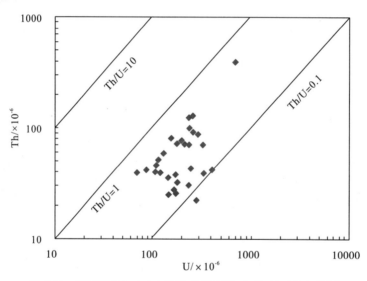

图 2-39　摩天岭 M062-3 中细粒花岗岩锆石 Th-U 对数相关图

表 2-8　摩天岭 M062-3 细粒花岗岩中锆石的 LA-MC-ICP-MS U-Pb 年龄测定结果

测点	含量/×10⁻⁶				比值（Ratio±1σ）				误差相关系数	年龄（Ma±1σ）						和谐度
	Pb	^{232}Th	^{238}U	Th/U	^{207}Pb/^{235}U		^{206}Pb/^{238}U			^{207}Pb/^{235}U		^{206}Pb/^{238}U		^{208}Pb/^{232}Th		
M062-3-01	35.97	40.98	245.55	0.167	1.1890	0.0401	0.1347	0.0022	0.4877	795.48	18.59	814.65	12.58	807.44	40.47	97%
M062-3-02	41.16	45.58	277.13	0.164	1.1667	0.0419	0.1373	0.0021	0.4254	785.11	19.65	829.20	11.90	826.64	35.68	94%
M062-3-03	34.12	66.01	200.76	0.329	1.6427	0.1051	0.1607	0.0061	0.5968	986.75	40.40	960.46	34.07	1029.92	56.43	97%
M062-3-04	56.38	120.14	358.96	0.335	1.2456	0.0501	0.1394	0.0025	0.4478	821.43	22.66	841.21	14.21	823.13	36.47	97%
M062-3-05	56.55	50.09	386.04	0.130	1.1761	0.0528	0.1369	0.0027	0.4443	789.49	24.65	826.86	15.48	825.96	43.37	95%

测点	含量/×10⁻⁶				比值(Ratio±1σ)				误差相关系数	年龄(Ma±1σ)						和谐度
	Pb	²³²Th	²³⁸U	Th/U	²⁰⁷Pb/²³⁵U		²⁰⁶Pb/²³⁸U			²⁰⁷Pb/²³⁵U		²⁰⁶Pb/²³⁸U		²⁰⁸Pb/²³²Th		
M062-3-06	141.40	218.48	430.21	0.508	4.2818	0.2420	0.2860	0.0094	0.5812	1689.88	46.56	1621.36	47.09	1575.07	70.98	95%
M062-3-07	28.88	75.83	182.02	0.417	1.2321	0.0590	0.1364	0.0027	0.4154	815.29	26.86	824.47	15.40	862.49	39.16	98%
M062-3-08	20.60	65.39	115.67	0.565	1.4719	0.0843	0.1468	0.0032	0.3840	918.93	34.63	883.08	18.15	1004.73	51.48	96%
M062-3-09	86.13	64.97	574.31	0.113	1.2788	0.0587	0.1399	0.0026	0.4060	836.31	26.16	843.93	14.74	972.63	45.97	99%
M062-3-10	116.84	36.79	479.06	0.077	3.8672	0.2222	0.2221	0.0057	0.4438	1606.87	46.39	1292.73	29.87	1287.44	76.05	78%
M062-3-11	47.79	121.54	300.03	0.405	1.3653	0.0659	0.1371	0.0025	0.3822	874.15	28.29	828.50	14.34	834.30	38.88	94%
M062-3-12	29.90	66.75	181.56	0.368	1.3784	0.0614	0.1408	0.0025	0.3929	879.74	26.22	849.20	13.92	884.33	43.54	96%
M062-3-13	67.31	170.84	398.87	0.428	1.4330	0.0686	0.1443	0.0033	0.4723	902.78	28.64	868.72	18.38	892.28	38.69	96%
M062-3-14	135.96	119.52	555.55	0.215	2.8246	0.1158	0.2194	0.0044	0.4914	1362.10	30.75	1278.88	23.36	1198.10	56.84	93%
M062-3-15	44.49	53.91	302.82	0.178	1.2274	0.0542	0.1322	0.0022	0.3725	813.14	24.71	800.31	12.38	748.58	37.63	98%
M062-3-16	85.73	137.65	262.48	0.524	3.8582	0.1708	0.2701	0.0060	0.5020	1604.99	35.72	1541.38	30.47	1521.53	64.89	95%
M062-3-17	62.59	210.81	398.34	0.529	1.1910	0.0434	0.1296	0.0021	0.4439	796.40	20.13	785.76	11.98	742.95	32.45	98%
M062-3-18	44.02	62.08	290.46	0.214	1.2017	0.0466	0.1387	0.0026	0.4808	801.37	21.49	837.41	14.64	820.77	39.20	95%
M062-3-19	29.89	85.86	190.86	0.450	1.1885	0.0525	0.1342	0.0024	0.3974	795.25	24.37	811.87	13.40	803.09	37.50	97%
M062-3-20	42.41	42.66	292.95	0.146	1.1713	0.0535	0.1377	0.0029	0.4636	787.24	25.00	831.74	16.51	859.69	51.40	94%
M062-3-21	53.98	127.03	337.79	0.376	1.1468	0.0473	0.1417	0.0028	0.4795	775.75	22.37	854.22	15.82	841.88	35.94	90%
M062-3-22	22.64	69.20	143.72	0.481	1.2205	0.0633	0.1355	0.0024	0.3458	809.99	28.97	819.25	13.80	799.97	37.58	98%
M062-3-23	37.87	59.53	246.95	0.241	1.1776	0.0542	0.1404	0.0028	0.4374	790.20	25.30	846.89	15.99	962.23	48.74	93%
M062-3-24	148.83	576.52	915.50	0.630	1.1759	0.0417	0.1357	0.0022	0.4531	789.43	19.47	820.49	12.38	782.29	24.49	96%
M062-3-25	189.31	69.13	696.38	0.099	3.4479	0.1604	0.2525	0.0067	0.5688	1515.39	36.62	1451.24	34.38	1538.14	79.59	95%
M062-3-26	70.85	155.93	440.91	0.354	1.3442	0.0539	0.1446	0.0030	0.5211	865.06	23.35	870.65	17.02	885.08	42.26	99%
M062-3-27	152.93	150.05	495.76	0.303	3.9621	0.1462	0.2810	0.0062	0.5992	1626.48	29.92	1596.21	31.26	1623.95	58.27	98%
M062-3-28	33.50	98.30	217.53	0.452	1.1780	0.0488	0.1334	0.0026	0.4762	790.39	22.75	807.44	14.97	822.95	30.78	97%
M062-3-29	82.12	72.37	419.49	0.173	2.1509	0.0906	0.1845	0.0043	0.5544	1165.33	29.20	1091.38	23.44	1152.34	67.76	93%
M062-3-30	62.18	119.46	398.39	0.300	1.2838	0.0491	0.1372	0.0025	0.4716	838.55	21.83	828.97	14.03	854.04	36.52	98%

(3)锆石年代学特征

摩天岭研究区 M062-3 锆石 U 含量变化范围为 $115.672 \times 10^{-6} \sim 915.502 \times 10^{-6}$，Th/U 值分别变化于 $0.113 \sim 0.630$，主要变化于 $0.1 \sim 0.5$，所有数据点在 U-Pb 谐和图上集中落在谐和线附近（图 2-40）。22 个点的谐和年龄为 828 ± 2.8Ma（95% 可信度），其 MSWD=0.036（图 2-41）；较好代表了细粒花岗岩的成岩年龄。另外，需要说明的是，M062-3-06、M062-3-10、M062-3-16、M062-3-14、M062-3-25、M062-3-27、M062-3-29 等测点的年龄值为 1000Ma~1700Ma，根据锆石 CL 图像和现场测试情况，很可能是测点位于内部残留核而测出的继承性锆石的年龄，或者反映了该区中生代岩浆活动可能有古老基底岩石的混染，并不能代表摩天岭岩体的真实年龄。图 2-42 为锆石年龄频率分布图，年龄值主要集中于 780Ma 左右及更高的年龄段。

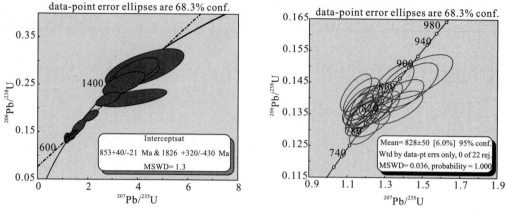

图 2-40　摩天岭 M062-3 细粒花岗岩中锆石 U-Pb 谐和图

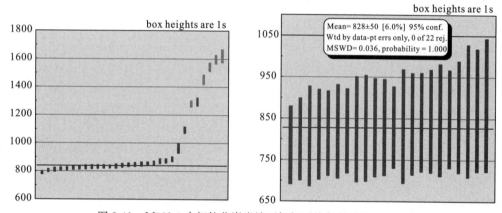

图 2-41　M062-3 中细粒花岗岩锆石加权平均年龄计算示意图

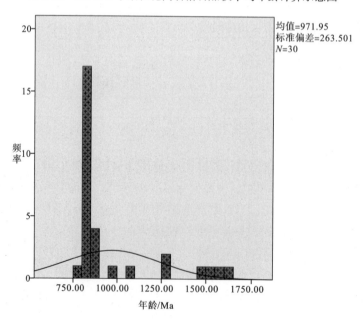

图 2-42　摩天岭 M062-3 中细粒花岗岩锆石年龄频率分布图

8. 摩天岭 M075 锆石特征及 LA-MC-ICP-MS 定年

M075 样品采集于达亮矿区北部，为基性岩-辉绿岩脉。

(1) 锆石 CL 特征

图 2-43 为被测锆石的 CL 图像，测定点位和相应的 $^{206}Pb/^{238}U$ 年龄标注于其上。可能由于锆石磨片或抛光强度不够，锆石的 CL 图像明显较暗，由于测试时选择抛光及亮度合适的锆石，因此结果并未受影响。摩天岭 M075 中辉绿岩样品以 LA-MC-ICP-MS 定年共测定了其中的晶形好、具代表性的 30 锆石颗粒

从样品中分选出来的锆石无色透明，大部分呈柱状，粒度在 0.11mm 左右，部分颗粒粗大，长为 90~180μm；长宽比约为 2∶1 及更大，晶型为自形-半自形，少量可见较完整的晶棱或晶锥，晶面整洁光滑。总体而言，呈长柱状，结晶程度较好，少数颗粒保留了继承性锆石残核，呈核-边结构；锆石边部具有清晰的岩浆振荡生长结构。另外部分锆石晶形完整，发光性较好，但无明显的环带，测试时尽量不选该类锆石。测试过程中部分发现较老的锆石颗粒或核部的残留锆石，不同锆石晶体具有接近的 Th/U 值和 U 含量，说明锆石是从相对均匀的岩浆中结晶形成。

CL 图像显示存在两类锆石，一类具有明显的岩浆成因环带且部分颗粒具有较窄的白色均匀增生边；另一类则无明显的内部结构，大多呈灰色。所有锆石无新生环带，反映岩浆成因的生长纹清晰可见，其亮度变化不大，部分颗粒中心较暗，边部较亮，可能是各锆石颗粒中 U 的含量不一致及颗粒内部 U 分布不均匀所致。

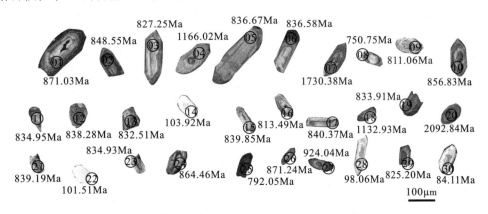

图 2-43　摩天岭 M075 辉绿岩中锆石 CL 图像

(2) 锆石 Th/U 值特征

样品中大多数锆石具有核边结构和显著的韵律环带，核部 CL 强度较弱，外围 CL 强度较高，反映了 U、Th 含量的变化，表 2-9 中给出了不均一的 U（204.28×10^{-6} ~ 650.54×10^{-6}）、Th（43.61×10^{-6} ~ 893.16×10^{-6}）含量及变化范围较大的 Th/U 值（0.111~2.560），Th、U 含量总体上呈现正相关关系(图 2-44)。结晶环带和 Th/U 值特征均说明锆石为岩浆成因。值得注意的是个别锆石虽然具有核边结构，但环带不明显而具有面状分布特征，CL 强度较高，此类锆石也是岩浆成因，只不过它们可能为残留的古老岩浆锆石，由于年龄较老而受后期变质作用影响较大而发生了重结晶作用使得锆石韵

律环带结构消失。

表 2-9　摩天岭 M075 中辉绿岩中锆石的 LA-MC-ICP-MS U-Pb 年龄测定结果

测点	含量/×10−6				比值（Ratio±1σ）				误差相关系数	年龄（Ma±1σ）						和谐度
	Pb	232Th	238U	Th/U	207Pb/235U		206Pb/238U			207Pb/235U		206Pb/238U		208Pb/232Th		
M075-1	89.58	893.16	348.91	2.560	1.3440	0.0454	0.1447	0.002734	0.5599	864.97	19.65	871.03	15.40	893.67	39.58	99%
M075-2	77.78	76.68	532.97	0.144	1.3483	0.0437	0.1407	0.001922	0.4218	866.82	18.88	848.55	10.86	852.62	43.47	97%
M075-3	41.04	43.86	289.93	0.151	1.2760	0.0445	0.1369	0.002248	0.4710	835.06	19.85	827.25	12.75	838.52	42.82	99%
M075-4	68.22	74.82	311.93	0.240	2.5571	0.1638	0.1983	0.007975	0.6278	1288.46	46.80	1166.02	42.91	1308.01	73.84	90%
M075-5	34.41	43.61	234.98	0.186	1.3573	0.0559	0.1386	0.002452	0.4298	870.70	24.07	836.67	13.88	859.02	47.04	96%
M075-6	54.40	175.89	344.57	0.510	1.3589	0.0537	0.1386	0.002492	0.4553	871.40	23.11	836.58	14.11	825.04	37.92	95%
M075-7	145.70	106.68	420.23	0.254	6.1398	0.3102	0.3079	0.010261	0.6595	1995.93	44.15	1730.38	50.57	2203.43	90.31	85%
M075-8	66.18	344.10	421.70	0.816	1.2244	0.0476	0.1235	0.001914	0.3987	811.78	21.73	750.75	10.98	787.19	29.38	92%
M075-9	60.96	195.83	392.77	0.499	1.1896	0.0491	0.1341	0.002308	0.4168	795.79	22.79	811.06	13.12	821.28	35.82	98%
M075-10	58.64	65.97	389.31	0.169	1.3198	0.0651	0.1422	0.002879	0.4102	854.43	28.52	856.83	16.25	936.15	49.59	99%
M075-11	64.73	66.31	440.62	0.150	1.3604	0.0599	0.1383	0.002377	0.3907	872.04	25.75	834.95	13.46	944.54	67.21	95%
M075-12	81.54	240.62	517.97	0.465	1.3096	0.0554	0.1389	0.002467	0.4202	849.96	24.35	838.28	13.96	811.18	35.39	98%
M075-13	66.33	112.39	444.03	0.253	1.3086	0.0599	0.1379	0.002315	0.3670	849.52	26.34	832.51	13.11	888.75	43.53	97%
M075-14	5.04	245.82	191.61	1.283	0.3200	0.0230	0.0163	0.000624	0.5328	281.88	17.73	103.92	3.96	131.39	8.88	7%
M075-15	54.11	107.21	364.43	0.294	1.3512	0.0735	0.1391	0.003181	0.4200	868.10	31.77	839.85	18.00	885.28	49.72	96%
M075-16	53.89	448.15	275.95	1.624	1.2500	0.0654	0.1345	0.002500	0.3552	823.40	29.52	813.49	14.20	727.40	35.49	98%
M075-17	61.98	125.14	412.99	0.303	1.4253	0.0735	0.1392	0.002489	0.3464	899.59	30.80	840.37	14.09	998.50	108.15	93%
M075-18	94.93	117.32	437.69	0.268	2.5979	0.1023	0.1921	0.002889	0.3820	1300.05	28.87	1132.93	15.62	1106.49	50.71	86%
M075-19	53.21	189.82	333.32	0.569	1.2403	0.0461	0.1381	0.002251	0.4387	819.02	20.89	833.91	12.75	775.40	33.39	98%
M075-20	90.00	73.07	204.28	0.358	6.5078	0.2010	0.3835	0.006536	0.5518	2046.95	27.18	2092.84	30.45	1942.81	85.55	97%
M075-21	79.66	78.71	543.70	0.145	1.2633	0.0390	0.1390	0.002253	0.5251	829.40	17.49	839.91	12.75	814.48	38.63	98%
M075-22	1.48	60.14	70.11	0.858	0.1797	0.0265	0.0159	0.000773	0.3302	167.76	22.82	101.51	4.91	108.99	10.99	50%
M075-23	98.88	145.23	650.54	0.223	1.3634	0.0511	0.1383	0.002505	0.4831	873.34	21.97	834.93	14.19	1018.48	48.05	95%
M075-24	112.00	536.09	583.57	0.919	1.2657	0.0458	0.1435	0.002373	0.4564	830.45	20.55	864.46	13.38	892.51	34.83	95%
M075-25	311.12	251.98	2261.68	0.111	1.1632	0.0467	0.1307	0.002635	0.5021	783.46	21.92	792.05	15.02	783.54	34.22	98%
M075-26	61.94	102.75	376.16	0.273	1.5773	0.0763	0.1447	0.003007	0.4294	961.32	30.08	871.24	16.93	1132.72	54.64	90%
M075-27	80.29	97.50	474.45	0.205	1.4013	0.0540	0.1541	0.002303	0.3879	889.50	22.82	924.04	12.86	924.84	43.40	96%
M075-28	5.32	243.83	229.05	1.065	0.1917	0.0156	0.0153	0.000525	0.4214	178.08	13.28	98.06	3.34	126.95	7.23	42%
M075-29	95.34	56.57	665.00	0.085	1.2743	0.0440	0.1366	0.002299	0.4877	834.30	19.64	825.20	13.04	847.80	40.04	98%
M075-30	2.40	129.12	117.27	1.101	0.1621	0.0218	0.0131	0.000627	0.3549	152.56	19.04	84.11	3.99	121.54	8.61	42%

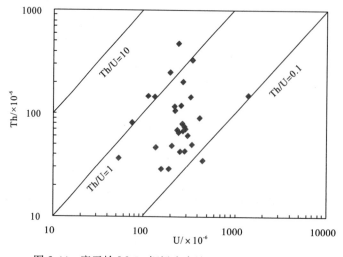

图 2-44　摩天岭 M075 辉绿岩中锆石 Th-U 对数相关图

(3)锆石年代学特征

摩天岭研究区 M062-3 锆石 U 含量变化范围为 $204.28 \times 10^{-6} \sim 650.54 \times 10^{-6}$，Th/U 值分别变化于 $0.111 \sim 2.560$，主要变化于 $0.1 \sim 0.5$，所有数据点在 U-Pb 谐和图上集中落在谐和线附近（图 2-45）。22 个点的谐和年龄为 $832 \pm 47 Ma$（95%可信度），其 MSWD= 0.099（图 2-46），较好代表了辉绿岩的成岩年龄。另外，需要说明的是，

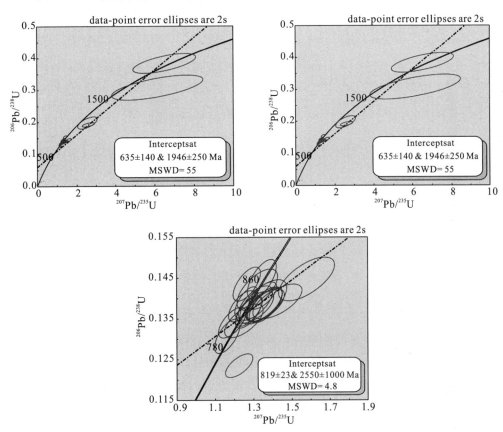

图 2-45　摩天岭 M075 中辉绿岩锆石 U-Pb 谐和图

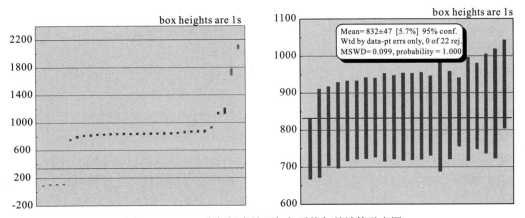

图 2-46　M075 中辉绿岩锆石加权平均年龄计算示意图

M075-4、M075-7、M075-18、M075-20 等测点的年龄值为 1000Ma～1700Ma，根据锆石 CL 图像和现场测试情况，很可能是测点位于内部残留核而测出的继承性锆石的年龄，并不能代表摩天岭岩体的真实年龄；M075-14、M075-22、M075-28、M075-30 等测点的年龄值分别为 103.92Ma、101.51Ma、98.06Ma 和 84.11Ma，结合其他样品，可能代表了本区较新的一次热事件。图 2-47 为锆石年龄频率分布图，年龄值主要集中于 830Ma 左右的年龄段。

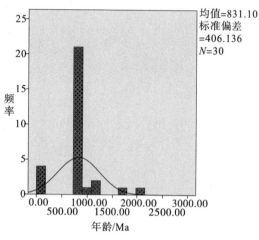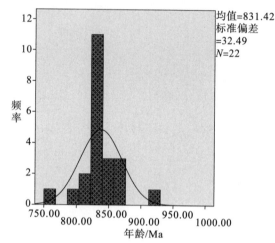

图 2-47　摩天岭 M075 中辉绿岩锆石年龄频率分布图

9. 摩天岭 M063-1 锆石特征及 LA-MC-ICP-MS 定年

M063-1 样品采于滚贝乡北公路旁，木材厂附近。M063-1 为碱性岩脉，碱性岩以钠长石为主，其中发育点状暗色矿物，可见后期的石英脉穿插，烟灰色石英脉，宽约 1cm，暗色矿物风化后发褐色，含铁矿物成分，碱性岩周围为细粒偏中粗粒花岗岩，岩石片理化发育，其中有电气石团块分布（见附录彩色图版　图 2-48）。

（1）锆石 CL 特征

图 2-49 为被测锆石的 CL 图像，测定点位和相应的$^{206}Pb/^{238}U$ 年龄标注其上。可能由于锆石磨片或抛光强度不够，锆石的 CL 图像明显较暗，由于测试时选择抛光及亮度合适的锆石，因此结果并未受影响。摩天岭 M063-1 中钠长岩样品以 LA-MC-ICP-MS 定年共测定了其中的晶形好、具代表性的 30 个锆石颗粒。

从样品中分选出来的锆石无色透明，大部分呈柱状，粒度在 0.12mm 左右，部分颗粒粗大，长为 90～200μm；长宽比约为 2：1 及更大，晶型为自形－半自形，少量可见较完整的晶棱或晶锥，晶面整洁光滑。总体而言，呈长柱状，结晶程度较好，少数颗粒保留了继承性锆石残核，呈核-边结构；锆石边部具有清晰的岩浆振荡生长结构。另外部分锆石晶形完整，发光性较好，但无明显的环带，测试时尽量不选该类锆石。测试过程中发现部分较老的锆石颗粒或核部的残留锆石，不同锆石晶体具有接近的 Th/U 值和 U 含量，说明锆石是从相对均匀的岩浆中结晶形成。

CL 图像显示存在两类锆石，一类具有明显的岩浆成因环带且部分颗粒具有较窄的白色均匀增生边；另一类则无明显的内部结构，大多呈灰色。所有锆石无新生环带，反映岩浆成因的生长纹清晰可见，其亮度变化不大，部分颗粒中心较暗，边部较亮，个别内部暗亮呈类斑点状，可能是各锆石颗粒中 U 的含量不一致及颗粒内部 U 分布不均匀所致。

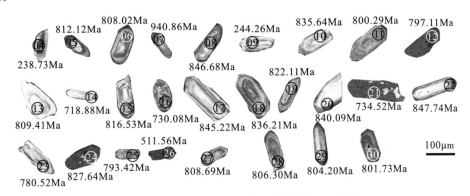

图 2-49　摩天岭 M063-1 钠长岩中锆石 CL 图像

（2）锆石 Th/U 值特征

样品中大多数锆石具有核边结构和显著的韵律环带，核部 CL 强度较弱，外围 CL 强度较高，反映了 U、Th 含量的变化，表 2-10 中给出了不均一的 U（$204.28 \times 10^{-6} \sim 650.54 \times 10^{-6}$）、Th（$65.79 \times 10^{-6} \sim 1721.64 \times 10^{-6}$）含量及变化范围较大的 Th/U 值（0.063～1.038），Th、U 含量总体上呈现正相关关系（图 2-50）。结晶环带和 Th/U 值特征均说明锆石为岩浆成因。值得注意的是个别锆石虽然具有核边结构，但环带不明显而具有面状分布特征，CL 强度较高，此类锆石也是岩浆成因，只不过它们可能为残留的古老岩浆锆石。由于年龄较老而受后期变质作用影响较大而发生了重结晶作用使得锆石韵律环带结构消失；这些测点的位置，在 CL 图像上都表现为暗色，并且较均匀，Th/U 值明显与核部有环带结构的部位不同，其比值相对低，Th/U 值小于或接近 0.1，变化于 0.01～0.2。

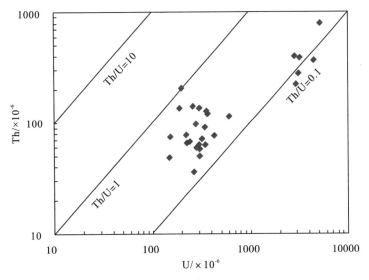

图 2-50　摩天岭 M063-1 钠长岩锆石 Th-U 对数相关图

表 2-10　摩天岭 M063-1 钠长岩中锆石的 LA-MC-ICP-MS U-Pb 年龄测定结果

测点	含量/×10⁻⁶				比值(Ratio±1σ)				误差相关系数	年龄(Ma±1σ)						和谐度
	Pb	232Th	238U	Th/U	$^{207}Pb/^{235}U$		$^{206}Pb/^{238}U$			$^{207}Pb/^{235}U$		$^{206}Pb/^{238}U$		$^{208}Pb/^{232}Th$		
M063-1-1	454.88	257.13	3425.35	0.075	1.1559	0.0330	0.1242	0.001785	0.5028	780.00	15.57	754.66	10.24	793.70	26.56	96%
M063-1-2	66.65	67.86	454.61	0.149	1.2985	0.0453	0.1350	0.002077	0.4407	845.04	20.02	816.60	11.80	927.12	38.33	96%
M063-1-3	648.34	336.81	4928.56	0.068	1.1962	0.0350	0.1238	0.001525	0.4213	798.82	16.17	752.51	8.75	885.53	29.25	94%
M063-1-4	83.14	1206.24	1816.85	0.664	0.3442	0.0170	0.0377	0.000866	0.4654	300.33	12.82	238.73	5.38	262.02	10.04	77%
M063-1-5	75.34	125.75	511.48	0.246	1.3261	0.0566	0.1343	0.002386	0.4164	857.16	24.71	812.12	13.56	765.48	32.63	94%
M063-1-6	31.47	65.79	212.36	0.310	1.3556	0.0638	0.1335	0.002278	0.3622	869.96	27.53	808.02	12.96	801.50	41.38	92%
M063-1-7	93.64	169.00	545.95	0.310	1.6139	0.0694	0.1571	0.002822	0.4175	975.63	26.98	940.86	15.72	847.02	36.25	96%
M063-1-8	93.81	106.62	639.66	0.167	1.3208	0.0603	0.1404	0.002650	0.4139	854.87	26.37	846.68	14.98	728.63	38.69	99%
M063-1-9	19.22	192.86	445.48	0.433	0.2659	0.0166	0.0386	0.000802	0.3320	239.39	13.34	244.26	4.98	230.09	14.08	97%
M063-1-10	66.23	79.54	454.27	0.175	1.2601	0.0743	0.1384	0.002966	0.3636	827.96	33.38	835.64	16.79	787.54	51.50	99%
M063-1-11	45.87	107.42	326.21	0.329	1.2857	0.0715	0.1322	0.002711	0.3690	839.37	31.76	800.29	15.44	463.14	31.48	95%
M063-1-12	471.35	364.84	3539.71	0.103	1.2266	0.0505	0.1316	0.002284	0.4214	812.81	23.04	797.11	13.01	447.66	24.66	98%
M063-1-13	59.65	202.02	381.92	0.529	1.3006	0.0556	0.1338	0.002448	0.4283	845.98	24.52	809.41	13.92	750.49	35.74	95%
M063-1-14	38.01	193.42	272.81	0.709	1.5400	0.0669	0.1180	0.002415	0.4715	946.51	26.74	718.88	13.93	405.91	23.36	72%
M063-1-15	64.72	85.80	442.64	0.194	1.3466	0.0556	0.1350	0.002536	0.4548	866.10	24.07	816.53	14.40	760.04	42.27	94%
M063-1-16	407.07	204.82	3236.37	0.063	1.1212	0.0407	0.1199	0.002252	0.5178	763.53	19.46	730.08	12.96	466.25	28.16	95%
M063-1-17	35.48	103.49	217.35	0.476	1.3079	0.0601	0.1401	0.002491	0.3871	849.22	26.43	845.22	14.08	762.25	40.26	99%
M063-1-18	71.91	99.11	482.67	0.205	1.2563	0.0415	0.1385	0.002152	0.4697	826.24	18.70	836.21	12.18	830.89	38.06	98%
M063-1-19	60.69	137.29	415.17	0.331	1.2082	0.0462	0.1360	0.002213	0.4250	804.35	21.27	822.11	12.56	626.85	25.26	97%
M063-1-20	46.45	298.68	287.83	1.038	1.1715	0.0499	0.1392	0.002818	0.4752	787.37	23.35	840.09	15.95	351.27	25.86	93%
M063-1-21	769.41	771.22	5821.73	0.132	1.1284	0.0357	0.1207	0.002487	0.6511	766.97	17.04	734.52	14.31	944.23	32.94	95%
M063-1-22	80.85	179.72	527.96	0.340	1.2464	0.0420	0.1405	0.002028	0.4288	821.80	18.97	847.74	11.46	827.74	28.68	95%
M063-1-23	54.05	47.97	394.49	0.122	1.2281	0.0473	0.1287	0.001834	0.3697	813.46	21.57	780.52	10.47	909.44	85.88	95%
M063-1-24	443.06	375.63	3117.58	0.120	1.3059	0.0456	0.1370	0.002032	0.4245	848.30	20.10	827.64	11.52	620.58	33.46	97%
M063-1-25	48.82	93.08	351.01	0.265	1.2712	0.0626	0.1310	0.003108	0.4822	832.92	27.97	793.42	17.72	755.47	37.44	95%
M063-1-26	801.39	1721.64	8440.84	0.204	0.9356	0.0373	0.0826	0.002038	0.6186	670.60	19.59	511.56	12.14	671.66	29.67	73%
M063-1-27	73.13	86.65	517.29	0.168	1.2824	0.0498	0.1337	0.002302	0.4432	837.93	22.18	808.69	13.09	767.43	35.62	96%
M063-1-28	131.03	160.02	938.14	0.171	1.2102	0.0462	0.1332	0.002414	0.4741	805.27	21.25	806.30	13.73	749.33	30.25	99%
M063-1-29	48.50	90.00	333.76	0.270	1.2855	0.0502	0.1329	0.002350	0.4529	839.28	22.30	804.20	13.37	740.90	32.00	95%
M063-1-30	60.78	81.47	429.79	0.190	1.2090	0.0542	0.1324	0.002431	0.4093	804.73	24.93	801.73	13.84	811.52	39.76	99%

(3)锆石年代学特征

分别对 30 颗锆石做了分析，锆石 LA-ICP-MS U-Pb 年龄分析结果列于表 2-10 中。将获得的年龄数据投在$^{207}Pb/^{235}U$ 与$^{206}Pb/^{238}U$ 一致曲线图上(图 2-51)，除个别点外，其他所有数据点在 U-Pb 谐和图上集中落在谐和线上及其附近(图 2-51)。研究区 M063-1 锆石 U 含量变化范围在 $212.36×10^{-6}$ ～$8440.84×10^{-6}$，Th/U 值分别变化于 0.063～1.038，主要变化于0.1～0.5，所有数据点在 U-Pb 谐和图上集中落在谐和线附近。

27 个测点落在一致曲线附近，形成一个年龄集中区，这一特征指示被测锆石没有遭受明显的后期热事件的扰动，用$^{206}Pb/^{238}U$ 比值计算所得加权平均年龄为 797±39Ma

（95％可信度），其 MSWD＝0.17（图 2-52）；由 CL 图像（图 2-49）可以看出，这些测点的位置是具有岩浆生长环带的部位，应该代表核部岩浆成因锆石的岩浆结晶年龄；因此，797±39Ma 较好可能反映了原岩形成的年龄信息，代表了钠长岩的成岩年龄。

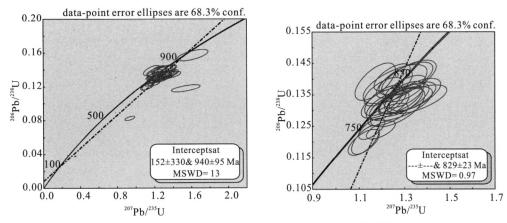

图 2-51　摩天岭 M063-1 钠长岩中锆石 U-Pb 谐和图

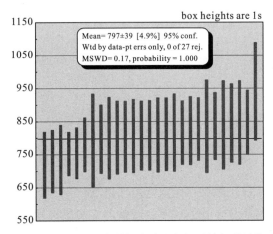

图 2-52　摩天岭 M063-1 中钠长岩锆石加权平均年龄计算示意图

另外两个年龄符合 $^{207}Pb/^{206}Pb > ^{207}Pb/^{235}U > ^{206}Pb/^{238}U$ 的规律，则落在靠近一致曲线的下方，表明它们或多或少有 Pb 的丢失（Kroner et al.，1994）。

另外，需要说明的是，M063-1-4、M063-1-9、M063-1-26 等测点的年龄值分别为238.73Ma、244.26Ma 和 511.56Ma，结合锆石 CL 图像和微量元素特征分析，可能代表了本区较新的一次热事件。

除了以上两个主要的年龄集中区外，还有其他的年龄数据在一致曲线图上相对集中在 718.88Ma、730.08Ma、734.52Ma（分别对应 M063-1-14、M063-1-16、M063-1-21 年龄值），这三个年龄与上面的两个主要年龄集中区之间的年龄间隔一般不超过 100Ma，考虑到锆石内部结构的复杂性和测年时激光束斑的大小（30μm 左右），很可能这些年龄是一种混合年龄，因而不具有明确的地质意义，但目前也不完全排除在这两个主要年龄集中区之间的这段地质时间内有地质事件发生的可能性。而介于前两个集中区之间的年龄数据，则可能是由于测点横跨了锆石残留或继承晶核与变质增生部分的比例不同所致，是两者按不同比例混合所得年龄的反映，所以可能不具特定的地质意义。

图 2-53 为锆石年龄频率分布图，年龄值主要集中于 800Ma 和 200Ma 左右的年龄段。

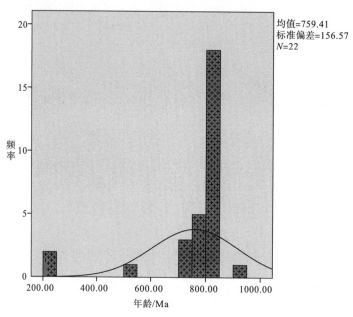

图 2-53　摩天岭 M063-1 中钠长岩锆石年龄频率分布图

10.　摩天岭 M066 锆石特征及 LA-MC-ICP-MS 定年

M066 样品岩性为碱交代岩——钾长花岗岩，采集于梓山坪矿点附近的碱交代岩带中，野外现场可见部分风化(见附录彩色图版　图 2-54)。

(1)锆石 CL 特征

图 2-55 为被测锆石的 CL 图像，测定点位和相应的 $^{206}Pb/^{238}U$ 年龄标注于其上。可能由于锆石磨片或抛光强度不够，锆石的 CL 图像明显较暗，由于测试时选择抛光及亮度合适的锆石，因此结果并未受影响。摩天岭 M066 中钾长花岗岩样品以 LA-MC-ICP-MS 定年共测定了其中的晶形好、具代表性的 30 个锆石颗粒。

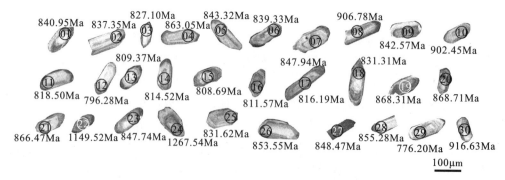

图 2-55　摩天岭 M066 钾长花岗岩中锆石 CL 图像

从样品中分选出来的锆石无色透明，大部分呈柱状，粒度在 0.12mm 左右，部分颗粒粗大，长为 90～200μm；长宽比约为 2∶1 及更大，晶型为自形－半自形，少量可见较完整的晶棱或晶锥，晶面整洁光滑。总体而言，呈长柱状，结晶程度较好，少数颗粒保留了继承性锆石残核，呈核-边结构；锆石边部具有清晰的岩浆振荡生长结构。另外部分锆石晶形完整，发光性较好，但无明显的环带，测试时尽量不选该类锆石。测试过程中部分发现较老的锆石颗粒或核部的残留锆石，不同锆石晶体具有接近的 Th/U 值和 U 含量，说明锆石是从相对均匀的岩浆中结晶形成。

CL 图像显示存在两类锆石，一类具有明显的岩浆成因环带且部分颗粒具有较窄的白色均匀增生边；另一类则无明显的内部结构，大多呈灰色。所有锆石无新生环带，反映岩浆成因的生长纹清晰可见，其亮度变化不大，部分颗粒中心较暗，边部较亮，个别内部暗亮呈类斑点状，可能是各锆石颗粒中 U 的含量不一致及颗粒内部 U 分布不均匀所致。

（2）锆石 Th/U 值特征

样品中大多数锆石具有核边结构和显著的韵律环带，核部 CL 强度较弱，外围 CL 强度较高，反映了 U、Th 含量的变化，表 2-11 中给出了不均一的 U（$130.31 \times 10^{-6} \sim$ 1183.73×10^{-6}）、Th（$17.80 \times 10^{-6} \sim 204.89 \times 10^{-6}$）含量及变化范围较大的 Th/U 值（$0.029 \sim 0.839$），Th、U 含量总体上呈现正相关关系（图 2-56）。结晶环带和 Th/U 值特征均说明锆石为岩浆成因。

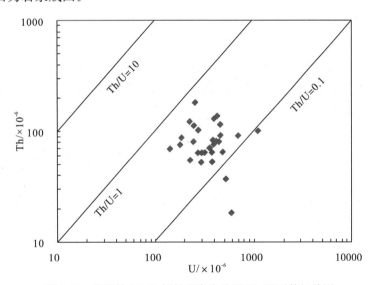

图 3-56　摩天岭 M066 钾长花岗岩锆石 Th-U 对数相关图

（3）锆石年代学特征

摩天岭研究区 M066 锆石 U 含量变化范围在 $130.31 \times 10^{-6} \sim 1183.73 \times 10^{-6}$，Th/U 值分别变化于 $0.029 \sim 0.839$，主要变化于 $0.1 \sim 0.5$，所有数据点在 U-Pb 谐和图上集中落在谐和线附近（图 2-57）。25 个点的谐和年龄为 830 ± 46Ma（95％可信度），其 MSWD= 0.042（图 2-58），较好代表了钠长岩的成岩年龄。另外，需要说明的是，M066-8、M066-10、M066-22、M066-24、M066-30 等测点的年龄值分别为 906.78Ma、902.45Ma、1149.52Ma、1267.54Ma 和 916.63Ma，结合其他样品，可能反映了继承性锆石特征。图2-59为锆石年龄频率分布图，年龄值主要集中于 835Ma 左右及更高的年龄段。

表 2-11 摩天岭 M066 中钾长花岗岩中锆石的 LA-MC-ICP-MS U-Pb 年龄测定结果

测点	含量/×10−6				比值(Ratio±1σ)				误差相关系数	年龄(Ma±1σ)						和谐度
	Pb	232Th	238U	Th/U	207Pb/235U		206Pb/238U			207Pb/235U		206Pb/238U		208Pb/232Th		
M066-1	28.57	93.05	174.47	0.533	1.3227	0.0607	0.1393	0.002265	0.3543	855.68	26.53	840.95	12.82	812.72	44.95	98%
M066-2	38.56	121.57	238.77	0.509	1.2873	0.0532	0.1387	0.002271	0.3961	840.10	23.62	837.35	12.85	792.67	36.44	99%
M066-3	20.74	72.70	130.31	0.558	1.2471	0.0561	0.1369	0.002571	0.4176	822.11	25.35	827.10	14.58	847.04	37.76	99%
M066-4	58.06	80.70	387.82	0.208	1.3479	0.0488	0.1433	0.002878	0.5546	866.65	21.12	863.05	16.23	903.13	42.77	99%
M066-5	45.40	66.91	308.60	0.217	1.2921	0.0490	0.1398	0.002550	0.4814	842.22	21.69	843.32	14.42	828.02	36.63	99%
M066-6	103.05	96.52	710.66	0.136	1.3095	0.0482	0.1391	0.002373	0.4637	849.90	21.19	839.33	13.43	862.50	33.01	98%
M066-7	54.29	54.98	375.51	0.146	1.2741	0.0489	0.1406	0.002742	0.5088	834.21	21.82	847.94	15.50	854.70	35.62	98%
M066-8	72.16	86.61	441.00	0.196	1.5724	0.0732	0.1510	0.003892	0.5536	959.36	28.90	906.78	21.80	1065.07	61.53	94%
M066-9	42.28	110.22	265.42	0.415	1.2680	0.0397	0.1396	0.002622	0.6001	831.49	17.76	842.57	14.83	864.24	31.76	98%
M066-10	63.69	88.09	380.77	0.231	1.8301	0.1112	0.1503	0.004228	0.4632	1056.31	39.90	902.45	23.69	921.02	43.06	84%
M066-11	61.63	86.15	413.36	0.208	1.2555	0.0393	0.1354	0.002240	0.5280	825.89	17.72	818.50	12.72	807.30	31.88	99%
M066-12	26.26	80.33	168.86	0.476	1.1969	0.0437	0.1315	0.002222	0.4632	799.16	20.19	796.28	12.66	774.80	29.79	99%
M066-13	34.60	133.30	213.29	0.625	1.2646	0.0467	0.1338	0.002665	0.5397	829.99	20.93	809.37	15.15	770.22	29.34	97%
M066-14	54.76	67.06	371.65	0.180	1.2988	0.0471	0.1347	0.002042	0.4186	845.19	20.79	814.52	11.60	815.41	32.00	96%
M066-15	31.97	56.49	216.25	0.261	1.2662	0.0552	0.1337	0.002313	0.3971	830.68	24.72	808.69	13.15	817.79	33.53	97%
M066-16	84.35	17.80	603.40	0.029	1.3188	0.0425	0.1342	0.002159	0.4993	853.18	18.62	811.57	12.27	1142.35	94.18	94%
M066-17	41.87	53.79	287.05	0.187	1.3155	0.0490	0.1350	0.002232	0.4439	852.56	21.50	816.19	12.68	846.07	44.50	95%
M066-18	74.11	36.85	524.98	0.070	1.2876	0.0424	0.1376	0.002560	0.5651	840.23	18.81	831.31	14.50	855.06	52.66	98%
M066-19	73.64	67.89	490.35	0.138	1.3816	0.0531	0.1442	0.002940	0.5306	881.12	22.64	868.31	16.56	769.90	43.67	98%
M066-20	70.32	97.67	458.80	0.213	1.3382	0.0550	0.1443	0.003025	0.5098	862.45	23.91	868.71	17.04	869.64	45.00	99%
M066-21	44.44	204.89	244.12	0.839	1.3074	0.0510	0.1439	0.002553	0.4551	848.97	22.44	866.47	14.39	915.19	40.04	97%
M066-22	95.40	126.36	455.77	0.277	2.2340	0.0985	0.1952	0.004958	0.5762	1191.77	30.93	1149.52	26.74	1498.60	65.47	96%
M066-23	36.60	85.26	236.43	0.361	1.2673	0.0481	0.1405	0.002633	0.4941	831.18	21.52	847.74	14.88	850.68	39.67	98%
M066-24	94.99	125.27	460.25	0.272	2.5828	0.1755	0.2173	0.009549	0.6467	1295.79	49.78	1267.54	50.57	1472.38	70.20	97%
M066-25	42.30	66.42	286.38	0.232	1.1881	0.0537	0.1377	0.002732	0.4387	795.06	24.94	831.62	15.48	819.44	44.95	95%
M066-26	53.95	74.09	354.25	0.209	1.2648	0.0599	0.1416	0.002952	0.4400	830.04	26.87	853.55	16.67	861.03	48.27	97%
M066-27	171.10	108.42	1183.73	0.092	1.1999	0.0455	0.1407	0.002184	0.4092	800.56	21.01	848.47	12.34	855.19	44.06	94%
M066-28	40.22	67.36	261.44	0.258	1.2584	0.0591	0.1419	0.002947	0.4424	827.17	26.56	855.28	16.63	785.61	47.73	96%
M066-29	59.78	151.88	418.53	0.363	1.1585	0.0624	0.1280	0.002289	0.3322	781.23	29.36	776.20	13.08	740.17	43.58	99%
M066-30	70.31	142.07	396.72	0.358	1.4730	0.1188	0.1528	0.006760	0.5485	919.34	48.82	916.63	37.80	1087.52	87.40	99%

值得一提的是，前述岩浆锆石的 Th/U 值范围大致为大于 0.4，对于变质成因锆石，由于 Th4+ 和 Pb2+ 的离子半径比 U4+ 的离子半径大，它们不易替换小离子半径的 Zr4+，在变质过程中更难被锆石所接受。由于所经历变质作用过程的复杂性，变质成因锆石的 Th/U 值具有低而分散的性质，其值一般约为 0.1 或更低（Vavra G, et al., 1996; Rubatto D, et al., 1999）。很明显，所测的锆石 Th/U 微量元素比值，大部分锆石为第一种类型表现为岩浆锆石的特点，第二种类型（M066-16、M066-18、M066-27）则表现出变质锆石的特征，这和锆石 CL 图像所反映的锆石的结构特征是吻合的。

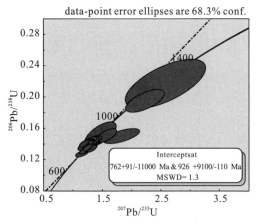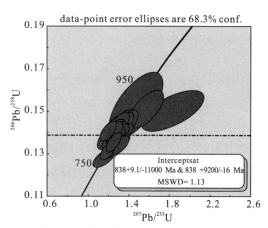

图 2-57　摩天岭 M066 钾长花岗岩锆石 U-Pb 谐和图

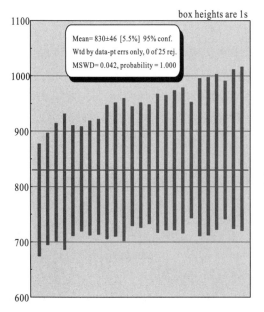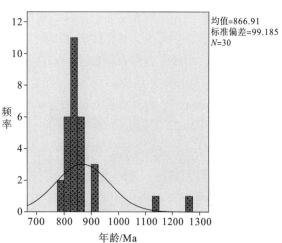

图 2-58　M066 钾长花岗岩加权平均　　　　　图 2-59　M066 钾长花岗岩年龄频率分布图
　　　　　年龄示意图

　　当然 Th/U 并不是绝对的，变质成因锆石 Th/U 值大于 0.1 的实例多有报道，如苏鲁和大别地区超高压正片麻岩中变质成因锆石 Th/U 达到 0.77 和 0.3（刘福来等，2003；Rowley D. B, et al.，1997）。由此可见，仅仅依靠 Th/U 值的大小来判别锆石成因类型有时是靠不住的，应该结合锆石的内部结构特征及其不同微区所包裹的矿物包裹体的特征等因素综合分析判断。结合锆石 CL 图像，M066 锆石 Th/U 值所反映的锆石的结构特征是吻合的。因此可以推断，少部分的锆石属变质成因锆石。当然，如果对应的激光测点均分布在锆石颗粒的边部，显然排除了早期残留岩浆锆石的可能性，因而锆石最边部 Th/U 值的增高也极有可能是受后期流体交代等因素影响所致（张安达，2003）。

11. 摩天岭 M068 锆石特征及 LA-MC-ICP-MS 定年

　　M068 样品采集于梓山坪矿点附近的基性岩脉，岩脉形成比花岗岩晚，两者之间的接触界限比较清楚(见附录彩色图版　图 2-60)。

(1)锆石 CL 特征

图 2-61 为被测锆石的 CL 图像，测定点位和相应的 ^{206}Pb-^{238}U 视年龄标注于其上。可能由于锆石磨片或抛光强度不够，锆石的 CL 图像明显较暗，由于测试时选择抛光及亮度合适的锆石，因此结果并未受影响。摩天岭 M068 中辉绿岩样品以 LA-MC-ICP-MS 定年共测定了其中的晶形好、具代表性的 30 个锆石颗粒。

从样品中分选出来的锆石无色透明，大部分呈柱状，粒度在 0.15mm 左右，部分颗粒粗大，长为 90～220μm；长宽比约为 2：1 及更大，晶型为自形－半自形，少量可见较完整的晶棱或晶锥，晶面整洁光滑。总体而言，呈长柱状，结晶程度较好，少数颗粒保留了继承性锆石残核，呈核－边结构，锆石边部具有清晰的岩浆振荡生长结构。另外部分锆石晶形完整，发光性较好，但无明显的环带，测试时尽量不选该类锆石。测试过程中部分发现较老的锆石颗粒或核部的残留锆石，不同锆石晶体具有接近的 Th/U 值和 U 含量，说明锆石是从相对均匀的岩浆中结晶形成。

CL 图像显示存在两类锆石，一类具有明显的岩浆成因环带且部分颗粒具有较窄的白色均匀增生边；另一类则无明显的内部结构，大多呈灰色。所有锆石无新生环带，反映岩浆成因的生长纹清晰可见，其亮度变化不大，部分颗粒中心较暗，边部较亮，个别内部暗亮呈类斑点状，可能是各锆石颗粒中 U 的含量不一致及颗粒内部 U 分布不均匀所致。

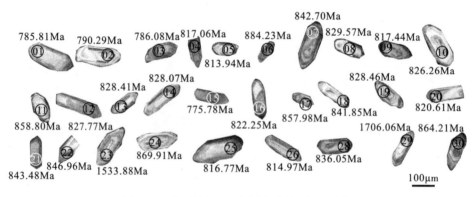

图 2-61　摩天岭 M068 辉绿岩中锆石 CL 图像

(2)锆石 Th/U 值特征

样品中大多数锆石具有核边结构和显著的韵律环带，核部 CL 强度较弱，外围 CL 强度较高，反映了 U、Th 含量的变化，表 2-12 中给出了不均一的 U（172.71×10^{-6} ～ 1025.51×10^{-6}）、Th（19.67×10^{-6} ～ 660.85×10^{-6}）含量及变化范围较大的 Th/U 值（0.114～1.684），Th、U 含量总体上呈现正相关关系(图 2-62)。结晶环带和 Th/U 值特征均说明锆石为岩浆成因。值得注意的是个别锆石虽然具有核边结构，但环带不明显而具有面状分布特征，CL 强度较高，此类锆石也是岩浆成因，只不过它们可能为残留的古老岩浆锆石，由于年龄较老而受后期变质作用影响较大而发生了重结晶作用使得锆石韵律环带结构消失。

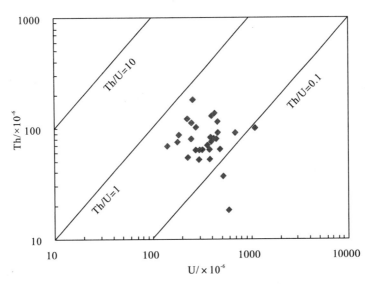

图 2-62　摩天岭 M068 辉绿岩锆石 Th-U 对数相关图

表 2-12　摩天岭 M068 中辉绿岩中锆石的 LA-MC-ICP-MS U-Pb 年龄测定结果

测点	含量/×10⁻⁶				比值（Ratio±1σ）				误差相关系数	年龄（Ma±1σ）						和谐度
	Pb	232Th	238U	Th/U	207Pb/235U		206Pb/238U			207Pb/235U		206Pb/238U		208Pb/232Th		
M068-1	24.15	19.67	172.71	0.114	1.1557	0.0763	0.1296	0.003054	0.3567	779.93	35.97	785.81	17.43	800.94	73.85	99%
M068-2	53.26	132.16	359.92	0.367	1.1382	0.0663	0.1304	0.002717	0.3577	771.64	31.49	790.29	15.50	727.21	38.02	97%
M068-3	51.01	118.34	348.97	0.339	1.1165	0.0620	0.1297	0.002632	0.3655	761.31	29.75	786.08	15.02	717.71	35.68	96%
M068-4	87.85	288.79	552.63	0.523	1.2397	0.0634	0.1351	0.002562	0.3709	818.74	28.74	817.06	14.55	757.38	35.88	99%
M068-5	53.51	120.91	359.37	0.336	1.1982	0.0662	0.1346	0.002663	0.3581	799.74	30.60	813.94	15.13	706.56	39.15	98%
M068-6	157.12	153.75	1025.51	0.150	1.3392	0.0705	0.1470	0.002796	0.3612	862.89	30.61	884.23	15.77	703.51	38.36	98%
M068-7	81.52	95.53	550.56	0.174	1.2737	0.0604	0.1397	0.002678	0.4043	834.05	26.99	842.70	15.15	744.71	39.55	98%
M068-8	35.54	55.57	234.63	0.237	1.3161	0.0598	0.1373	0.002202	0.3532	852.82	26.20	829.57	12.48	696.64	41.97	97%
M068-9	58.74	92.19	394.97	0.233	1.2580	0.0514	0.1352	0.002218	0.4018	827.03	23.10	817.44	12.59	766.89	40.42	98%
M068-10	44.92	63.34	307.46	0.206	1.2120	0.0516	0.1368	0.002820	0.4840	806.11	23.71	826.26	15.99	683.71	47.90	97%
M068-11	100.96	143.56	641.27	0.224	1.2555	0.0411	0.1425	0.002237	0.4792	825.88	18.52	858.80	12.62	764.49	36.63	96%
M068-12	64.04	96.54	435.93	0.221	1.2147	0.0513	0.1370	0.002178	0.3762	807.33	23.53	827.77	12.35	780.32	38.96	97%
M068-13	50.59	135.82	329.69	0.412	1.2408	0.0435	0.1371	0.002713	0.5643	819.26	19.71	828.41	15.38	791.44	35.62	96%
M068-14	29.36	53.28	197.33	0.270	1.2011	0.0591	0.1371	0.002528	0.3747	801.08	27.28	828.07	14.33	839.10	50.45	96%
M068-15	99.03	149.47	737.68	0.203	1.1194	0.0430	0.1279	0.002022	0.4117	762.70	20.60	775.78	11.56	750.39	30.05	98%
M068-16	31.01	66.79	207.46	0.322	1.2699	0.0509	0.1360	0.002506	0.4592	832.33	22.79	822.25	14.22	811.05	37.05	98%
M068-17	83.73	660.85	392.44	1.684	1.2858	0.0455	0.1424	0.002858	0.5674	839.45	20.21	857.98	16.13	860.03	30.34	97%
M068-18	97.44	343.85	583.34	0.589	1.2915	0.0413	0.1395	0.002304	0.5165	841.95	18.30	841.85	13.04	848.90	27.60	99%
M068-19	72.51	78.44	500.01	0.157	1.3018	0.0472	0.1371	0.002177	0.4375	846.52	20.84	828.46	12.34	829.14	34.75	97%
M068-20	71.34	149.21	482.94	0.309	1.1843	0.0449	0.1358	0.002066	0.4010	793.29	20.90	820.61	11.73	774.97	30.85	96%
M068-21	61.88	100.04	404.55	0.247	1.3042	0.0509	0.1398	0.002282	0.4180	847.59	22.45	843.48	12.91	927.50	42.28	99%
M068-22	37.31	72.61	246.56	0.294	1.2763	0.0550	0.1404	0.002496	0.4126	835.19	24.53	846.96	14.11	885.57	48.96	98%
M068-23	100.70	190.46	316.88	0.601	3.6107	0.1503	0.2686	0.004972	0.4446	1551.90	33.11	1533.88	25.27	1620.78	77.86	98%
M068-24	40.04	152.49	224.13	0.680	1.3166	0.0753	0.1445	0.003053	0.3694	853.02	33.03	869.91	17.20	997.97	54.78	98%
M068-25	37.92	94.40	248.05	0.381	1.2541	0.0759	0.1351	0.002945	0.3602	825.25	34.21	816.77	16.73	894.74	56.43	98%
M068-26	50.50	144.51	332.73	0.434	1.2250	0.0705	0.1348	0.002441	0.3149	812.08	32.18	814.97	13.87	877.67	49.64	99%
M068-28	58.55	81.97	400.57	0.205	1.2244	0.0529	0.1385	0.002584	0.4317	811.79	24.16	836.05	14.63	891.15	49.01	97%
M068-29	59.40	55.84	180.47	0.309	4.1992	0.1751	0.3030	0.006500	0.5145	1673.87	34.21	1706.06	32.16	1699.77	88.84	98%
M068-30	88.58	84.52	587.81	0.144	1.3463	0.0584	0.1435	0.003119	0.5011	865.95	25.28	864.21	17.58	871.81	52.80	99%

（3）锆石年代学特征

研究区 M068 锆石 U 含量变化范围为 $172.71×10^{-6} \sim 1025.51×10^{-6}$，Th/U 值分别变化于 $0.114 \sim 1.684$，主要变化于 $0.1 \sim 0.5$，所有数据点在 U-Pb 谐和图上集中落在谐和线附近（图 2-63）。27 个点的谐和年龄为 $826±44$Ma（95%可信度），其 MSWD=0.047

（图 2-64），较好代表了辉绿岩的成岩年龄。另外，需要说明的是，M068-23、M068-29
等测点的年龄值分别为 1533.88Ma 和 1706.06Ma，根据锆石 CL 图像和现场测试情况，
很可能是测点位于内部残留核而测出的继承性锆石的年龄，并不能代表摩天岭岩体的真
实年龄。图 2-65 为锆石年龄频率分布图，年龄值主要集中于 830Ma 左右的年龄段。

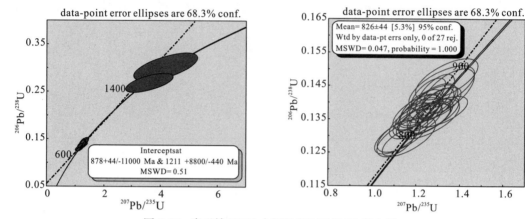

图 2-63　摩天岭 M068 中辉绿岩锆石 U-Pb 谐和图

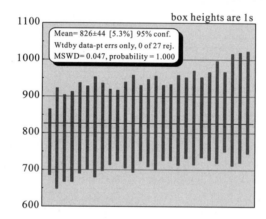

图 2-64　M068 中辉绿岩锆石加权平均年龄计算示意图

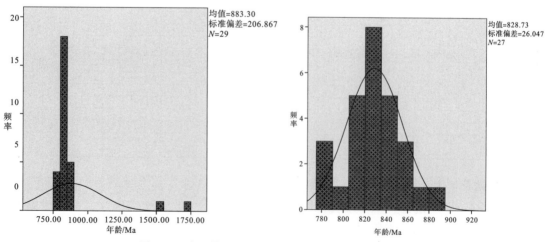

图 2-65　摩天岭 M068 中辉绿岩锆石年龄频率分布图

2.3.5 锆石微区微量元素分析结果讨论

锆石微量元素的分析结果列于表 2-13 中。在锆石球粒陨石标准化的稀土配分模式图（图 2-66～图 2-70）中，所有锆石分析点都表现为轻稀土亏损、重稀土富集的稀土配分模式，呈现明显的 Ce 正异常和强弱程度不等的 Eu 负异常。这种稀土配分模式主要是由于锆石稀土元素的地球化学性质差异导致各稀土元素进入锆石晶格能力的不同造成的，这是典型锆石稀土配分模式所表现出来的共同特征（Hinton et al，1991）。

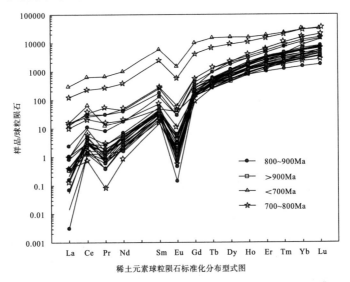

图 2-66 摩天岭 M063-1 岩石中锆石稀土元素配分模式图

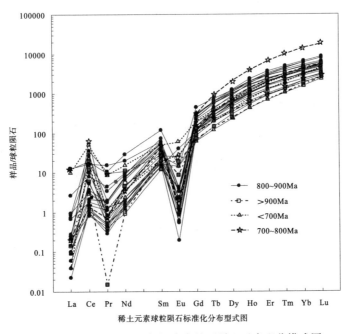

图 2-67 摩天岭 M075 辉绿岩中锆石稀土元素配分模式图

表2-13 摩天岭锆石微量元素 LA-MC-ICP-MS 测定结果

单位：×10⁻⁶

元素	P	Ti	ZrO₂/%	Nb	La	Ce	Pr	Nd	Sm	Eu	Gd	Tb	Dy	Ho	Er	Tm	Yb	Lu	Y	Hf	Ta	ΣREE	LREE	HREE	LREE/HREE	δEu	δCe
MOD63-1-1	3024	3.82	59.30	3.61	0.08	1.00	0.14	1.66	6.66	0.03	61.03	36.35	546.06	220.14	1104.31	265.85	2665.31	508.00	6792.07	13606.74	3.83	5416.63	9.57	5407.05	0.00	0.00	1.79
MOD63-1-2	939	10.50	60.24	2.16	0.07	2.10	0.18	2.24	4.91	0.37	33.05	14.25	194.11	78.44	370.81	82.03	757.04	147.87	2432.87	11946.43	1.32	1687.48	9.86	1677.62	0.01	0.07	3.22
MOD63-1-3	2820	18.94	56.04	12.31	3.54	16.57	2.92	22.41	42.68	3.74	118.59	49.50	578.99	196.94	911.73	220.27	2205.10	404.27	5830.62	14963.31	4.00	4777.27	91.86	4685.40	0.02	0.15	1.18
MOD63-1-4	329	2.74	57.47	2.71	3.69	39.20	1.26	8.61	7.29	2.35	31.61	9.45	117.19	48.12	242.91	59.21	639.81	150.07	1635.37	7924.53	1.37	1360.77	62.40	1298.36	0.05	0.40	4.45
MOD63-1-5	1306	7.94	60.42	1.00	0.04	1.70	0.25	3.25	8.69	0.17	53.63	21.11	273.18	105.10	479.21	103.58	958.25	183.44	3128.43	11631.69	0.74	2191.61	14.10	2177.51	0.01	0.02	2.00
MOD63-1-6	873	7.36	62.83	1.24	0.04	1.72	0.08	1.05	3.87	0.04	30.72	12.82	171.69	69.15	323.73	68.49	631.71	123.04	2051.11	12421.34	1.72	1438.18	6.81	1431.37	0.00	0.01	5.47
MOD63-1-7	400	6.72	62.81	6.38	0.23	5.89	0.14	2.31	5.16	0.26	29.62	9.53	112.27	44.37	206.09	48.95	510.53	114.34	1264.77	11853.86	5.90	1089.69	13.99	1075.70	0.01	0.05	1.82
MOD63-1-8	1382	2.95	61.61	1.84	0.10	1.70	0.25	2.86	5.60	0.08	41.27	19.16	260.73	106.52	502.75	107.47	980.21	183.94	3274.04	12837.00	1.20	2212.65	10.59	2202.05	0.00	0.01	5.33
MOD63-1-9	938	14.80	64.41	0.99	0.05	1.97	0.09	2.40	5.72	0.18	44.99	18.19	236.23	93.25	420.54	85.86	762.44	143.79	2768.24	12639.38	0.70	1815.70	10.41	1805.29	0.01	0.02	2.69
MOD63-1-10	1110	6.85	64.42	1.14	0.07	0.89	0.08	0.81	3.82	0.01	30.36	14.55	215.92	91.92	448.28	98.70	920.46	179.89	2821.47	13146.79	0.83	2005.76	5.69	2000.07	0.00	0.01	2.88
MOD63-1-11	937	7.53	61.94	3.95	0.20	1.86	0.14	1.49	3.75	1.21	26.60	12.10	170.20	71.81	343.23	74.16	688.27	132.19	2143.80	12532.45	0.88	1526.11	7.55	1518.56	0.00	0.03	2.68
MOD63-1-12	2196	8.26	55.79	17.18	3.07	20.49	5.03	20.22	39.15	2.57	118.77	47.54	520.93	167.05	768.33	185.01	1915.20	355.96	4589.73	14484.96	3.84	4169.32	90.53	4078.80	0.02	0.11	1.02
MOD63-1-13	403	5.54	62.49	1.37	0.04	3.21	0.10	1.89	5.30	0.10	34.29	11.26	140.92	54.16	242.25	50.34	451.40	88.06	1543.00	11477.74	0.97	1083.31	10.63	1072.68	0.01	0.02	8.66
MOD63-1-14	722	8.74	66.07	1.46	0.24	3.40	0.27	2.72	5.95	0.34	34.07	13.23	160.69	61.87	279.59	58.42	536.20	103.76	1774.85	12884.94	0.84	1260.76	12.92	1247.83	0.01	0.06	2.88
MOD63-1-15	1344	7.90	62.89	1.26	0.00	0.79	0.04	1.13	3.98	0.04	37.18	18.05	264.27	110.61	526.37	112.51	1033.59	195.32	3385.63	12810.05	0.89	2303.88	5.99	2297.90	0.00	0.01	6.31
MOD63-1-16	1047	3.82	57.28	11.15	2.36	13.18	1.48	9.10	11.32	0.64	30.58	13.80	174.05	63.79	348.08	108.86	1451.68	345.70	1883.88	19969.66	8.82	2574.62	38.08	2536.53	0.02	0.10	1.69
MOD63-1-17	486	6.20	65.05	1.27	0.01	1.89	0.07	1.86	5.18	0.29	28.18	10.07	130.34	50.97	232.06	48.94	458.82	89.47	1475.68	11442.95	0.84	1058.17	9.31	1048.85	0.01	0.06	7.58
MOD63-1-18	874	5.62	61.19	1.02	0.02	1.32	0.04	1.00	2.69	0.01	26.02	12.90	179.79	72.23	327.23	66.82	597.58	109.54	2244.03	12454.87	0.93	1397.18	5.06	1392.12	0.00	0.06	9.66
MOD63-1-19	1495	7.79	61.71	2.14	0.09	1.59	0.14	2.61	6.71	0.05	51.30	22.27	300.26	120.64	549.40	112.20	997.06	183.07	3753.16	11751.47	1.06	2347.40	11.19	2336.21	0.00	0.01	2.77
MOD63-1-20	883	6.88	59.52	6.25	0.57	6.73	0.77	8.33	19.26	1.72	71.31	21.54	205.57	67.92	297.33	61.06	561.94	107.29	1929.44	12002.45	0.99	1431.35	37.39	1393.96	0.03	0.13	2.08
MOD63-1-21	6868	63.30	57.93	80.35	28.48	140.61	25.22	178.53	372.94	32.56	862.97	267.18	2289.40	620.13	2481.26	528.76	4941.85	870.48	15446.97	11986.41	3.64	13640.39	778.35	12862.05	0.06	0.17	1.19
MOD63-1-22	777	10.32	64.13	1.87	0.05	2.79	0.12	2.24	7.18	0.31	53.10	18.28	201.61	68.33	278.84	54.62	479.74	90.38	2100.79	11344.08	0.94	1257.59	12.69	1244.90	0.01	0.04	6.22
MOD63-1-23	714	3.65	67.80	0.81	0.09	0.44	0.01	0.39	2.27	0.07	17.37	9.70	134.14	52.11	222.20	44.86	386.27	65.97	1716.02	14951.96	0.73	935.90	3.27	932.63	0.00	0.02	3.11
MOD63-1-24	2408	9.56	56.44	11.70	3.66	18.80	2.88	18.36	26.96	1.73	87.40	36.39	448.88	163.30	771.03	187.21	1890.86	356.16	4882.60	13809.69	3.35	4013.63	72.40	3941.23	0.02	0.10	1.34
MOD63-1-25	1063	8.89	64.91	1.23	0.03	2.13	0.07	1.46	3.76	0.15	34.13	15.75	224.65	92.61	437.45	94.13	931.03	165.57	2758.08	12602.48	0.77	2002.90	7.59	1995.31	0.00	0.03	8.36
MOD63-1-26	6315	141.17	57.04	95.15	69.87	378.38	64.03	477.42	930.40	89.17	2070.38	532.61	3937.06	895.92	3018.97	584.43	5046.27	806.09	19177.01	13794.00	7.25	18921.00	2009.27	16911.72	0.12	0.19	1.28

续表

元素	P	Ti	ZrO$_2$/%	Nb	La	Ce	Pr	Nd	Sm	Eu	Gd	Tb	Dy	Ho	Er	Tm	Yb	Lu	Y	Hf	Ta	ΣREE	LREE	HREE	LREE/HREE	δEu	δCe
M0063-1-27	1228	5.43	61.68	1.00	0.00	0.73	0.00	0.73	3.35	0.06	32.91	16.36	239.00	100.29	481.17	103.69	953.28	181.85	3004.99	13136.61	0.98	2113.41	4.88	2108.53	0.00	0.01	1.75
M0063-1-28	482	0.97	63.13	2.27	0.00	2.29	0.06	0.94	4.21	0.09	33.84	12.58	143.03	43.97	162.08	30.95	258.74	45.54	1359.89	13914.37	2.03	738.33	7.59	730.74	0.01	0.02	11.71
M0063-1-29	734	8.18	65.38	0.71	0.25	1.84	0.18	2.09	6.35	0.19	39.29	14.41	171.13	62.05	262.45	53.17	475.19	90.05	1794.51	13676.10	0.54	1178.63	10.89	1167.73	0.01	0.03	2.04
M0063-1-30	1447	7.76	65.11	1.16	0.00	0.85	0.06	1.22	5.08	0.07	42.83	20.11	283.89	119.48	565.33	121.02	1101.45	210.11	3572.55	13477.42	0.96	2471.50	7.28	2464.22	0.00	0.01	4.72
M0075-1	637	15.19	56.51	2.86	0.20	22.37	1.05	13.48	18.46	0.84	92.85	28.25	310.51	113.62	477.89	93.38	793.38	153.41	3271.47	9380.93	1.60	2119.68	56.40	2063.28	0.03	0.05	6.16
M0075-2	936	3.48	59.39	1.05	0.01	0.69	0.05	0.58	3.03	0.03	24.54	12.48	174.91	70.71	325.69	68.79	619.91	119.71	2169.18	13734.99	0.98	1421.14	4.40	1416.75	0.00	0.04	4.04
M0075-3	858	5.67	60.30	0.79	0.01	0.58	0.03	0.65	2.25	0.01	20.92	10.38	154.17	65.64	327.14	72.19	669.52	133.76	1989.21	13400.80	0.82	1457.24	3.54	1453.71	0.00	0.00	5.30
M0075-4	585	6.29	61.65	0.93	0.02	3.64	0.05	1.13	3.10	0.20	24.71	9.39	118.86	45.66	206.67	43.87	397.77	81.19	1325.90	12557.33	0.80	936.27	8.14	928.13	0.01	0.05	20.24
M0075-5	787	4.12	60.04	0.57	0.00	0.60	0.03	0.70	2.24	0.07	24.32	10.75	145.66	58.16	270.18	56.86	517.05	102.06	1737.58	13084.68	0.55	1188.69	3.65	1185.04	0.00	0.02	5.54
M0075-6	1298	19.28	56.54	0.95	0.05	1.30	0.18	3.50	8.59	0.08	57.85	22.93	292.93	113.61	509.45	102.29	891.26	168.23	3330.23	11438.92	0.60	2172.26	13.70	2158.56	0.01	0.01	1.99
M0075-7	420	4.69	59.13	1.09	0.00	9.74	0.04	0.45	1.89	0.25	13.45	5.46	76.28	30.60	147.11	33.05	324.23	67.36	910.59	12636.27	1.14	709.91	12.37	697.53	0.02	0.11	74.08
M0075-8	295	6.19	63.14	2.70	0.04	38.68	0.08	1.70	4.22	1.46	25.01	8.29	99.18	37.09	169.16	37.44	350.81	74.00	1195.58	10626.52	4.19	847.15	46.18	800.98	0.06	0.34	125.74
M0075-9	979	8.11	61.21	1.55	0.03	2.30	0.17	3.12	7.60	0.12	45.34	16.89	206.38	79.53	351.84	71.81	647.78	126.56	2401.79	11752.19	1.03	1559.46	13.34	1546.13	0.01	0.01	3.87
M0075-10	1062	4.04	59.01	1.08	0.17	1.12	0.13	0.92	2.78	0.14	26.19	12.91	183.58	77.44	370.85	80.27	725.18	143.06	2410.45	12209.14	0.91	1624.73	5.25	1619.47	0.00	0.03	1.80
M0075-11	814	4.01	63.42	0.86	0.01	0.79	0.05	0.67	3.94	0.14	31.24	12.98	162.54	61.41	274.83	56.95	507.87	99.37	1890.75	13478.23	0.81	1212.79	5.59	1207.20	0.00	0.03	4.62
M0075-12	1793	8.84	63.36	2.09	0.63	4.93	0.43	4.50	8.10	0.20	56.97	23.77	320.61	130.42	601.66	125.60	1114.71	213.51	3916.58	11988.81	1.08	2606.04	18.78	2587.26	0.01	0.02	2.26
M0075-13	757	4.79	62.30	1.01	0.23	1.96	0.13	0.91	2.82	0.03	20.70	9.43	131.96	57.33	271.34	58.82	534.16	104.20	1729.26	14426.14	0.98	1194.25	6.08	1188.16	0.01	0.01	2.78
M0075-14	742	15.00	61.26	2.44	2.43	31.17	0.83	7.42	7.76	3.41	41.48	14.18	168.98	66.26	309.92	68.65	674.91	144.21	2090.18	7966.82	0.78	1541.62	53.03	1488.59	0.04	0.47	5.36
M0075-15	1161	5.61	60.26	0.80	0.02	0.95	0.11	2.03	7.62	0.05	51.15	20.68	250.45	94.92	405.93	81.44	710.74	135.68	2793.51	12169.31	0.52	1761.77	10.78	1750.99	0.01	0.01	2.52
M0075-16	583	9.44	59.08	2.69	0.06	16.75	0.19	3.84	6.26	0.19	38.81	12.50	150.83	58.41	254.97	52.71	476.30	91.78	1663.57	10957.06	1.61	1163.61	27.29	1136.32	0.02	0.03	24.02
M0075-17	1102	15.84	62.76	0.90	0.02	1.33	0.19	3.65	9.40	0.25	60.26	21.51	253.49	93.07	390.53	78.89	678.14	127.06	2659.53	14138.08	0.72	1717.80	14.84	1702.96	0.01	0.02	2.10
M0075-18	437	4.53	62.61	2.09	2.94	12.08	0.91	5.15	4.19	0.89	18.22	7.37	87.83	33.28	157.27	34.99	354.60	73.81	1016.95	11732.30	1.23	793.52	26.17	767.36	0.03	0.27	1.79
M0075-19	339	5.97	65.53	1.15	0.02	3.33	0.07	2.10	5.53	0.12	31.60	10.86	133.06	50.21	219.84	44.56	400.43	78.41	1438.54	12081.34	0.85	979.74	11.18	968.56	0.01	0.02	12.64
M0075-20	447	12.78	64.44	0.99	0.03	7.41	0.08	2.15	4.64	0.51	22.26	7.56	89.75	34.15	155.45	33.55	320.90	65.92	1004.68	10809.92	0.50	744.35	14.82	729.53	0.02	0.13	24.86
M0075-21	1308	2.55	63.76	1.12	0.00	0.68	0.05	0.90	3.07	0.04	29.68	15.50	229.16	101.72	500.64	110.26	1033.80	201.86	3085.35	13740.01	1.10	2227.35	4.73	2222.62	0.00	0.01	4.69
M0075-22	202	13.21	65.32	0.81	0.00	9.91	0.07	2.34	3.19	1.10	14.77	5.35	62.75	24.76	120.80	27.73	284.83	63.43	779.00	8795.86	0.41	621.03	16.61	604.42	0.03	0.41	45.20

续表

元素	P	Ti	ZrO₂/%	Nb	La	Ce	Pr	Nd	Sm	Eu	Gd	Tb	Dy	Ho	Er	Tm	Yb	Lu	Y	Hf	Ta	ΣREE	LREE	HREE	LREE/HREE	δEu	δCe
MO075-23	1824	18.07	56.20	1.63	3.11	10.25	1.47	9.62	9.56	0.23	49.58	21.03	279.64	113.92	535.94	114.91	1056.06	204.03	3526.22	10677.01	1.07	2409.35	34.24	2375.11	0.01	0.03	1.17
MO075-24	945	6.55	63.62	2.24	0.17	10.02	0.33	4.23	11.43	0.08	63.71	22.94	278.04	105.66	467.79	94.49	828.35	155.09	3119.20	11863.81	1.34	2042.33	26.26	2016.06	0.01	0.01	7.77
MO075-25	2837	4.70	62.94	2.25	0.04	0.86	0.07	1.52	6.87	0.07	63.09	34.55	532.22	222.69	1099.07	250.25	2385.11	456.94	6879.13	13134.75	2.53	5053.33	9.42	5043.91	0.00	0.01	3.14
MO075-26	694	4.47	67.99	2.00	0.07	6.29	0.08	0.91	3.49	0.05	26.44	10.66	139.98	57.85	270.23	58.35	547.06	108.18	1751.63	13756.60	1.32	1229.64	10.89	1218.75	0.01	0.01	18.24
MO075-27	1075	5.05	62.95	1.54	0.00	1.82	0.00	0.47	3.08	0.11	27.22	13.30	191.92	78.94	377.94	80.90	745.78	144.00	2482.94	12779.30	1.23	1665.49	5.49	1660.00	0.00	0.03	395.59
MO075-28	258	13.81	65.88	1.73	0.01	14.06	0.12	1.76	3.02	1.66	21.46	7.51	99.05	42.16	209.19	49.47	514.14	115.93	1389.98	7717.94	0.58	1079.54	20.63	1058.91	0.02	0.46	35.39
MO075-29	1007	4.50	63.08	0.98	0.05	0.50	0.04	0.75	2.33	0.00	22.38	12.27	176.47	71.60	335.53	73.68	708.08	139.46	2282.63	14451.24	1.14	1543.13	3.67	1539.47	0.00	0.66	2.49
MO075-30	210	7.56	64.02	1.98	0.06	20.20	0.06	1.14	2.63	0.83	13.23	4.67	59.47	24.17	115.66	26.73	269.14	58.54	755.20	9027.45	0.62	596.54	24.92	571.63	0.04	0.35	75.92
MO066-1	332	4.95	65.29	3.91	0.02	22.88	0.07	1.91	4.76	0.53	30.04	10.99	139.33	55.09	253.40	52.53	484.95	96.66	1629.27	9289.10	1.16	1153.15	406.12	210.51	0.03	0.10	97.47
MO066-2	741	15.68	63.35	0.84	0.00	1.89	0.21	3.66	9.78	0.26	48.02	15.75	173.74	62.05	252.55	49.16	413.29	79.53	1816.93	12062.70	0.50	1109.91	820.62	253.32	0.01	0.03	2.76
MO066-3	657	15.01	62.45	0.73	0.01	1.68	0.05	2.08	4.97	0.16	32.13	11.27	137.42	52.87	233.71	48.06	429.15	84.91	1570.57	11093.11	0.44	1038.47	735.48	189.76	0.01	0.03	10.45
MO066-4	1101	5.27	62.34	0.85	0.02	0.72	0.01	0.78	3.39	0.11	30.31	14.54	208.53	87.88	417.60	89.36	811.12	156.78	2727.53	12915.40	0.73	1821.15	1169.42	258.39	0.00	0.02	13.21
MO066-5	1164	5.30	62.85	0.77	0.00	0.74	0.06	1.19	4.16	0.07	37.00	16.14	223.73	93.06	428.12	90.41	815.56	155.97	2854.85	12682.44	0.61	1866.22	1233.00	283.10	0.00	0.01	4.15
MO066-6	1382	5.08	64.39	1.36	0.01	0.66	0.05	0.65	3.43	0.09	32.66	17.46	264.76	115.52	573.89	127.08	1193.26	231.90	3538.54	13868.14	1.27	2561.39	1452.33	319.75	0.00	0.02	4.30
MO066-7	1038	4.11	64.77	0.92	0.00	0.56	0.03	0.59	2.45	0.00	24.47	11.98	180.40	79.34	400.21	89.58	857.87	168.66	2439.11	13811.77	1.10	1816.16	1107.65	220.47	0.00	0.65	4.69
MO066-8	840	74.20	63.81	1.90	0.10	4.65	0.12	1.41	2.61	0.12	22.17	10.37	150.83	64.64	318.27	72.43	698.51	141.55	1994.01	13157.69	1.21	1487.78	980.04	192.29	0.01	0.03	9.05
MO066-9	855	5.91	63.62	0.71	0.01	1.37	0.04	1.44	5.29	0.15	38.26	13.67	168.06	66.09	294.57	60.91	548.90	107.28	1954.99	11717.75	0.58	1306.03	925.54	228.28	0.01	0.02	8.59
MO066-10	1041	6.62	64.10	1.29	0.02	1.93	0.08	1.31	4.33	0.11	36.89	15.82	211.24	87.73	409.02	87.49	797.11	157.84	2678.29	12719.39	0.89	1810.91	1113.20	271.69	0.00	0.02	6.83
MO066-11	1322	5.43	65.47	1.31	0.01	0.82	0.03	0.88	3.88	0.05	37.97	18.21	263.17	112.48	537.61	115.09	1035.62	197.34	3441.87	13377.79	0.98	2323.14	1393.80	325.00	0.00	0.01	8.47
MO066-12	528	12.88	65.47	0.60	0.03	1.64	0.08	1.32	4.48	0.18	26.56	9.49	104.74	38.16	159.95	32.23	283.08	54.12	1130.71	12525.10	0.49	716.03	606.64	148.49	0.01	0.04	6.39
MO066-13	1103	13.69	64.24	0.96	0.03	1.73	0.13	2.61	7.34	0.02	47.47	18.17	226.88	88.08	391.81	79.56	706.12	134.74	2634.80	12028.47	0.57	1704.67	1181.66	304.34	0.01	0.00	3.76
MO066-14	1251	7.02	61.46	1.85	0.08	0.94	0.04	0.90	3.20	0.07	29.54	14.73	217.85	92.54	447.76	96.04	870.66	164.53	2881.36	12536.74	1.16	1938.87	1321.26	267.27	0.00	0.01	4.07
MO066-15	361	10.49	62.25	0.50	0.06	1.27	0.16	1.53	5.16	0.13	25.52	7.26	67.71	19.90	73.02	13.79	113.60	21.12	609.24	12353.52	0.34	350.23	433.97	108.75	0.02	0.03	2.10
MO066-16	113	1.19	62.29	0.77	0.00	0.40	0.01	0.52	0.58	0.00	3.62	1.27	16.93	7.16	37.49	9.96	111.73	26.77	226.07	17760.35	1.41	216.44	177.28	23.33	0.01	0.00	9.91
MO066-17	830	5.84	63.73	0.63	0.00	0.73	0.02	0.57	2.82	0.08	20.87	9.89	148.37	63.43	316.49	69.66	654.29	130.11	1936.53	13308.92	0.80	1417.34	899.94	183.35	0.00	0.02	10.13
MO066-18	631	4.45	64.82	0.97	0.01	0.55	0.05	0.60	2.94	0.12	26.59	10.48	122.30	39.49	147.87	27.47	224.20	38.76	1238.53	14164.41	0.90	641.44	701.05	163.64	0.01	0.03	3.13

续表

元素	P	Ti	ZrO₂/%	Nb	La	Ce	Pr	Nd	Sm	Eu	Gd	Tb	Dy	Ho	Er	Tm	Yb	Lu	Y	Hf	Ta	ΣREE	LREE	HREE	LREE/HREE	δEu	δCe
M066-19	1141	3.41	63.98	1.46	0.11	0.89	0.13	1.37	2.37	0.04	24.24	12.47	194.21	83.47	418.10	92.73	861.21	166.07	2616.84	13934.92	1.05	1857.40	1210.28	235.71	0.00	0.01	1.63
M066-20	1364	5.15	64.82	1.10	0.00	0.96	0.13	1.67	5.23	0.01	40.78	18.25	265.14	107.83	514.03	109.22	995.21	194.34	3266.35	13094.63	1.04	2252.81	1435.40	332.17	0.00	0.00	2.29
M066-21	143	3.21	63.95	0.97	0.00	31.86	0.10	2.16	4.57	1.73	20.57	6.98	79.85	30.03	138.65	30.96	303.52	64.69	907.96	11358.25	0.37	715.67	210.77	147.82	0.06	0.46	102.88
M066-22	493	3.83	63.97	2.43	0.03	13.73	0.02	0.66	1.92	0.16	14.72	6.89	97.47	38.03	175.01	38.80	379.13	75.51	1134.93	13874.41	2.01	842.07	563.13	135.57	0.02	0.07	150.35
M066-23	734	7.58	61.06	1.09	0.00	1.38	0.03	1.04	3.35	0.12	26.23	9.47	124.91	48.71	222.39	46.55	428.23	83.48	1529.50	10564.90	0.57	995.89	803.45	166.54	0.01	0.03	12.05
M066-24	396	4.93	61.29	2.24	0.03	10.16	0.00	0.36	1.60	0.08	12.99	5.20	73.13	29.75	142.64	32.81	328.93	65.71	972.12	11277.78	1.43	703.40	464.20	103.52	0.02	0.04	189.28
M066-25	938	7.14	61.98	0.86	0.00	0.59	0.00	0.56	2.82	0.02	24.87	12.06	174.37	73.22	351.01	73.97	659.97	128.18	2303.48	12054.75	0.61	1501.63	1007.67	215.29	0.00	0.01	46.56
M066-26	1404	7.41	64.55	0.86	0.05	1.07	0.06	1.63	4.14	0.10	35.34	17.79	252.33	106.62	509.35	109.05	976.09	187.50	3354.81	12729.67	0.71	2201.14	1476.97	312.47	0.03	0.02	3.89
M066-27	1835	1.54	63.94	1.67	0.04	0.62	0.05	0.86	4.42	0.03	43.34	24.43	364.77	147.15	665.20	139.47	1251.66	213.89	4783.19	13599.29	1.90	2855.95	1902.00	438.53	0.00	0.00	2.96
M066-28	833	6.74	65.15	0.63	0.00	0.89	0.07	0.93	4.17	0.08	29.94	12.41	160.68	64.19	298.70	64.58	568.01	111.89	1915.99	12380.69	0.49	1316.55	905.21	209.18	0.00	0.02	4.11
M066-29	1384	9.01	64.98	1.03	0.11	1.38	0.12	2.17	6.53	0.07	53.60	23.60	309.48	124.76	562.31	115.23	1013.83	189.36	3805.26	11685.19	0.71	2402.54	1458.67	396.95	0.00	0.01	2.60
M066-30	1059	7.03	61.66	1.62	0.00	6.02	0.10	1.05	4.65	0.26	39.47	17.45	234.18	92.01	421.11	86.68	762.69	144.51	2826.63	11776.71	0.96	1810.17	1129.70	303.18	0.01	0.04	19.46
M068-1	335	3.99	63.02	0.33	0.02	0.37	0.02	0.19	1.94	0.01	13.14	5.33	58.57	20.04	86.43	18.01	166.44	32.34	624.51	13240.25	0.28	402.84	402.38	79.56	0.00	0.00	4.08
M068-2	358	5.09	63.24	0.64	0.01	2.41	0.11	3.22	9.61	0.52	49.58	13.87	120.09	32.37	108.81	19.14	149.18	25.79	965.83	12479.09	0.45	534.73	427.10	199.43	0.03	0.06	6.27
M068-3	1287	5.92	60.97	0.86	0.00	1.03	0.09	1.76	6.30	0.09	46.07	20.63	277.45	110.82	497.19	101.31	877.48	161.51	3338.71	12010.16	0.61	2101.72	1354.40	353.41	0.00	0.01	3.66
M068-4	888	7.18	61.86	1.50	0.02	2.76	0.24	4.11	10.67	0.37	65.04	23.14	273.30	98.80	416.21	81.56	710.33	133.72	2901.26	11469.96	0.89	1820.23	958.57	379.62	0.00	0.03	3.57
M068-5	784	5.15	62.79	0.74	0.03	1.26	0.14	2.63	6.82	0.15	49.92	17.38	200.10	69.50	286.49	56.34	495.22	92.05	2060.67	12282.86	0.46	1278.01	853.15	278.41	0.01	0.02	2.73
M068-6	2005	5.51	60.65	2.06	0.10	1.89	0.12	1.63	5.41	0.14	49.08	24.81	366.74	149.71	700.83	149.32	1358.64	250.98	4582.69	12550.15	1.47	3059.39	2073.24	449.81	0.00	0.02	3.76
M068-7	1455	5.40	63.26	1.37	0.11	0.83	0.13	1.20	3.65	0.00	34.49	17.62	259.71	115.09	559.65	124.79	1151.17	226.53	3503.00	12863.80	1.17	2494.95	1525.11	317.62	0.01	0.66	1.44
M068-8	729	9.05	65.20	0.67	0.22	0.70	0.06	0.89	2.71	0.04	22.14	10.04	141.52	58.87	277.85	59.97	559.84	108.28	1758.16	13320.54	0.52	1242.90	803.89	178.10	0.00	0.01	3.51
M068-9	576	7.43	64.15	1.29	0.22	2.12	0.21	2.51	5.65	0.26	35.29	11.87	121.12	38.46	151.36	28.98	245.12	45.31	1177.49	12979.81	0.75	688.49	649.34	179.04	0.02	0.04	2.20
M068-10	1117	8.88	62.98	0.90	0.03	0.72	0.04	0.79	3.62	0.10	30.81	14.34	207.99	86.72	416.50	88.33	814.62	157.25	2678.96	12626.83	0.81	1821.86	1190.06	258.42	0.00	0.02	4.06
M068-11	231	4.29	61.19	1.60	0.02	2.76	0.10	2.60	6.38	0.43	29.88	8.92	92.17	30.04	117.78	23.44	203.39	38.70	848.20	12103.75	0.98	556.61	298.34	143.24	0.02	0.08	8.06
M068-12	1259	7.56	64.33	1.01	0.03	0.77	0.03	0.85	4.40	0.03	38.26	18.29	258.38	106.99	502.66	106.76	950.14	176.57	3219.67	13371.55	0.85	2164.15	1331.59	321.00	0.00	0.06	6.40
M068-13	605	6.70	64.35	1.17	0.01	2.06	0.12	1.36	4.24	0.10	30.85	11.41	152.03	59.66	269.41	56.03	502.23	96.74	1759.77	12417.61	0.85	1186.24	677.42	202.16	0.01	0.02	5.34
M068-14	883	8.93	65.44	0.79	0.03	0.75	0.01	0.66	3.24	0.01	25.92	12.58	173.31	73.84	344.58	73.06	656.93	125.34	2197.25	13384.64	0.51	1490.24	958.64	216.47	0.00	0.00	11.14

续表

元素	P	Ti	ZrO$_2$/%	Nb	La	Ce	Pr	Nd	Sm	Eu	Gd	Tb	Dy	Ho	Er	Tm	Yb	Lu	Y	Hf	Ta	ΣREE	LREE	HREE	LREE/HREE	δEu	δCe
M0068-15	1451	6.56	68.11	1.28	0.02	1.24	0.06	1.68	6.83	0.22	56.69	25.68	355.77	139.56	618.36	125.47	1068.55	194.32	4277.39	13903.91	0.84	2594.45	1526.63	448.18	0.00	0.02	6.05
M0068-16	599	10.07	63.55	0.67	0.02	0.89	0.08	1.24	2.94	0.03	21.17	8.69	113.27	45.33	206.80	43.61	392.78	75.66	1344.20	12967.54	0.54	912.51	673.56	148.32	0.01	0.01	3.19
M0068-17	622	346.15	60.61	4.03	0.30	8.74	0.37	5.67	9.36	0.15	52.26	18.32	217.37	81.40	357.32	72.72	638.97	119.96	2393.99	10136.55	1.36	1582.92	1032.97	312.25	0.02	0.02	5.54
M0068-18	955	9.45	62.41	2.01	0.12	5.45	0.26	4.51	10.63	0.23	67.66	24.45	291.74	106.25	456.78	90.57	785.72	146.36	3135.26	10908.86	1.10	1990.74	1029.21	404.93	0.01	0.02	5.50
M0068-19	1121	4.21	64.27	0.99	0.04	0.79	0.06	1.00	3.53	0.00	29.52	14.64	211.01	90.43	437.75	96.69	894.16	173.78	2756.36	13655.29	0.94	1953.38	1190.08	260.54	0.00	0.00	3.23
M0068-20	881	7.43	65.70	0.80	0.03	1.46	0.14	2.29	8.02	0.16	53.83	20.05	235.69	86.71	378.10	75.51	660.79	125.78	2560.00	13202.98	0.70	1648.56	955.15	321.64	0.01	0.02	2.98
M0068-21	1296	9.94	62.77	0.99	0.00	0.91	0.05	1.03	4.44	0.05	39.36	18.38	260.37	105.95	495.55	102.56	903.14	169.07	3213.22	12850.85	0.84	2100.86	1369.56	324.60	0.01	0.01	5.50
M0068-22	252	3.81	64.23	1.88	0.02	2.01	0.04	0.48	1.81	0.11	12.45	5.53	73.70	30.94	148.03	32.82	314.03	66.07	887.58	11797.80	1.26	688.03	322.10	96.12	0.01	0.05	13.90
M0068-23	251	16.54	64.34	3.64	0.07	15.38	0.10	1.41	4.02	0.32	30.40	11.16	141.48	55.64	253.27	52.44	473.37	93.39	1611.26	11512.82	1.64	1132.44	335.68	204.27	0.02	0.06	36.26
M0068-24	564	9.42	63.52	0.79	0.00	4.28	0.10	1.94	4.52	0.14	28.11	10.41	132.72	52.88	244.62	50.40	445.45	87.25	1565.65	12017.21	0.60	1062.83	638.22	182.23	0.01	0.03	13.39
M0068-25	422	5.38	65.35	1.16	0.04	2.32	0.08	1.35	3.73	0.12	22.91	8.37	95.78	34.28	144.55	28.74	252.69	49.43	1025.89	12063.45	0.84	644.39	493.75	134.66	0.01	0.03	7.40
M0068-26	471	5.86	63.57	0.87	0.00	2.56	0.12	1.90	6.49	0.33	40.12	13.55	141.05	46.68	187.65	35.80	307.82	57.60	1377.70	11683.64	0.52	841.68	541.56	206.13	0.00	0.05	6.67
M0068-28	1269	6.57	62.95	0.92	0.11	0.81	0.10	1.12	4.17	0.09	34.98	16.65	236.08	98.38	461.56	98.14	880.16	168.13	3018.86	12294.04	0.84	2000.47	1339.92	294.00	0.00	0.02	1.74
M0068-29	447	10.75	63.81	1.37	0.02	4.38	0.01	1.45	3.04	0.34	19.73	7.53	100.54	39.48	187.36	39.34	375.49	75.55	1172.35	10668.87	1.05	854.26	522.74	137.02	0.01	0.10	95.47
M0068-30	1428	6.26	63.24	1.34	0.05	0.81	0.05	0.94	3.79	0.11	35.13	17.70	257.64	108.47	520.37	112.65	1036.06	201.68	3311.19	12554.47	1.29	2295.42	1499.24	316.16	0.00	0.02	3.74
M062-3-01	751	4.51	59.56	0.58	0.04	0.53	0.03	0.52	1.92	0.03	18.29	8.42	128.76	56.17	275.74	60.46	551.42	109.23	1715.31	12730.88	0.63	1211.51	816.09	158.49	0.00	0.01	6.32
M062-3-02	791	4.78	58.63	0.63	0.00	0.47	0.01	0.56	1.92	0.03	19.37	9.11	141.17	60.22	293.80	63.79	585.88	116.63	1834.76	12728.01	0.54	1292.97	854.65	172.65	0.00	0.01	12.26
M062-3-03	551	7.58	59.55	0.79	0.00	3.76	0.09	1.91	4.33	0.75	30.94	11.77	141.44	51.48	222.49	45.49	396.11	78.04	1512.22	11718.84	0.56	988.59	618.82	194.98	0.00	0.15	13.69
M062-3-04	859	5.07	58.66	0.83	0.01	1.40	0.06	1.60	4.60	0.06	33.78	13.60	183.43	73.87	338.62	71.34	638.49	125.37	2170.41	12210.46	0.77	1486.23	923.18	238.53	0.01	0.01	7.17
M062-3-05	914	5.15	57.39	0.80	0.00	0.52	0.02	0.44	2.36	0.04	26.13	12.89	176.77	68.54	306.64	62.04	547.48	103.58	2132.89	12503.56	0.84	1307.44	977.71	219.16	0.00	0.01	7.75
M062-3-06	372	14.58	58.66	1.62	48.25	115.97	14.26	65.24	17.23	1.11	36.70	10.00	111.99	41.53	185.72	39.01	365.43	75.04	1198.83	9062.77	0.80	1127.48	495.02	372.50	0.30	0.13	1.07
M062-3-07	522	9.18	59.59	0.48	0.04	1.34	0.13	3.20	8.37	0.26	46.42	13.57	130.10	38.93	140.87	25.20	206.80	37.64	1116.63	11925.96	0.34	652.85	591.51	203.38	0.02	0.03	2.87
M062-3-08	694	28.73	58.08	0.69	0.25	1.84	0.15	1.97	4.35	0.07	31.08	10.74	132.56	50.83	226.59	45.63	413.22	81.72	1494.63	10972.98	0.45	1001.00	781.96	182.76	0.01	0.01	2.31
M062-3-09	915	16.57	56.20	1.97	0.02	0.64	0.06	0.83	4.78	0.13	37.23	15.92	188.81	60.29	229.73	43.46	373.37	69.06	1911.82	12775.68	1.33	1024.33	990.16	248.40	0.01	0.02	2.73
M062-3-10	368	9.95	58.17	1.38	0.07	1.27	0.05	1.00	1.74	0.24	11.16	4.48	58.31	22.05	99.37	21.06	198.53	40.04	701.40	13808.10	0.99	459.37	437.44	78.25	0.01	0.13	5.38
M062-3-11	375	5.37	56.85	0.82	0.04	2.03	0.16	2.65	6.59	0.27	38.98	11.86	111.29	29.73	98.92	16.33	127.44	22.10	901.76	11857.64	0.55	468.38	438.39	173.83	0.03	0.04	3.64

续表

元素	P	Ti	ZrO_2/%	Nb	La	Ce	Pr	Nd	Sm	Eu	Gd	Tb	Dy	Ho	Er	Tm	Yb	Lu	Y	Hf	Ta	ΣREE	LREE	HREE	LREE/HREE	δEu	δCe
M062-3-12	279	7.91	57.51	1.35	0.05	7.54	0.05	0.84	1.61	0.28	8.95	3.72	47.59	18.93	89.68	20.89	211.65	44.30	585.90	11283.58	0.87	456.07	345.93	70.57	0.02	0.18	32.43
M062-3-13	861	6.31	58.40	1.33	0.09	11.24	0.22	4.60	9.00	2.10	54.44	19.68	244.27	91.02	407.67	82.80	754.33	148.63	2670.54	10853.29	0.72	1830.10	926.86	345.55	0.02	0.22	13.82
M062-3-14	1089	113.35	56.33	2.35	0.24	2.72	0.21	2.94	6.38	0.46	38.30	15.61	212.57	86.60	405.12	86.24	797.37	158.05	2593.01	11861.30	2.08	1812.81	1261.10	279.19	0.01	0.07	2.72
M062-3-15	613	5.62	57.70	0.77	0.01	0.94	0.04	0.59	2.73	0.16	23.31	9.81	121.01	44.74	196.90	41.43	374.43	75.59	1312.41	12029.46	0.56	891.70	676.92	158.59	0.01	0.04	6.26
M062-3-16	312	6.42	57.85	2.12	0.00	14.99	0.05	1.80	3.81	0.56	22.13	7.54	91.44	35.21	156.72	32.21	297.24	60.34	1006.36	10163.85	1.24	724.04	378.73	142.32	0.03	0.15	98.95
M062-3-17	668	5.61	58.05	1.10	0.00	2.74	0.08	2.47	5.25	0.11	37.74	14.26	182.75	69.62	306.15	63.43	569.87	113.03	2018.26	10933.00	0.86	1367.51	732.70	245.40	0.01	0.02	10.13
M062-3-18	800	5.77	57.51	0.80	0.00	0.86	0.02	1.03	3.41	0.04	27.99	11.86	153.94	59.48	266.15	55.64	502.39	99.09	1774.31	12309.35	0.72	1181.91	863.63	199.16	0.00	0.01	14.50
M062-3-19	543	8.47	58.64	0.77	0.01	1.76	0.07	1.94	3.73	0.17	26.89	9.40	113.24	43.37	192.31	39.84	358.91	71.86	1222.64	11185.20	0.53	863.51	610.71	157.21	0.01	0.04	7.14
M062-3-20	852	5.76	58.16	0.56	0.00	0.49	0.06	0.47	2.81	0.07	26.33	11.58	153.53	60.75	278.38	59.12	548.23	108.42	1790.33	12978.09	0.66	1250.24	916.42	195.34	0.00	0.02	2.34
M062-3-21	879	7.00	57.83	1.60	0.04	4.52	0.07	2.25	5.60	0.26	40.99	16.66	219.20	85.68	392.98	81.42	720.32	142.04	2553.02	11322.27	0.76	1712.04	945.31	289.56	0.01	0.04	15.72
M062-3-22	402	7.51	59.08	0.56	0.01	1.07	0.07	1.24	3.99	0.17	25.90	9.29	111.11	41.09	176.76	35.14	310.57	60.80	1168.38	11463.17	0.36	777.20	469.11	152.83	0.01	0.04	4.74
M062-3-23	772	6.80	58.97	0.67	0.00	0.76	0.03	0.47	2.71	0.03	22.78	10.45	149.55	60.85	293.72	61.85	565.00	112.44	1857.15	12205.14	0.51	1280.63	838.92	186.78	0.00	0.01	8.82
M062-3-24	1206	7.95	57.76	2.44	0.07	4.32	0.65	11.66	23.88	0.64	118.89	34.67	364.23	124.65	517.97	101.12	879.53	169.61	3555.15	10655.03	1.44	2351.89	1274.41	558.93	0.02	0.03	1.99
M062-3-25	1039	4.41	58.38	1.70	0.72	3.25	0.26	2.21	2.84	0.26	21.17	11.05	168.45	72.24	364.01	84.33	805.96	159.30	2223.53	13237.28	1.79	1696.05	1104.71	209.49	0.01	0.07	1.85
M062-3-26	1290	5.94	57.41	2.84	0.05	2.83	0.11	2.33	6.98	0.06	50.50	21.48	288.19	111.54	497.01	101.02	948.76	162.99	3327.02	11584.54	1.19	2193.84	1356.57	372.48	0.01	0.01	6.64
M062-3-27	280	3.78	57.54	3.88	0.00	6.58	0.05	0.97	2.26	0.25	15.32	6.06	79.15	33.22	154.32	33.21	317.36	67.88	963.30	12484.56	2.67	716.63	345.52	110.63	0.01	0.10	43.68
M062-3-28	307	15.11	57.49	0.62	0.08	2.51	0.31	5.52	12.06	0.72	46.08	9.05	55.77	10.34	22.39	2.86	17.14	2.54	310.51	11157.06	0.32	187.38	380.61	132.01	0.13	0.08	2.27
M062-3-29	750	4.78	58.80	0.99	0.02	1.31	0.05	1.02	3.90	0.23	28.85	11.81	150.30	54.94	243.51	51.21	476.54	94.01	1631.19	12305.58	0.82	1117.71	814.78	197.48	0.01	0.05	6.56
M062-3-30	883	4.47	59.20	1.14	0.00	1.47	0.07	0.97	4.30	0.10	33.68	13.59	183.70	74.03	341.92	72.47	663.87	133.45	2152.90	12234.83	0.98	1523.62	948.19	237.88	0.00	0.02	6.19

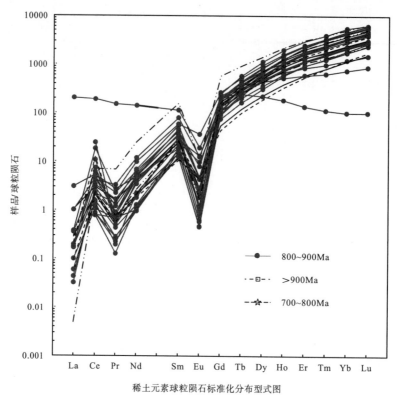

稀土元素球粒陨石标准化分布型式图

图 2-68　摩天岭 M066 钾长花岗岩中锆石稀土元素配分模式图

摩天岭 M063-1 中所有锆石 δEu＜1；δCe＞1，其中 M063-1-12、M063-1-21、M063-1-24、M063-1-26 等 4 个锆石，没有明显的 Ce 异常（δCe＜1.5）（图 2-66），但与其他锆石相比，LREE/HREE 较大，具有相对较多的轻稀土元素含量。

摩天岭 M075 辉绿岩中所有锆石 δEu＜1；δCe＞1，其中 M075-6、M075-10、M075-18、M075-23 等 4 个锆石，没有明显的 Ce 异常（δCe＜2）（图 2-67），但与其他锆石相比，LREE/HREE 相对较大，具有相对较多的轻稀土元素含量。

摩天岭 M066 钾长花岗岩所有锆石 δEu＜1；δCe＞1，其中 M066-2、M066-15、M066-19、M066-27、M066-29 等 5 个锆石，没有明显的 Ce 异常（δCe＜3）（图 2-68），M066-7、M066-21 等 2 个锆石，具有较弱的 Eu 异常（δEu＞0.4）。

摩天岭 M068 辉绿岩所有锆石 δEu＜1；δCe＞1，其中 M068-5、M068-7、M068-19、M068-9、M068-20、、M068-28 等 6 个锆石，没有明显的 Ce 异常（δCe＜3）（图 2-69），锆石 M068-7，具有较弱的 Eu 异常（δEu＞0.6）。

摩天岭 M062-3 细粒花岗岩所有锆石 δEu＜1；δCe＞1，其中 M062-3-6、M062-3-24、M062-3-25 等三个锆石，没有明显的 Ce 异常（δCe＜2）（图 2-70），但与其他锆石相比，LREE/HREE 较大，具有相对较多的轻稀土元素含量。其中锆石 M068-6 与其他锆石明显不同，具有相对较大的 LREE 含量（LREE/HREE＞0.3）；另外锆石 M068-28 也具有较大的 LREE/HREE 值（0.13），原因是 HREE 与其他锆石相比，含量相对较少。

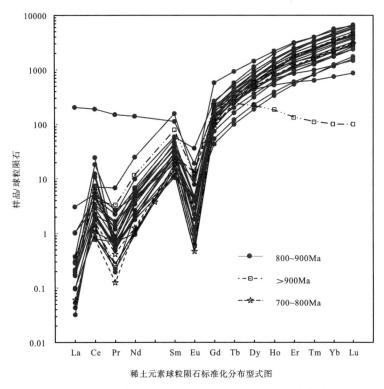

图 2-69　摩天岭 M068 辉绿岩中锆石稀土元素配分模式图

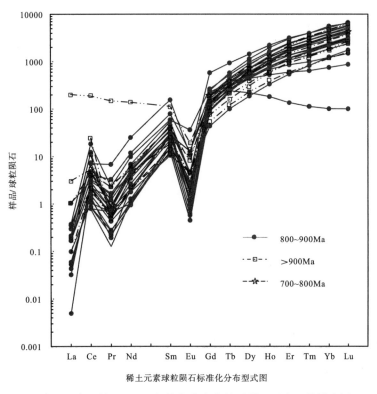

图 2-70　摩天岭 M062-3 细粒花岗岩中锆石稀土元素配分模式图

2.3.6　岩石年代学的地质意义讨论

通过对研究区摩天岭岩体、元宝山岩体中锆石的成因矿物学和同位素年代学研究，尤其是采用高精度的 LA-MC-ICP-MS 定年方法对岩体中的锆石进行了微区原位 U-Pb 年龄测定，获得对应的年龄值。结合野外露头上岩石的地质产状特征综合分析，可以得出以下结论。

摩天岭—元宝山研究区的岩浆作用是中国华南岩石圈减薄环境中大规模成岩成矿作用的一个重要组成部分。虽然华南地区岩浆岩形成的时间比较集中，其主要的产铀花岗岩体主要为印支期、燕山期和加里东期（张祖还等，1991；章崇真，1983；南京大学地质系，1981），但摩天岭—元宝山岩体与其他华南诸多岩体具有明显的成岩时差，摩天岭—元宝山研究区的岩浆岩活动在时间和空间上表现出显著的分区性和演化趋势。

LA-MC-ICP-MS 定年结果显示，本区锆石年龄具有多期特征，主要集中在 770～832Ma、85Ma 及 200Ma 左右等 3 个年龄段（表 2-14）。

表 2-14　广西摩天岭—元宝山地区锆石 LA-MC-ICP-MS U-Pb 年龄测定结果

编号	岩性	年龄/Ma	误差	测点数	备注
M015-1	细粒花岗岩	795.2	±2.8	17	达亮地区
		770	±4.6	5	
M016-1	云英岩	786	±14	13	
		85	±11	4	
M021-02	电英岩	741.8	±1.9	17	滚贝地区
M040	细粒花岗岩	782.5	±2.5	19	同乐地区
M062-3	细粒花岗岩	828	±12	22	新村地区
M063-1	钠长岩	797	±9	27	
M066	钾长花岗岩	830	±12	25	梓山坪地区
M068	辉绿岩	826	±11	27	
M075	辉绿岩	832	±12	22	达亮地区
Y007	细粒花岗岩	782.7	±5.0	8	元宝山地区
		84.1	±2.8	5	
		218	±15	2	
ZK2-10	中细粒黑云母花岗岩	782.9	±2.8	15	达亮地区

摩天岭—元宝山岩体是华南系列岩体中的典型代表，前人仅有的年代学资料为单矿物黑云母 K-Ar 年龄（377～411Ma）和全岩－单矿物 Rb-Sr 等时线年龄（845.2Ma）、Sm-Nb 等时线年龄（731Ma），锆石 U-Pb 年龄（849Ma、887.6Ma、760Ma）（陈毓川和毛景文，1995），锆石 U-Pb 年龄（795～830Ma）（李献华，1999），U-Pb 年龄（859Ma、822Ma、844Ma、824Ma、871Ma、969Ma、780Ma）（融水 10 万区域图，2011 年，未公开）。由

于 K-Ar 和 Rb-Sr 法等时线测年的封闭温度较低，存在本身的局限性，得到的年龄数据相对偏小，制约了对本区岩浆岩带中生代岩浆作用时空分布、构造演化以及地球动力学的认识。LA-MC-ICP-MS 锆石 U-Pb 同位素测年系统中，由于锆石不易受后期地质作用所扰动，且锆石中的 U-Pb 同位素体系有较高的封闭温度，其年龄更能精确地代表岩体的形成年龄。本次测定结果与前人相比，大部分是吻合的，说明测年方法是比较准确的，同时印证了摩天岭—元宝山岩体是多期多阶段的复式岩体，成岩跨度可能近 100Ma；另外，前人主要是对岩体进行的测年研究，并没有对铀矿区岩体进行过专门研究，由于所采集样品为矿区和近矿区岩体样品，因此对研究与本区铀矿成矿相关的岩体具有重要的代表意义。

摩天岭岩体中梓山坪和达亮矿区所出露辉绿岩脉锆石 U-Pb 测年结果 826~832Ma 显示，摩天岭岩体中辉绿岩脉年龄与前人所测桂北四堡群中的基性岩脉/岩席的 SHRIMP 锆石 U-Pb 年龄(828±7Ma)误差范围内一致，且与澳大利亚 Gairdner 地幔柱成因的岩墙群(827±6Ma)年龄一致(Li Z X et al，1999；李献华等，2001)，Z. X. Li 等(1999)认为本区花岗岩与 828Ma 的基性岩在时空上密切共生，而将本区岩体解释成是由于地幔柱活动导致地壳重熔所致，是泥质变质沉积岩重熔形成的岩浆混染少量幔源岩浆形成的。显然，本书研究获得的高精度的 LA-MC-ICP-MS 年龄数据为这些推论提供了进一步的证据。本研究认为，本书所测的摩天岭—元宝山岩体是地壳重熔所致的 S 型花岗岩，但是否是地幔柱活动或板块俯冲作用有待进一步研究；岩体中辉绿岩脉可能是少数幔源岩浆侵入到地壳浅部形成，与前人所论四堡群中约 825Ma 的基性岩墙/岩席(李献华等，2001)属于同源同时代的产物。

元宝山岩体的年龄跨度也较大，U-Pb 年龄(884Ma、768Ma)(陈毓川和毛景文，1995)，锆石 U-Pb 同位素(824Ma)(李献华等，1999)；元宝山岩体也是一个大型复式岩体，根据本书采样情况，采样点细粒花岗岩，位于岩体东缘，应该属于前人所论乌云岭岩体，那么所测年龄(782.7±5.0Ma)应该代表的是元宝山复式岩体边缘相对较新的一次结晶成岩作用年龄，因此元宝山复式岩体的成岩年龄可能是(782~824Ma)。与元宝山岩体相比，摩天岭岩体形成时代基本一致，且作为复式岩体，二者所发生的后期岩浆结晶成岩阶段和年龄基本相同。

本书测试结果与已经发表的湖北黄陵岩体、云南峨山、江西九岭、安徽许村及前人有关广西三防、本洞和元宝山岩体等花岗岩的高精度锆石 U-Pb 年龄一致(表 2-15)，且基本属于 S 型花岗岩，表明在自 830Ma 开始的新元古代晋宁期，扬子克拉通在较大范围内的广大区域内几乎同时发生了广泛的地壳重熔事件，该地壳重熔事件一直阶段性延续至大约 770Ma 才逐渐停止。

表 2-15　摩天岭—元宝山岩体年龄与扬子块体花岗岩对比表

岩体或矿区	主体岩性	成因类型*	年龄/Ma	分析方法	数据来源
广西本洞岩体	黑云母花岗闪长岩	S型/CPG	819±09	SHRIMP 锆石 U-Pb	李献华等，1999
广西三防岩体	淡色花岗岩	S型/MPG	826±10	颗粒锆石 U-Pb	李献华等，1999
广西元宝山岩体	淡色花岗岩	S型/MPG	824±04	颗粒锆石 U-Pb	李献华等，1999

续表

岩体或矿区	主体岩性	成因类型*	年龄/Ma	分析方法	数据来源
云南峨山岩体	黑云母钾长花岗岩	I型/KCG	818±10	SHRIMP锆石U-Pb	李献华等，2001
江西九岭岩体	董青石花岗闪长岩	S型/CPG	818±10	SHRIMP锆石U-Pb	李献华等，2001
安徽许村岩体	董青石花岗闪长岩	S型/CPG	829±11	SHRIMP锆石U-Pb	李献华等，2001
元宝山地区	细粒花岗岩	S型	782.7±05	LA-MC-ICP-MS锆石U-Pb	本书
同乐地区	细粒花岗岩	S型	782.5±2.5	LA-MC-ICP-MS锆石U-Pb	本书
达亮地区	细粒花岗岩	S型	795.2±2.8	LA-MC-ICP-MS锆石U-Pb	本书
达亮地区	细粒花岗岩	S型	770±4.6	LA-MC-ICP-MS锆石U-Pb	本书
达亮地区	云英岩		786±14	LA-MC-ICP-MS锆石U-Pb	本书
新村地区	细粒花岗岩	S型	828±12	LA-MC-ICP-MS锆石U-Pb	本文
新村矿区	钠长岩		797±9	LA-MC-ICP-MS锆石U-Pb	本书
梓山坪地区	钾长花岗岩	S型	830±11	LA-MC-ICP-MS锆石U-Pb	本书
豆乍山花岗岩	二云母二长花岗岩	S型	228±11	SHRIMP锆石U-Pb	谢晓华等，2008

＊注：成因类型中的Ⅰ型和S型采用Chappell和White(1992)的分类方案；MPG、KCG、CPG等采用的是Barbarin(1999)的分类方案

与临近的南岭地区苗儿山复式花岗岩岩体(228±11Ma)(谢晓华等，2008)相比，摩天岭岩体形成较早；实际上，与华南地区大部分岩浆岩形成时段为加里东期花岗岩为主，伴有许多印支期及燕山期的花岗岩体(张祖还等，1991；谢晓华等，2008；石少华等，2010)相比，摩天岭—元宝山岩体成岩时代特殊——形成于新元古代早中期，与晋宁期构造运动密切相关。

图 2-71～图 2-73 为广西摩天岭—元宝山研究区岩体中锆石及中酸性岩、基性岩锆石年龄频率分布图，年龄值主要集中于800Ma左右的年龄段，分布较为集中，代表的是岩体的成岩年龄；还可见 200Ma、80Ma 及其他的一些年龄值分布，代表的是本区后期构造和热液活动在岩体中的证据；另外，可见 900～1600Ma 的一些年龄值分布，代表的是继承性锆石的年龄。

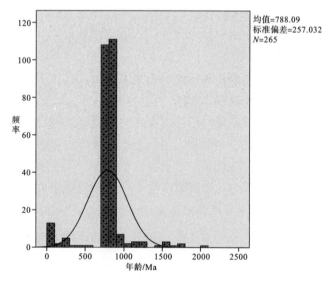

图 2-71　摩天岭锆石年龄频率分布图

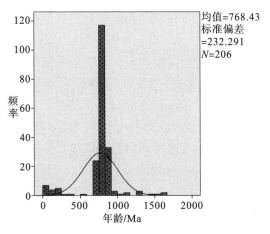

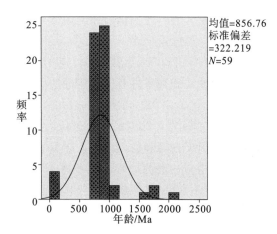

图 2-72　摩天岭中酸性岩锆石年龄频率分布图　　　图 2-73　摩天岭基性岩锆石年龄频率分布图

　　结合已有研究，本区花岗岩具有 S 型花岗岩的特征及其成因可能是地壳重熔作用的产物、而辉绿岩具有板内玄武岩的地球化学特征的研究，进一步证实本区岩体的形成是先存大陆壳物质在新元古代(约 800Ma)发生深俯冲作用的产物。

　　通过对广西摩天岭—元宝山研究区岩体中锆石的成因矿物学和同位素年代学研究，尤其是采用高精度的 LA-MC-ICP-MS 定年方法对细粒花岗岩、钾长花岗岩、中细粒黑云母花岗岩、辉绿岩等岩体中的锆石进行了微区原位 U-Pb 年龄测定，结果如下(表 2-14)：①获得其峰期年龄值为 750~832Ma；峰期变质年龄值为 85Ma 左右，表明其是燕山晚期晚白垩世的产物。②达亮地区酸性岩成岩年龄为 782~792Ma；而基性岩略早，综合分析为 832±47Ma。③梓山坪地区酸性岩和基性岩成岩年龄值 826~830 Ma；④新村地区酸性岩成岩年龄值 797~828Ma，时间跨度较大。

　　广西摩天岭—元宝山研究区岩体锆石 Th/U 值基本>0.1，变化于 0.1~1.5，多数为 0.30~1.20，展示出岩浆锆石 U、Th 成分特征，且 Th 和 U 含量之间具有明显的正相关关系(图 2-74)。锆石的 CL 特征是其内部元素分布规律的外在表现，结合 CL 成像结晶环带和 Th/U 值特征同样表明本次测试的锆石为岩浆成因。

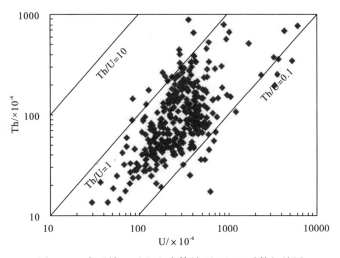

图 2-74　摩天岭—元宝山岩体锆石 Th-U 对数相关图

关于摩天岭—元宝山岩体的成因，前人研究存在较大争议。一种解释认为它们与本区的镁铁—超镁铁质岩呈双峰式，是（超级）地幔柱活动的产物（葛文春等，2001；Li Z X et al.，1999，2003；李献华等，2001，2008）；另一种观点认为其形成与华夏—扬子板块间的俯冲、碰撞事件有关，俯冲造山运动可能持续到 0.74Ga 或更晚（徐夕生等，1992；Li Z X et al.，2002；李献华，1998，1999；邱检生等，2002；王孝磊等，2006；Zhao and zhou，2007a，2007b；Zhao et al.，2008）。结合以下原因，本书研究认为本区岩体的形成归因于碰撞和造山事件：①元素地球化学特征显示本区花岗岩具有碰撞造山的成因特征；②与一般的地幔上涌事件不同，地幔柱岩浆活动具瞬时性（在 1~5Ma 内快速喷发），规模非常巨大（形成的玄武岩的面积可达数十万平方千米），所产生的岩浆岩以镁铁质为主，而这有悖于本区情况，本区镁铁－超镁铁质岩的出露面积总共只有大约 100km^2，且它们都具明显的弧岩浆特征（王孝磊等，2006；赵子杰等，1987）；③本区大量 S 型花岗岩分布，是碰撞造山的标志之一。

在前寒武时期，本区属于江南造山带的重要组成部分，岩体的形成与江南造山带的活动密切相关，本书在综合研究的基础上，结合前人的研究成果，试图将江南造山带活动期进行了进一步细分。

前人通过研究认为，华夏和扬子板块间的主碰撞发生在约 870~850Ma（舒良树等，1995；Zhao G C and Cawood P A，1999），后碰撞阶段发生在约 835~800Ma，在该阶段，俯冲的岩石圈拆沉，深部地幔物质沿拆沉所留下的空隙上涌，带来的热和由于拆沉所引起的拉张导致了上覆岩石圈和陆壳发生部分熔融，产生了桂北地区这些新元古代的 S 型花岗岩和少量的镁铁-超镁铁质岩（王孝磊等，2006）。参考近年来全球性碰撞造山理论新研究成果，特别是将碰撞造山过程分为主碰撞、晚碰撞和后碰撞 3 个阶段（侯增谦等，2006），本书提出将研究区划分为主碰撞（870~850Ma）、晚碰撞（835~790Ma）和后碰撞（789~770Ma）等 3 个阶段。江南造山带划分为主碰撞（870~850Ma）（舒良树等，1995；Zhao G C and Cawood P A，1999）、晚碰撞（835~800Ma）（王孝磊等，2006）在前人的论著中已有较多描述，在此不再赘述。

主碰撞（870~850Ma）期间发生的碰撞导致了四堡群近东西向的褶皱和高压兰片岩的产生（王孝磊等，2006），但并没有产生大规模岩体的形成、侵位和出露。本书样品中 M015-1、M066、M068、M075 是晚碰撞（835~790Ma）的产物，期间表现在本区 S 型花岗岩和镁铁质岩以及出现的辉绿岩脉，该阶段是本区摩天岭—元宝山岩体的主成岩期；而后碰撞（789~740Ma）主要发生于晚碰撞结束 790Ma 之后的约 50Ma 中，本书样品 M015-1 细粒花岗岩、M016-1 云英岩、M021-02 电英岩、M040 细粒花岗岩、Y007 细粒花岗岩、ZK2-10 中细粒黑云母花岗岩是后碰撞（789~740Ma）产物，表现在本区细粒花岗岩的形成，后期云英岩和电英岩等岩浆期后脉体的就位和形成，该阶段是本区摩天岭—元宝山主岩体中较小规模的岩体和脉体的成岩期。当然，三个碰撞阶段的划分节点需要进一步的年龄学证据、划分依据需要江南造山带在其他地区的有利证据，这些都是今后工作和努力的方向。

2.4　岩体地球化学特征

采用的分析测试数据主要来自本书实测，部分数据来自来志庆(2009)资料(表 2-16)。

2.4.1　主量元素地球化学特征

摩天岭岩体的主量元素化学组成变化特征如图 2-75 所示。

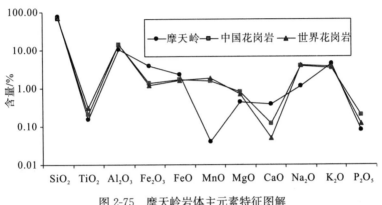

图 2-75　摩天岭岩体主元素特征图解

从图 2-75 可以看出，与中国花岗岩和世界花岗岩平均水平相比，摩天岭岩体的 Si、Ti、Al、K、P 含量与中国花岗岩和世界花岗岩相当；Mn 和 Na 的含量明显低于中国花岗岩和世界花岗岩的平均水平，Mg 含量比后两者略低；Ca 含量和 Fe 含量，尤其是高价 Fe 的含量明显高于中国花岗岩和世界花岗岩。表明摩天岭岩体为高 Fe、Ca，低 Mn、Na 花岗岩。

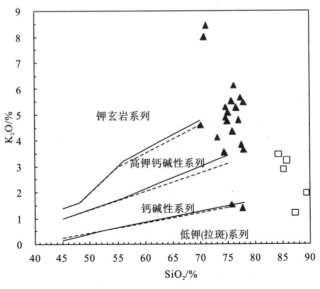

图 2-76　摩天岭岩体主元素 SiO_2-K_2O 图解

▲-正常花岗岩；□-硅化岩

表2-16　摩天岭岩体主元素化学成分表

单位：%

数据来源	样品编号	SiO₂	TiO₂	Al₂O₃	Fe₂O₃	FeO	MnO	MgO	CaO	Na₂O	K₂O	P₂O₅
本书	M002	77.45	0.19	9.93	5.1	3.95	0.072	0.29	0.29	1.52	3.86	0.092
	M004	77.92	0.043	10.68	2.94	2.55	0.043	0.16	0.37	2.06	5.46	0.052
	M005-1	71.24	0.18	14.14	3.46	2.4	0.036	0.64	0.19	0.25	8.43	0.05
	M005-3	77.31	0.17	10.63	3.51	2.75	0.035	0.56	0.19	0.2	5.64	0.076
	M007-1	70.05	0.36	14.74	5.47	2.15	0.042	1.23	0.094	0.1	4.59	0.11
	M009	85.65	0.12	6.77	2.69	2	0.034	0.29	0.059	0.093	3.23	0.037
	M010-1	75.84	0.27	11.02	5.08	3.05	0.051	0.89	0.13	0.11	4.34	0.063
	M011	74.68	0.045	12.59	2.06	1.25	0.022	0.43	0.77	2.52	5.3	0.09
	M021-3	77.69	0.22	10.29	6.28	2.8	0.059	0.52	0.65	1.36	1.42	0.14
	M024	77.84	0.25	10.51	3.7	2	0.039	0.26	0.3	1.84	3.64	0.046
	M025	73.22	0.27	12.21	4.35	3.5	0.065	0.36	1.51	2.59	4.12	0.12
	M027-1	76.09	0.15	11.98	2.84	2.1	0.02	0.5	0.24	0.12	6.13	0.056
	M027-2	85.21	0.067	7.85	2.06	1.6	0.025	0.38	0.33	0.076	2.89	0.019
	M027-3	84.24	0.12	8.59	1.76	1.2	0.014	0.41	0.28	0.093	3.46	0.07
	M027-5	89.31	0.039	4.42	2.67	1.75	0.035	0.22	0.5	0.072	1.98	0.033
	M028	74.73	0.12	11.2	4.48	3	0.055	0.37	0.62	1.98	4.89	0.11
	M036	75.02	0.21	12.19	2.81	1.85	0.051	0.34	0.87	2.35	5.08	0.14
	M037-2	74.47	0.27	11.89	6.24	3.35	0.06	0.5	0.15	0.14	3.56	0.094
	M040	75.75	0.1	10.86	4.71	3.95	0.048	0.29	0.28	2	5.53	0.076
	M043	75.7	0.1	3.28	12.96	3	0.018	0.35	0.057	0.074	1.52	0.096
	M044	70.73	0.086	14.86	2.44	1.6	0.026	0.32	0.17	1.92	8	0.076
	M045-3	87.22	0.14	5	3.05	1.05	0.02	0.85	0.32	0.18	1.21	0.037
	M023-1	76.59	0.14	11.03	2.94	2	0.042	0.48	0.14	1.81	5.27	0.071
	M033-2	76.97	0.081	11.23	2.64	1.8	0.041	0.14	0.51	2.66	4.79	0.16
来志庆		75	0.082	12.77	0.91	1.12	0.066	0.12	0.52	2.95	4.74	0.141
	摩天岭平均值	77.44	0.153	10.43	3.89	2.31	0.041	0.44	0.38	1.163	4.36	0.082
	中国花岗岩	71.99	0.21	13.86	1.37	1.7	1.55	0.81	0.12	3.81	3.42	0.2
	世界花岗岩	71.3	0.31	14.32	1.21	1.64	1.84	0.71	0.05	4.07	3.66	0.12

* 注：中国花岗岩据黎彤（1995）；世界花岗岩据刘英俊等（1987）

　　主量元素 SiO_2-K_2O 图解(图 2-76)显示,岩体投点主要落在高钾钙碱性系列区域,表明摩天岭岩体属于高钾钙碱性花岗岩。个别投点较为分散,值得注意的是岩体内的硅化花岗岩样品投点,呈向低钾区域偏移的趋势,可能是由于硅化过程中伴随着钾的带出而造成的。

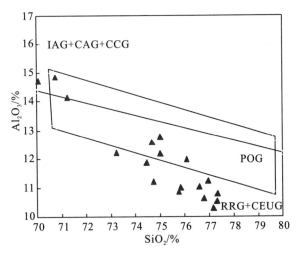

图 2-77　摩天岭花岗岩体 SiO_2-Al_2O_3 图解

　　根据 Maniar 等(1989)的 SiO_2-Al_2O_3 图解(图 2-77),可以看出样品的投点比较分散,分布于两个区域,包括 POG 区(造山后花岗岩区)和 RRG+CEUG 区域(与裂谷有关的花岗岩+陆内造陆隆起花岗岩),可能反映了摩天岭岩体在构造成因上兼有以上三种特征环境。张桂林(2004)和来志庆(2009)的研究均显示摩天岭岩体属于后造山(后碰撞)花岗岩体,但未显示具有陆内造陆隆起花岗岩或与裂谷有关的花岗岩的特征。

　　将常量组分进行~SiO_2 双变量投图,结果见图 2-78。可以看出,整个岩体的 Si 与 P、Fe、Al 具有一定的相关系,两者呈负相关关系。

　　图 2-79 为摩天岭—元宝山地区岩浆岩硅-碱分类图,从中可以看出,研究区岩石主要属于花岗岩类别。

　　图 2-80 反映出摩天岭—元宝山地区不同类型的岩石,K、Na 分异程度均较高,岩石中钾含量较高。结合野外地质调查成果和岩石的光性矿物学特征研究,认为这可能主要是由于区域上广泛发育的碱交代(钾交代)蚀变作用引起的。钾交代的过程中岩石吸钾排钠,致使岩体中广泛发育蠕虫状石英这一特殊的成因矿物。岩石完成钾交代以后,钠质组分被排除,集中于硅化带边缘分布,形成沿硅化断裂带边缘分布的钠长石脉体。

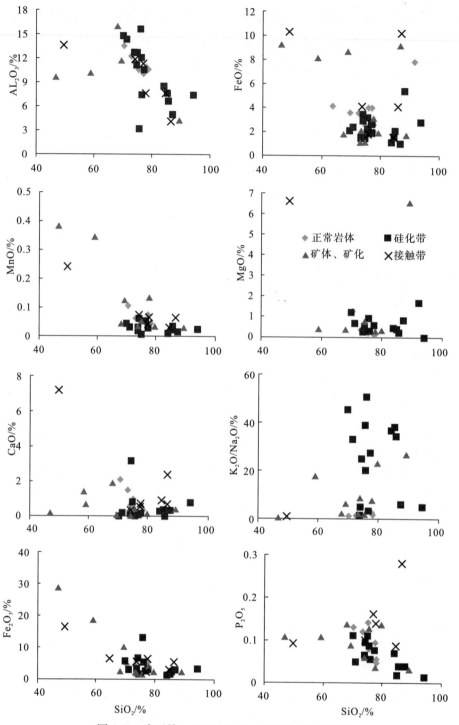

图 2-78 摩天岭—元宝山地区～SiO₂双变量投影图

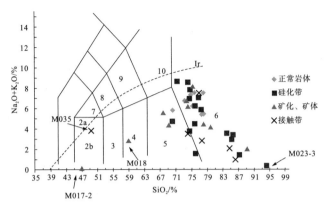

图 2-79　摩天岭—元宝山地区岩浆岩类碱－硅(TAS)分类图

2a-碱性辉长岩，2b-亚碱性辉长岩，3-辉长闪长岩，4-闪长岩，5-花岗闪长岩，6-花岗岩，7-二长辉长岩，8-二长闪长岩，9-二长岩，10-石英二长岩

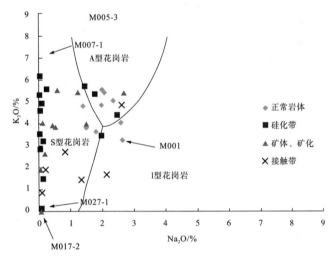

图 2-80　摩天岭—元宝山地区 Na₂O-K₂O 二元图解

根据图 2-81 可以看出，摩天岭—元宝山地区花岗质岩石均属过铝质类型。

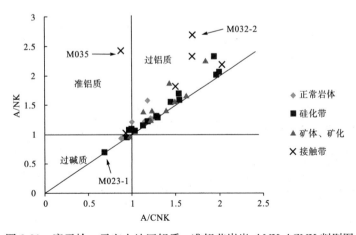

图 2-81　摩天岭—元宝山地区铝质－准铝花岗岩 ANK-ACNK 判别图

2.4.2 微量元素地球化学特征

摩天岭岩体的微量元素和稀土元素的数据见表2-17、表2-18。

表 2-17 摩天岭岩体微量元素成分表 单位：$\times 10^{-6}$

样品编号	Sr	Rb	Ba	Th	Zr	Hf	Ta	Yb	Sm	Ce	Y	Nb
M034	36.4	138	454	13.2	232	5.78	1.09	3.17	5.12	62.6	28.5	14.2
M038-1	42.3	233	313	14.4	76.6	2.49	1.09	2.36	2.87	40.6	23.9	10.1
M042	33.7	242	160	11.6	90.3	3.01	1.2	3.02	5.59	64	32.9	9.56
M027-3	25.7	218	108	6.18	38.4	1.3	0.617	1.07	2.46	27	12.4	4.7
M029-4	74.1	173	383	15.6	107	3.26	1	3.46	3.94	46.5	36	10.2
M038-2	27.4	239	145	19	87.5	2.87	1.62	2.9	4.06	36.3	27.6	12.9
M043	40.8	128	114	3.44	60.6	1.85	0.583	1.59	1.91	22.3	15.4	5.57
M029-1	86.5	313	561	12.2	74.4	2.28	0.854	2.98	6.41	52.5	36.5	8
M030	54.5	186	412	12.3	229	6.68	0.927	4	3.48	28.7	33.5	11.1
M038-5	64.6	268	294	12.6	72.8	2.53	0.936	2.54	4.23	36.7	28.5	6.95
M027-1	20.8	383	131	13.1	82.8	2.78	1.51	1.98	2.93	26	25.3	9.42
M044	49.5	327	589	12.6	71.7	2.9	1.2	1.12	3.06	29	18.1	5.75
M029-2	20.3	356	20.7	16.4	117	4.01	1.57	3.37	4.84	31	40	10.2
M032-2	13.2	416	28.7	11.2	93.2	4.06	3.62	1.54	2.34	17.1	20.5	11.5
M028	18.8	244	77.6	14.9	88.5	3.2	1.46	2.48	3.94	32.5	28.1	10.4
M040	19.7	370	24	16.2	129	4.78	1.8	3.88	2.76	15	28	8.19
M041	16.1	294	170	13.6	92.9	3.11	1.36	2.25	4.16	39.6	21.9	7.36
M066	21.8	325	68.8	12.1	89.6	3.11	1.43	2.51	2.04	25.7	23.6	9.05
M071	9.48	372	23.8	12.6	100	4.58	2.54	2.92	1.49	13.2	20.2	8.6
M079	19.5	293	110	14.2	118	4.74	1.51	3.28	3.55	21.4	24.5	8.4

表 2-18 摩天岭岩体稀土元素成分表 单位：$\times 10^{-6}$

样品编号	La	Ce	Pr	Nd	Sm	Eu	Gd	Tb	Dy	Ho	Er	Tm	Yb	Lu
M034	29.9	62.6	6.69	25.7	5.12	1.14	4.84	0.919	5.24	1.04	3.15	0.347	3.17	0.487
M038-1	13.4	40.6	3.17	11.9	2.87	0.416	2.79	1.33	4.4	0.851	2.32	0.315	2.36	0.324
M042	31.4	64	7.7	28.1	5.59	0.514	4.67	0.923	5.55	1.08	3.21	0.409	3.02	0.436
M027-3	13.3	27	2.98	11.1	2.46	0.208	1.99	0.414	2.31	0.415	1.14	0.164	1.07	0.138
M029-4	15.8	46.5	4.2	16.7	3.94	0.545	4.16	0.969	6.2	1.26	3.96	0.488	3.46	0.485
M038-2	20	36.3	4.71	18.1	4.06	0.363	3.79	0.816	5.04	0.959	2.61	0.392	2.9	0.434
M043	11.4	22.3	2.58	9.41	1.91	0.25	1.95	0.416	2.69	0.583	1.39	0.254	1.59	0.231
M029-1	28	52.5	7.43	26.6	6.41	0.952	5.83	1.22	7.4	1.33	3.37	0.527	2.98	0.402
M030	18.8	28.7	3.96	15.3	3.48	0.795	3.95	0.852	5.7	1.23	3.19	0.6	4	0.629
M038-5	18.1	36.7	4.45	16.1	4.23	0.571	4.22	0.904	5.14	0.969	3.03	0.435	2.54	0.328
M027-1	12.9	26	3.37	12.1	2.93	0.25	3.1	0.74	4.43	0.811	2.47	0.327	1.98	0.237
M044	13.9	29	3.23	11.6	3.06	0.67	2.89	0.557	3.01	0.49	1.3	0.172	1.12	0.131
M029-2	19.7	31	5.17	18.6	4.84	0.186	4.99	1.22	7.36	1.32	4.06	0.579	3.37	0.418
M032-2	7.13	17.1	2.01	7.03	2.34	0.083	2.36	0.61	3.85	0.652	1.87	0.258	1.54	0.177
M028	15.5	32.5	3.69	14.1	3.94	0.285	4.15	0.955	5.47	1.01	2.81	0.405	2.48	0.338
M040	9.19	15	2.47	8.93	2.76	0.115	2.8	0.779	5.35	1.07	3.34	0.58	3.88	0.549
M041	18.9	39.6	4.61	17.3	4.16	0.37	3.41	0.734	4.24	0.87	2.52	0.373	2.25	0.347
M066	5.59	25.7	1.49	5.67	2.04	0.138	2.28	0.657	4.36	0.858	2.58	0.41	2.51	0.359
M071	6.36	13.2	1.54	4.6	1.49	0.049	1.52	0.509	3.57	0.73	2.25	0.429	2.92	0.438
M079	14.7	21.4	3.54	12.5	3.55	0.17	3.56	0.987	5.93	1.01	3.04	0.506	3.28	0.44

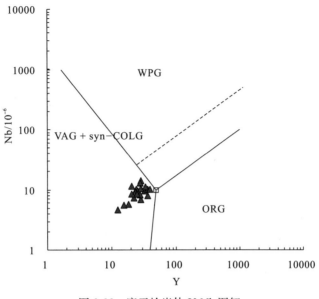

图 2-82　摩天岭岩体 Y-Nb 图解

从摩天岭岩体 Y-Nb 图解(图 2-82)中可以看出,投点全部落于火山弧花岗岩(VAG)和同碰撞花岗岩(syn-COLG)区域。为了进一步区分构造环境,继续使用 Rb-Yb+Ta 图解(图 2-83)、Yb-Ta 图解(图 2-84)和 Rb-Hf-Ta 图解(图 2-85),结果显示落于两个区域的样品都有,表明摩天岭岩体具有火山弧花岗岩和同碰撞花岗岩的双重属性。

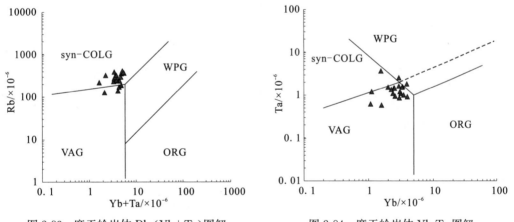

图 2-83　摩天岭岩体 Rb-(Yb+Ta)图解　　　　　　图 2-84　摩天岭岩体 Yb-Ta 图解

摩天岭岩体的稀土元素球粒陨石标准化配分模式图(图 2-86)具有极强的规律性。曲线还显示强烈的 Eu 负异常,反映了形成它们的花岗质熔体经历了高度的结晶分异作用。Ce 异常特征不明显。

摩天岭岩体微量元素蛛网图如图 2-87 所示,这里选择 Sr、K、Rb、Ba、Th、Ta、Nb、Ce、P、Zr、Hf、Ti、Y 和 Yb 作为研究组(其中 K、P、Ti 仅做参考),结果显示 Sr、Ba 呈强烈亏损,Rb 高度富集,Nb 呈弱富集状态。Sr 和 Ba 的亏损可能是由于长石结晶的缘故。母岩浆演化早期,基性矿物较早结晶,酸性矿物晚结晶,而长石这种矿物从岩浆演化的基性至酸性的阶段过程中都有结晶,长石在结晶过程中 Sr 和 Ba 可以作为

Ca 的类质同相被置换,因此早期长石结晶消耗了母岩浆中大部分的 Sr 和 Ba,致使晚期酸性岩浆中贫 Sr、Ba。同时蛛网曲线还显示,从左至右随着元素不相容性的减弱,元素含量逐渐降低,这是花岗岩的典型规律。

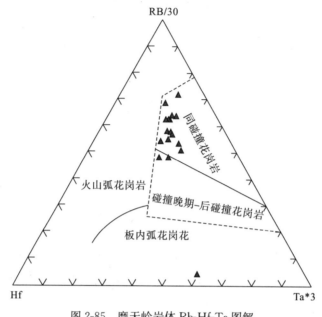

图 2-85   摩天岭岩体 Rb-Hf-Ta 图解

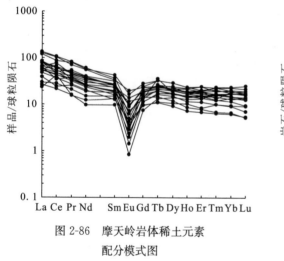

图 2-86   摩天岭岩体稀土元素
配分模式图

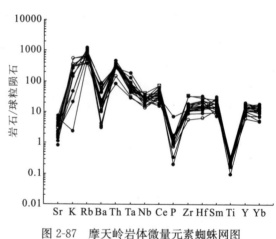

图 2-87   摩天岭岩体微量元素蛛网图

2.5 岩体含铀性分析

桂北摩天岭—元宝山地区铀矿分布较多,有良好的铀矿成矿条件。

摩天岭岩体铀含量背景值,自 20 世纪 70 年代以来各类报告、论文,引用数据有一定出入平均数从 22×10^{-6} 到 7.1×10^{-6}(20 世纪 70 年代还有 34×10^{-6} 的报道),但较多使用的有 8.17×10^{-6},南京大学 1991 年出版的研究报告采用的是 9.23×10^{-6}。Th/U 值一般小于

1.8。摩天岭岩体铀含量不均匀，在岩体东南部达 $10 \times 10^{-6} \sim 18 \times 10^{-6}$，而岩体中部包括新村一带只有 $4 \times 10^{-6} \sim 5 \times 10^{-6}$。元宝山岩体中，粗粒花岗岩中 U 含量 12×10^{-6}，Th 含量 11×10^{-6}；中粒花岗岩中 U 含量 11.8×10^{-6}，Th 含量 13.0×10^{-6}；细粒花岗岩 U 含量 8.5×10^{-6}，Th 含量 10.4×10^{-6}。

可见，摩天岭岩体和元宝山岩体铀含量远高于地壳丰度，也高于花岗岩平均值。

2.6 摩天岭岩体与华南含铀花岗岩的对比

结合前人研究资料，综合整理摩天岭岩体同华南产铀岩体比较如表 2-19～表 2-21、图 2-88。从表及图中可知：该岩体具有独特风格，也有与华南岩体很多相类似之处。岩体形成时代、埋藏深度、上覆岩体厚度、剥蚀过程、出露时间与岩体组成、脉体活动、副矿物、岩石结构构造方面有较大差异，而在其他方面，特别是围岩、岩体铀含量、浸出率、岩石矿物化学组分以及构造、热液活动方面却很相似，从而不但使之成为具有一定成矿远景，而且具有类似成矿特点的古老花岗岩。

从表 2-20 和图 2-88 中可以看出，摩天岭岩体与华南主要产铀花岗岩体在化学组成上有很多相似之处，即富碱、富硅、铝过饱和，但是还是有一些差异。就 $K_2O + Na_2O$ 而言，摩天岭岩体要低于华南主要产铀花岗岩体，也低于花岗岩平均值。但 K_2O/Na_2O 则远大于华南主要产铀花岗岩和花岗岩平均值。说明摩天岭岩体中碱度要低于华南主要产铀花岗岩体，但钾的含量远大于钠。Fe_2O_3/FeO 摩天岭岩体大于 1，且远大于华南主要产铀花岗岩体，说明摩天岭岩体中三价铁的含量高于二价铁。摩天岭岩体 SiO_2、Fe_2O_3、FeO 的平均含量高于华南产铀花岗岩体。

表 2-19 摩天岭岩体与华南产铀花岗岩对比

对比项目	华南产铀岩体	摩天岭岩体
1. 成岩时代	γ_5^2 为主（120～195Ma）	γ_2^2（820Ma±）
2. 围岩	AnD 类复理石细碎屑岩	Pts 变质砂岩、各种片岩、板岩
3. 出露面积、产状	>40km² 岩体、岩基	1000km² 大型岩基
4. 埋藏深度	浅（1～2km）	大（15km）
5. 上覆盖层厚度	薄（<3km）	厚（7km）
6. 剥露过程出露时间	短 早（70～100Ma）	长（700Ma） 晚（65Ma）
7. 期次（旋回）	一般为 2 个旋回 5 次以上活动的复式岩体	无多期次多次活动，但有由钙碱性向亚碱性花岗岩过渡的特点
8. 铀量及晶质铀矿	一般 $10 \times 10^{-6} \sim 20 \times 10^{-6}$，常见晶质铀矿	3.17×10^{-6}，具晶质铀矿小球
9. 浸出率	高（>20%～60%）	高（31.68%）
10. 脉体活动	从基—酸性岩脉发育	仅有酸性岩脉，种类少
11. 自变率	白云母化、钠长石化发育	边缘白云母化、云英岩化发育，断裂附近钠钾长石化发育
12. 岩体	富硅偏碱铝过饱和，K>Na 暗色矿	超酸偏碱铝过饱和，K>Na 暗色组分低
13. 结构构造	花岗斑状结构、块状结构	变斑状花岗结构，片麻状构造

对比项目		华南产铀岩体	摩天岭岩体
14. 斜长石 An 值		一般 20±，少数<10 及>30	7~15
15. 钾长石特征		微斜长石发育	微斜长石为主
16. 副矿物特征		磁铁矿>钛铁矿，独居石、磷钇石少见榍石常见	钛铁矿>磁铁矿，独居石、磷钇石多，锆石少，榍石不常见
17. 岩石化学特征	SiO₂	72%~74%	76.29%
	K+Na	1.94%~2.23%	1.79%
	Al/(K+Na+2Ca)	>1	1.22
	(Na+K)/Al	0.8±(0.6~0.9)	0.76
	Na/Ca	1.5~2.5	8.84
	K/Si	0.085	0.08
	K/Na	>0.95	1.31
	x	>19	22.88
18. 构造特征	活动期次	多期多次	多期多次
	多体系性	明显	明显
	控制构造规模	大（几十至上百千米，并有凹陷红盆）	大（几十到 100 多千米，有凹陷无红盆）
	低次序低级别构造发育	发育（带状、人字型、S 型等）	（相类同）
19. 热液蚀变带		发育，且多期多次	（相类同）
20. 其他矿产		W、Sn、Ta，不共生	W、Sn、Cu、Pb、Zn 矿化现象

表 2-20　摩天岭岩体与华南其他主要岩体特征参数对比

岩体	K_2O+Na_2O/%	K_2O/Na_2O	Fe_2O_3/FeO
桂东岩体平均值	8.13	1.52	0.67
桃山岩体平均值	7.95	1.6	0.62
诸广岩体平均值	7.96	1.69	0.63
摩天岭岩体平均值	5.52	3.75	1.70
中国花岗岩平均值	7.82	1.06	0.52

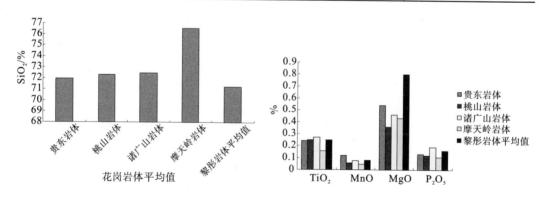

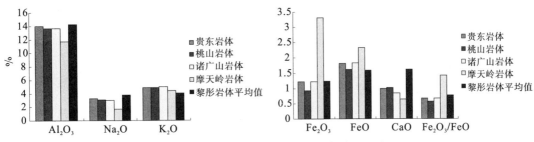

图 2-88　摩天岭岩体与华南主要花岗岩体常量元素对比

表 2-21 是摩天岭岩体主要铀矿化和华南花岗岩主要铀矿化对比表。从表中可知，二者铀矿化在主要的方面是相同的，仅在岩矿时差、成矿年龄以及矿化埋深等方面有所不同，表明不同时期的花岗岩体可有相似的铀成矿作用。

表 2-21　摩天岭岩体主要铀矿化和华南花岗岩主要铀矿化对比表

项　　目		华南花岗岩型铀矿化	摩天岭岩体铀矿化
岩体铀背景值		高>10×10⁻⁶，含晶质铀矿，浸出率达 10%～60%	较高，8.17×10⁻⁶，含零点几毫米晶质铀矿，浸出率 31.58%
异常铀矿化在岩体内的集中部位		岩体内某一部分几十平方千米或外接触带	呈"U"字型集中分布在岩体西部、中部和东北部
矿化岩体岩性		中粗粒似斑状花岗岩	中粗粒斑状花岗岩
矿化类型		碱交代型、萤石型、硅质脉型	绿泥石型、萤石型、硅质脉型
矿物共生组合和微量元素特征		简单（金属矿物 5 种左右，非金属矿物 3～4 种，结晶差、粒细、色深、无综合利用元素）	简单（金属矿物 5 种左右，非金属矿物 3～4 种，结晶差、粒细、色深、无综合利用元素）
热液蚀变	矿前期高中温	发育碱交代及粗、中、细、微晶石英	发育碱交代及粗、中、细、微晶石英
	矿前期中低温	发育绿泥石化、绢云母化、黏土化等	发育绿泥石化、绢云母化、黏土化等
	矿期	发育硅化、胶黄铁矿化、赤铁矿红化、水云母化萤石化等	发育硅化、胶黄铁矿化、赤铁矿红化、水云母化萤石化等。硅化以肝红色玉髓为主
矿床构造		a. 主干断裂复合变异部位 b. 低级别、低次序压扭性构造转张部位和不同地质体接触部位 c. 不同岩石接触面，岩体接触带 d. 构造形式为多字型、入字型、棋盘格式和帚状构造	a. 主干断裂复合变异部位 b. 低级别、低次序压扭性构造转张部位和不同地质体接触部位 c. 不同岩石接触面，岩体接触带 d. 构造形式为多字型、入字型、棋盘格式和帚状构造
工业矿化规模		深（300～500m，最深达 1000m）	相对较浅（500m 左右，最深达 620m）
岩矿时差		小	特大（470Ma 和 780Ma）
成矿年龄		47Ma、67Ma、87Ma	47Ma、360～408Ma
矿床成因		有岩浆热液、热水浸出、热液浸出、花岗岩化的见解	中低温变质热液、热液铀矿床、深部流体参与

第 3 章　摩天岭地区铀矿化特征及成矿作用

3.1　摩天岭地区铀矿化特征

3.1.1　铀矿的分布及产出特征

摩天岭地区铀矿化类型十分丰富(图 3-1),是研究花岗岩型铀矿床的理想场所。目前已经发现的铀矿床、矿点及矿化点 21 个,既有花岗岩内部型(新村矿床),又有接触带型(达亮矿床);既有硅化带－沥青铀矿型(新村矿床),又有绿泥石－沥青铀矿型(达亮矿床),还有碱交代型(梓山坪矿点)。

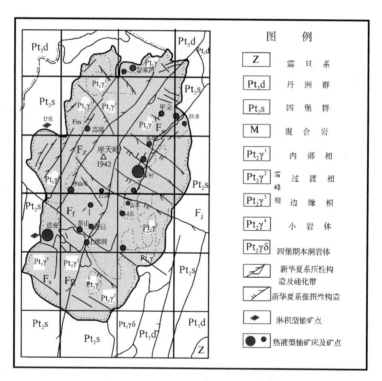

图 3-1　摩天岭地区铀矿床(点)分布图

从目前发现的铀矿床(点)来看,所有矿点均分布在不同类型的断裂附近或断裂带内。如果按照与岩体的位置关系,可以分为接触带型和花岗岩体内部型,接触带型主要有以外接触带型为主的内外接触带型铀矿点—甘农矿点，以内接触带为主的内外接触带型铀矿床—达亮矿床。

如果根据断裂带的分布来看，大部分矿床(点)均沿一定的断裂分布，将摩天岭岩体 21 个铀矿床(点)与断裂的关系统计如表 3-1 所示。

表 3-1　摩天岭岩体断裂附近铀矿分布统计

断裂名称	分布矿床(点)	备注
乌指山断裂(Fw)	矿点：大河边、头坪、滚贝、跃进桥 矿床：新村	乌指山断裂南延还有吉羊和同乐矿点分布
高武断裂(Fg)	矿点：乌华、尧邑、维洞、如雷	茶山矿点西距 800m，古汤矿点西距约 2km
梓山坪断裂(Fz)	矿点：大桥、高强、梓山坪、如腊、大蒙	达亮矿床在该断裂南延方向
麻木岭断裂(Fm)	矿点：俾门、高堤	

3.1.2　铀矿化类型

1. 铀矿床(点)成因类型

蚀变构造带型异常是岩体内具工业远景的异常，按其独特的矿物共生组合(表 3-2)可分为下列三类：

铀-绿泥石型：主要有达亮矿床、茶山矿点。铀矿物以沥青铀矿为主，与蠕绿泥石、胶黄铁矿、赤铁矿组成脉体共生。此外尚有磷铀矿、水硅铀矿、水硫铀矿及深黄铀矿、金属矿物除胶状黄铁矿外，以含较多的赤铁矿为特征。

表 3-2 铀矿化成因类型及矿物组合

成因类型	原岩矿物	铀矿物	金属矿物	非金属矿物
铀-硅质脉型	石英、正长石、微斜长石，白云母及少量副矿物锆石等	沥青铀矿及少量铀黑、脂铅铀矿、硅钙铀矿、含铀云母等	黄铁矿、胶状黄铁矿、白铁矿	微晶石英以及玉髓为主
铀-萤石型			黄铁矿、胶状黄铁矿、少许镜铁矿、黄铜矿	萤石为主，少量玉髓、微晶石英、方解释等。
铀-绿泥石型	石英、微斜长石及黑云母等	沥青铀矿、水硅铀矿、水硫铀矿、磷铀矿、深黄铀矿	黄铁矿、胶状黄铁矿、黄铜矿、赤铁矿等。	蠕绿泥石，少量石英

铀-硅质脉型：岩体岩石具富硅的特点，决定着铀矿化以此类型为主。新村矿床，吉羊、古汤、俾门、跃进桥、尧邑矿点及甲朵、拉培、头坪、梓山坪等 45% 的矿化点都属于该类型。沥青铀矿同灰黑色、棕红色微晶石英、肝红色、黑红色玉髓以及胶状黄铁矿、赤铁矿密切共生或是呈小脉体或是呈角砾岩胶结物产于含矿构造带中。次生铀矿物有脂铅铀矿、钙铀云母、铜铀云母和硅钙铀矿。金属矿物除胶状黄铁矿外，还有少许的白铁矿。

铀-萤石型：叠加在上述两类型内，新村矿床主要叠加在矿床中部 600~760m 标高中，吉羊、同乐、达亮、俾门等矿点在局部地区呈团块状、小透镜体状产出。沥青铀矿同粉末状紫红色、紫黑色细脉或呈角砾岩的胶结物密切共生。金属矿物除胶状黄铁矿外，尚有镜铁矿、黄铜矿，非金属矿物以萤石为主。

2. 铀矿异常矿化类型

岩体内发现异常按其控制类型可分为 5 类：

（1）蚀变构造类型

有绿色蚀变带型、硅化带型和综合型。绿色蚀变带型控制异常的构造带主要为绢云母化、绿泥石化、红化破碎花岗岩；硅化带型是由充填型的细、微晶石英岩或玉髓控制，两侧不具备绿色蚀变带；综合型的构造带既有硅化带，两侧又有一定宽度的绿色蚀变带。这是岩体内主要的蚀变类型，工业矿化意义大，占异常带的 29.6%。

（2）花岗岩性控制型

构造不明显，主要跟花岗岩性有关，占异常的 8%。

（3）碱交代型

异常产于钾交代花岗岩中，有异常带 2 条。

（4）变质岩层控制型

分布在岩体西部外接触带四堡群中，有变质粉砂岩、绢云片岩、黄铁矿二云石英片岩、砂质千枚岩等。异常较稳定，反应低，尚未发现好的工业矿化。有异常带 10 条。

（5）淋积吸附型

包括构造破碎带，花岗岩裂隙、挤压带以及硅化岩裂隙，占发现异常带的 60.0%。经多处工作表明仅限地表团块状、小透镜状矿化，工业意义不大。

总之，从目前来看，已经发现的硅化带型和接触带型为主要铀矿类型，岩体内异常类型以蚀变构造带型较有工业远景，矿化类型以铀-硅质脉型为主，但碱交代型也是一个重要的类型，值得关注。

3.1.3 铀矿化蚀变特征

1. 总体蚀变特征

摩天岭岩体形成后，按同位素年龄测定有 345～510Ma、291Ma 和 202～225Ma 三次区域变质作用，所以岩体岩石交代作用比较广泛和强烈，主要有碱交代、钾钠长石化、云英岩化、黄铁矿化、硅化、绿泥石化、绢云母化以及水云母化、萤石化、碳酸盐化等。其中钾钠长石化主要分布在构造带上下盘附近，其特点是石英明显减少，长石含量增加，长石多呈肉红色，化学成分除了 SiO_2 减少外，Al_2O_3、$K_2O + Na_2O$、Fe_2O_3 及 MgO、U 含量都增加。以钾长石化为常见，在新村矿床 Fw 上盘尚有钠长石化。钾长石化在岩体西南部小黑岗采用铀铅法测定年龄为 308～487Ma。云英岩化、电英岩化多见于岩体边缘接触带内带上，由 0.1～0.2mm 石英、白云母等聚合体、电气石组成，电气石常为椭圆状定向分布，主要沿黑云母、斜长石交代，有的沿长石、石英裂隙充填。

2. 新村矿床围岩蚀变特征

在单一原岩(雪峰期摩天岭岩体内部相片麻状粗粒变斑状黑云母花岗岩)的统一背景下，由于多期多次的不同程度、不同类型的交代蚀变作用反复改造的结果。岩体在雪峰期发生成岩作用后形成片麻状粗粒黑云母花岗岩，经过加里东期的大规模区域变质作用(钾钠长石化、云英岩化、绢云母化、绿泥石化、电英岩化)，该过程以交代作用为主，包含一部分的硅质成分充填(不大于 5%)。后又经过燕山期，大规模热液从乌指山断裂经过，在硅化带内部发生以微晶石英充填为主变质作用(硅化绢云母化、绿泥石化、黄铁矿化、镜铁矿化)，而在上、下盘发生以硅化、绢云母化为主，萤石化常见的热液交代变质作用。

在新村矿床，萤石分布广泛，呈细脉状、网脉状产出，颜色、结晶程度各不相同的几个世代，其中以紫黑色、粉末状的萤石与铀矿化密切相关，淡色、结晶程度较好的萤石往往与成矿晚期的梳妆石英及方解石共生。在该区域内形成了线性的特殊的构造及矿物组合，"前期蚀变"为后期的铀成矿提供条件。直到喜马拉雅期铀大规模成矿时，在该时期发生以充填为主，脉旁扩散为辅的区域线性变质作用，包括水云母化、高岭土化、叶腊石化、赤铁矿化等。在成矿后期发生了高岭土化，形成了晚期细脉型铀矿化。成矿结束后，发生后期蚀变反应，大量细脉充填入岩石，形成区域内细脉充填结构与梳状晶核状结构。

经过了成岩、区域变质、成矿作用和后期改造等作用，新村矿床形成了区域上独特的蚀变特征。矿区内围岩蚀变具有明显的分带性，在硅化带内的蚀变以充填物微晶石英为主，绢云母和黄铁矿化次之；构造上盘以绢云母化为主，硅化、黄铁矿化、绿泥石化次之的上蚀变带；构造下盘以硅化、赤铁矿化为主，绢云母化、绿泥石化、萤石化次之的下蚀变带。其中上盘硅化作用呈较明显的期次性，分为三个期次：一期为成矿前期充填的白色微晶、细晶石英岩，这期石英为淡紫色，呈它形、眼球状、聚粒联斑构造；二期为成矿期的杂色微晶石英和玉髓脉(浅部)；三期为矿期尾声之梳状石英脉，本期石英为淡色，呈它形粒状、略有破裂、粒度 0.5cm 左右，亦见 0.8~1cm 之斑晶。往往见有淡紫色萤石与叶片状方解石与之共生。

下盘铀矿化带具有不同的蚀变特征，充填物以富含与沥青铀矿紧密共生的胶状黄铁矿，与 Fw 上盘略有不同。下盘的次级断裂 F_{10}、F_{12} 主要充填物杂色玉髓——微晶石英脉，脉旁近矿围岩蚀变以红化、水云母化为主；F_{11-1} 和 F_{11-2} 则以充填物紫黑色石脉为主，蚀变类型以高岭土化为特征。

3. 达亮矿床围岩蚀变特征

达亮矿床蚀变种类多，无明显的分带性，且内外带有明显的差异。内带蚀变主要有云英岩化、钾长石化、绿泥石化、黄铁矿化、赤铁矿化、硅化、绢云母化、辉沸石化、萤石化、碳酸盐化、高岭土化等。外带蚀变表现较弱，主要有绿泥石化、硅化、黄铁矿化、碳酸盐化、萤石化等。

全矿区内围岩蚀变根据蚀变矿物可分蚀变期次与蚀变矿物类型。其中可观察到明显期次的矿物包括硅化、水云母化、黄铁矿化和萤石化，这些矿物根据其形态可以划分为三个期次。硅化：矿前期硅化以交代为主，部分形成石英岩；矿期充填微晶石英，常与胶状黄铁矿相伴生，沥青铀矿分散在石英矿物颗粒间；矿后期为白色石英，梳状石英脉充填于岩石裂隙中。水云母化也可分为三期：矿前期由斜长石蚀变形成的绢云母，颜色浅，分布广，使其岩石孔隙度增大，成为成矿有利围岩；矿期绢云母颜色淡黄，常与细分散黄铁矿伴生呈微脉状分布于沥青铀矿脉的两侧或沥青铀矿脉沿绢云母边缘沉淀，矿后期绢云母常与黏土矿物共生。

根据蚀变矿物形态区别的有绿泥石化和萤石化。其中与铀矿物密切关系的绿泥石化，在矿区内普遍存在的为由黑云母蚀变形成的叶绿泥石，而与铀矿化有关的为蠕绿泥石，颜色较深，富铁镁，镜下单体呈鳞片状、扇状集合体，粒径小，一般为 0.1~0.05mm，有两种存在形式：①交代条纹长石、正长石，被交代的矿物有时尚保留原岩轮廓；②呈脉状、网脉状分布于蚀变岩石中，或呈破碎岩石的角砾胶结物产出。它常与胶状黄铁矿和沥青钠矿紧密共生，多在富矿地段出现。矿区内萤石化也根据矿物形态分为两种，矿期萤石呈紫黑色，结晶程度差。偶见于深部钻孔中。矿后期萤石颜色浅、结晶程度好，分布也较少。

4. 两个典型矿床蚀变特征对比

通过两矿床的围岩蚀变对比可以发现，两矿床在形成时间上不同，但在矿床的围岩蚀变方面还是有一定的相似性：在两处矿床内的围岩蚀变均具有分带性，新村矿床是以 Fw 构造断裂为分界，围岩蚀变分为三部分，分别为上蚀变带，下蚀变带与构造硅化带，而达亮矿床则是以接触带为界限分为接触内带与接触外带。

两矿床的围岩蚀变具有一部分相似的类型，都含有硅化、绢云母化、绿泥石化、云英岩化、黄铁矿化、赤铁矿化和萤石化。又有一部分不同的蚀变类型，对于达亮矿床，围岩蚀变种类多，无明显的分带性，且内外带有明显的差异。内带蚀变主要有云英岩化、钾长石化、绿泥石化、黄铁矿化、赤铁矿化、硅化、绢云母化、辉沸石化、萤石化、碳酸盐化、高岭土化等。外带蚀变表现较弱，主要有绿泥石化、硅化、黄铁矿化、碳酸盐化、萤石化等。达亮矿床所具有的独特蚀变类型为钾长石化和碳酸盐化。而新村矿床的蚀变类型比较丰富，包括钾钠长石化、镜铁矿化、高岭土化和叶腊石化等。其中两处矿床内的长石化均发生在成矿前，为区域成矿提供条件。两矿床内的硅化均可见成矿期次痕迹，根据硅化物形态将硅化蚀变分为三个部分，分别为矿前期、成矿期和矿后期，且相同时期的硅化物形态相似，说明两处矿床的形成均伴随着硅化发展。

不同点在于新村矿床绢云母化蚀变发生了两期(矿前期和成矿期)，而达亮矿床中绢云母化和黄铁矿化都可以分成三期(矿前期、成矿期和矿后期)。在新村矿床成矿晚期还发生了高岭土化作用，形成了一部分的细脉充填型矿物，而在达亮矿床内未发现此现象。

3.2　摩天岭地区铀成矿作用及富集规律

3.2.1　铀成矿作用

根据研究结果，结合前人资料，摩天岭—元宝山地区的铀成矿作用属于多期次成矿。从目前研究程度来看，至少可以分为铀的前期预富集作用及两次大的成矿作用和若干个小的成矿作用。两次大的成矿作用主要为加里东—海西期成矿作用和喜马拉雅期成矿作用。

（1）铀的预富集作用

经研究，摩天岭岩体和元宝山岩体是同源同期岩体，同时，是由于围岩中元古代四堡群在雪峰期经过重熔作用形成的具有壳源成因的富硅富碱铝过饱和特点的岩浆岩。四堡群在形成时铀含量较高，四堡群平均铀含量 4.3×10^{-6}，远高于地壳丰度值 1.7×10^{-6}，也高于沉积岩页岩中的 $3.7 \times 10^{-6} \sim 4.1 \times 10^{-6}$，说明四堡群在沉积成岩过程中铀得到了最初的高背景值，对以后岩浆作用过程中的铀预富集有重要的意义。四堡群平均铀浸出率达 46.24%，其中黑云变粒岩最高，达 74%，变质粉砂岩次之，平均为 48.02%，云母石英片岩最低为 32.56%。铀的高浸出率也是铀在以后发生活化，进而迁移富集的重要条件。

在雪峰运动的作用下，原先沉积成岩的元古代四堡群、丹洲群等地层，在构造运动以及岩石自身重力压力之下，发生了原地重熔。在岩石重熔及结晶分异过程中，铀发生了重新分配，在部分地段进行了预富集。摩天岭岩体中的铀具有较高的背景值，经分析测定岩体平均铀含量 8.17×10^{-6}，最高可达 12×10^{-6}，远高出酸性岩浆岩 3.5×10^{-6} 的含量水平，研究发现岩体铀平均浸出率为 31.68%。

上述沉积成岩、后生作用、重熔作用以及结晶分异作用过程使得最初含量很低的铀逐渐活化富集，形成了最初的预富集作用过程。

（2）加里东－海西期铀成矿作用

研究区在加里东期经受了剧烈的构造运动，形成了一次范围广泛的区域变质作用，使得原有岩石（包括摩天岭岩体、元宝山岩体和围岩）产生了一次显著的区域变质作用。此次区域变质作用伴随加里东运动在南方的剧烈活动，使得岩体及围岩中的铀再次产生活化。在深部流体及热液的共同作用下，到了海西期，在研究区产生了一次重要的铀矿成矿作用，在摩天岭岩体西南部形成了达亮铀矿床，在元宝山岩体东部，形成了一些铀矿点。前人根据沥青铀矿实测年龄，成矿年龄在 360Ma，是海西早期的产物。本研究中测试了一件沥青铀矿 U-Pb 年龄，结果为 408Ma，为加里东晚期。

（3）燕山－喜马拉雅期铀成矿作用

随着燕山－喜马拉雅运动的不断发展，在中国东部，形成了一系列的新华夏构造体系，产生了一系列北北东向的凹陷和隆起，同时形成了北北东向的断裂。在研究区及桂北地区有多条类似断裂，从西到东依次有麻木岭断裂、梓山坪断裂、高武断裂、乌指山断裂、平硐岭断裂、四堡断裂、池洞断裂、三江－融安断裂、寿城断裂、龙胜断裂、资源断裂等。

这些断裂的形成沟通了深部成矿物质和流体，导致了一次范围广泛的铀成矿作用。此次铀成矿作用在整个中国南方是十分重要的一次铀成矿作用，形成了许多大型铀矿床。研究区的新村铀矿床及众多铀矿点就是喜马拉雅早期形成的，新村矿床沥青铀矿测试的成矿年龄为47Ma。在研究区以东桂东北的越城岭、猫儿山一带，也有燕山晚期和喜马拉雅早期的铀矿床的形成。研究区以西黔中地区白马洞铀矿床成矿时代也是喜马拉雅早期为主要成矿期。

由于其他矿点或者矿化点，很难直接找到沥青铀矿，因而难以测定铀矿成矿年龄，只能根据其产出状态进行推测。根据中国南方的构造发展历史遗迹和其他地区的铀矿成矿情况，应该在印支－燕山期也会有铀成矿作用的产生，只不过成矿作用较弱，没有发现有规模的矿床而难以确定。

（4）碱交代成矿作用

摩天岭—元宝山地区碱交代作用广泛发育，主要表现为绿泥石化、绢云母化、钾长石化等。绿泥石化主要发育在达亮、大桥等矿床（点）。值得指出的是，在摩天岭岩体中最大的碱交代作用出现在梓山坪断裂带，在梓山坪矿点附近沿梓山坪断裂分布有宽约数十米到数百米、长度超过数千米的大范围钾长石化碱交代带。沿这个带分布有大桥、高强、梓山坪、如腊、大蒙等矿点。同时，达亮矿床也分布在梓山坪断裂带的南延线上。其中碱交代最显著的是梓山坪矿点南北约1km的范围内。根据国内外铀矿成矿作用以及成矿规律，大规模的碱交代作用必然伴随着一定的成矿作用，因此十分值得关注梓山坪断裂带碱交代作用的铀成矿作用，寻找典型的碱交代型铀矿床。

3.2.2 铀成矿规律

1. 铀源

摩天岭—元宝山地区铀矿成矿物质基础（铀和其他成矿物质）为两方面：一是中元古代四堡群和丹洲群沉积过程中产生的原始铀的富集；二是由四堡群经过部分熔融形成花岗岩的过程中对沉积的铀再次活化，相对富集。

（1）铀来自于地层

前人在研究摩天岭岩体时，对岩体及围岩的含铀性进行了详细的分析，前文已有叙述，在此进一步进行描述。

南京大学的饶冰、沈渭洲（1989）在四堡群采样109个（白岩顶组92个，九小组17个）作铀、钍含量分析，分析结果如下：①白岩顶组地岩中铀含量变化大 $1.4\times10^{-6}\sim19.7\times10^{-6}$，平均含量高 6.2×10^{-6}，变异系数高达49%，铀的含量比地壳岩石中铀的平均含量高2~3倍。钍含量 $8.5\times10^{-6}\sim16.0\times10^{-6}$，平均含量 11.2×10^{-6}，接近于地壳岩石中钍的平均值。九小组平均铀含量 6.2×10^{-6}，虽和白岩顶组相同，但其变化范围小（$3\times10^{-6}\sim11\times10^{-6}$）。这说明铀在四堡群中的分布是不均一的。这种不均一分布主要是由原岩形成以后所经受的变质作用和岩浆侵入等地质作用的影响造成的，而并不代表原岩中铀的分布特征。在铀含量对数频率分布图上，铀含量分布曲线呈左偏峰正态分布，即峰值向铀含量降低的方向位移。这说明在后期地质作用（主要是加里东晚期变质作用）影响下，原岩中的铀已发生明显的活化转移。②四堡群平均铀浸出率达 46.24%，其中黑云变粒岩达 74%，变质粉砂岩平均 48.02%，云母石英片岩为 32.56%。对铀的迁移进一步富集较为有利。由此可知，四堡群文通组无疑是一个铀源层，而且是目前已知的华南地区最老的一个铀源层。

广西壮族自治区 305 核地质大队和中核 230 研究所研究了桂北震旦－寒武系含铀地层，仅在震旦－寒武系地层中就划分出 14 个含铀层位和铀源层。即陡山沱组 4 个，老堡组 4 个，清溪组 6 个。

广西壮族自治区 305 核地质大队在"元宝山岩体东侧内外接触带铀矿化特征及远景研究"报告中所分析的元古界丹洲群和四堡群的铀含量见表 3-3。

表 3-3　元古界地层含铀情况

群	组	U/$\times10^{-6}$	Th/$\times10^{-6}$	U/Th
丹洲群	拱洞组	4.1	14.7	0.28
	合桐组	6.4	17.2	0.37
	白竹组	21.3	15.1	1.41
四堡群	鱼西组	5.4	14.9	0.36
	文通组	11.4	17.0	0.67
	九小组	7.4	16.1	0.46

此外，在丹洲群下部发现一层含砾夹黄铁矿透镜体白云石英片岩和翠绿色含铬白云石英片岩，沿元宝山岩体东侧延伸 6.7km，出露宽度 5～290m，一般 20～30m，平均铀含量为 21.2×10^{-6}，产有大田铀矿点和九毛铀矿化点，铀与其中电英岩砾石和小透镜状黄铁矿集合体有关。电英岩砾石的最高铀含量达 0.423%，是广西最老的含铀岩石（赖伏良，1982）。

上述研究表明，围岩是铀成矿的一个重要的铀源之一。

（2）铀来自于花岗岩岩体

摩天岭岩体铀含量相对较高，根据不同研究者得出不同的分析结果，总体上来看，摩天岭岩体铀含量在 7.1×10^{-6}～22×10^{-6}，Th/U 值一般小于 1.8，铀含量在岩体中分布不均匀，东南部高于其他地区。另外，在新村地区铀含量仅有 4×10^{-6}～5×10^{-6}，低于岩体平均值，而新村有一中型铀矿存在，可能反映了新村周围岩体中的 U 被淋滤进入适当部位富集成矿。元宝山岩体中铀含量在 8.5～12×10^{-6}，粒度不同，铀含量各有差异，总体上粗粒较细粒铀含量要高。

前人在研究时，采岩体南部三防—杨梅坳、中部必旺—高培以及北部杆洞—拉培三条剖面共 52 个样品。将样品粒度加工为 200 目，浸出液成分为 0.5HCl 的蒸馏水、固液比为 1:3、浸泡时间为 6 小时，并每小时用电搅拌器搅拌一次、用小容量法分析的条件下所进行的浸泡实验，测定岩体平均铀含量 8.17×10^{-6}，平均浸出率为 31.68%。其分布具以下特点：

①在岩性方面。正常岩石由粗粒到细粒，黑云母花岗岩铀量递增，浸出率降低的趋

势，经蚀变的岩石除云英岩化、绿泥石化、绢云母化岩石稍低于正常岩石平均值外，以钾长石化花岗岩铀含量为最高(表 3-4)。

表 3-4　岩体岩石浸泡实验结果一览表

岩性	U/×10^{-6}	Th/×10^{-6}	U 浸出率(%)	Th/U	样品个数
粗粒黑云母花岗岩	5.39	14	38.4	2.60	12
中粒黑云母花岗岩	8.48	11.7	29.2	1.38	21
细粒黑云母花岗岩	9.59	9.7	30.2	1.01	19
平均值	8.17	11.25	31.68	1.38	52
云英化花岗岩	5.13		28.6		7
白云母化花岗岩	10.89		28.1		2
绿泥石化花岗岩	7.07		30.9		5
绢云母化花岗岩	5.6		36.4		3
钾交代花岗岩	38.3		26.0		5
钠交代花岗岩	10.3				6

据广西壮族自治区 305 核地质大队，1994

②在岩石矿物成分方面。造岩矿物为基础及浸出率：长石 16.4×10^{-6}，68%；石英 1.7×10^{-6}，23.1%；黑云母 24.5×10^{-6}，18.4%。岩石以长石为主，铀主要在长石中。此外，在重砂矿物中尚有晶质铀矿。

③在地区分布方面。岩石岩体铀量以岩体北部和西南部达亮一带为高，分别为 10.09×10^{-6} 和 16.7×10^{-6}，中部新村、坪浪一带较低，为 4.1×10^{-6}，浸出率以岩体西南部最高，达 52.2%，北部较低为 24.7%。铀量高场区似以高武断裂(Fg)为轴具对称分布特点。

岩体围岩铀量以西南部为高，达 6.3~7.4×10^{-6}，东北和东南部最低，为 3×10^{-6}。浸出率以岩体东南，西南部最高，分别为 37.4% 和 54.5%(图 3-2)。

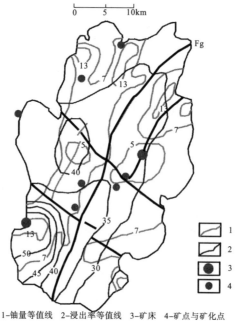

1-铀量等值线　2-浸出率等值线　3-矿床　4-矿点与矿化点

图 3-2　摩天岭岩体铀量与浸出率等值线图

上述岩体铀含量本身相对较高，同时其铀浸出率正常岩石由粗粒至细粒黑云母花岗岩铀量递增，浸出率降低的趋势，平均浸出率 31.6%。经蚀变的岩石除云英岩化、绿泥石化、绢云母化岩石稍低于正常岩石平均值外，以钾长石化花岗岩铀含量为最高，达到 36% 左右。

如果热源足够，上述浸出率还要提高。因此，岩体本身完全可以给铀矿成矿提供一定量的铀源。且根据目前研究，花岗岩体是铀的主要来源。

（3）深部来源

随着铀矿勘查深度的不断加大，对铀矿成因以及铀矿物质来源的认识也在不断深入。原来在摩天岭地区钻孔最深不过 500m 左右，控制矿体也在 500m 以上，但随着深度的增加，仍有良好的铀矿化，如 2010 年广西壮族自治区 305 核工业大队在达亮矿区进行了两个钻孔的深部施工，结果在地下 790 多米的地方仍然发现有良好的铀矿化现象。另一方面，新村铀矿的矿岩时差达到了 7 亿多年，如果仅从围岩中浸取铀，恐怕难以解释会产生如此规模的铀矿。

因此，深部来源已经成为大家在研究热液型铀矿床时一个重要的共识，只不过需要大家在方法技术和地质证据方面进一步加以证明。

2. 流体来源

热液铀矿的形成必须要有流体的参与。流体来源就成为研究热液型铀矿床必不可少的一个内容。根据对摩天岭—元宝山地区大量的地质及地球化学研究发现，研究区成矿流体是混合来源，既有大气降水，又有深部流体来源。

关于大气降水，前人做了大量的研究工作，总体上认为成矿流体来源于地表浅层，这主要是测试了包裹体中的氢氧同位素之后得出的结论。

然而随着矿床研究方法技术的不断进步，近年来通过方解石脉体的碳氧同位素以及黄铁矿的稀有气体同位素的研究来确定成矿流体来源逐渐成为一种行之有效的方法。关于深部来源，在本项目研究过程中是一个重要的内容，采集了大量的样品进行分析研究。研究发现，研究区有深部流体活动的迹象与证据(详见 4.1.5)。

3. 热源

研究区的热源主要是区域变质作用和区域构造运动产生的热源。

研究区地处扬子板块和华南板块的结合部位，自从新元古代形成摩天岭岩体以来经历了许多的构造运动。每一次构造运动均对研究区产生了显著的影响。纵观研究区地质发展历史，对研究区最具有影响的构造运动是加里东运动和燕山－喜马拉雅运动，这两次重大地质事件均为区域地质提供了丰富的热源。

加里东运动在本区的表现是形成了一次范围广泛的区域变质事件，提供了丰富的热源。这次区域变质事件导致摩天岭岩体花岗岩产生了明显的变质，黑云母等矿物呈现了明显的定向构造，形成了片麻理，片麻理的方向为北东－南西走向，倾向北西。前人测试了花岗岩中的黑云母，测试年龄约为 360Ma 左右，反应了加里东运动导致的区域变质作用，在区域上提供了大量的热量。这次区域变质作用不仅形成了新的云母类矿物，而且产生了一次十分重要的铀成矿作用。

燕山－喜马拉雅运动则在研究区形成了重要的区域性大断裂，在桂北地区，形成了一系列北东－北北东向的大断裂。仅摩天岭岩体就有 4 个大断裂分布，从西到东依次为：麻木岭断裂、梓山坪断裂、高武断裂、五指山断裂。再往东还有平洞岭断裂、四堡断裂等。这些断裂的形成伴随着大量的热量的释放，产生了丰富的热液，形成了硅化断裂带，同时，伴随着铀成矿作用的发生，形成了以新村铀矿床为代表的一系列硅化带型铀矿床、矿点。

除此之外，在研究摩天岭岩体的锆石测年过程中还发现了其他几次岩浆热事件或者热活动。主要分布在 400～500Ma、210Ma、80Ma，这反映了研究区还有至少三次热活动，但是由于热事件规模小，因此对铀矿成矿而言影响不大。

4. 铀矿成矿控矿因素

对于摩天岭—元宝山一带铀矿而言，控矿因素主要表现在以下三个方面。

（1）岩性控矿

岩性对铀矿（化）的控制主要表现在不同大类岩性的接触部位，如达亮矿床产于沉积岩、弱变质岩与岩浆岩－花岗岩的接触带及附近；同一类型岩石不同结构构造类型的岩性界限处，如达亮矿床的部分矿体产于中细粒花岗岩与粗粒花岗岩的接触部位，同乐铀矿点的矿化产于粗粒花岗岩和细粒花岗岩的接触部位。岩性之所以对铀矿产生控制作用，主要是因为在两种性质不同或结构构造有异的岩性界面处，不仅化学成分发生了变化，更重要的是物理化学条件也产生了显著的变化，即有一个明显的地球化学障或地球化学界面，致使原有含矿流体成分和性质发生了变化，最终导致铀的沉淀富集。

（2）断裂控矿

断裂带对铀成矿的控制主要表现在断裂带的不同作用上。按照断裂带的性质或规模，将断裂带分为导矿构造、容矿构造。研究区的导矿构造是北东向的深大断裂，容矿构造则是北东向深大断裂的同生次级断裂。容矿构造可以使北东向的次级断裂，也可以是北西向的断裂。如新村矿床的主要矿体赋存于北东向的次级断裂带中，这些次级断裂带既有北西倾向，也有南东倾向。达亮矿区的容矿构造则主要是走向北东，倾向南东的断裂，这种断裂带规模均不大，且大多与区域上的断裂产状不一致。通过进一步分析，认为达亮地区的容矿构造形成时间要比其他地方的北东向的大断裂早，形成于加里东期。新村的容矿构造形成于喜马拉雅早期。

（3）保矿条件

另一个控矿因素是保矿构造。一个矿床形成之后能否被保存下来取决于众多因素，但是保矿条件是一个十分重要的因素。摩天岭—元宝山地区铀矿之所以能够保存下来，一个重要的条件就是该区长期处于隆升状态，但剥蚀量并不大。据前人研究，摩天岭地区的最大剥蚀厚度为 1500m 左右，部分在 800m 左右。这样的剥蚀深度还没有达到铀矿成矿的深度，在达亮矿床和新村矿床，仅有个别矿体剥蚀出露在地表，大部分矿体埋于地下。这为该区的矿床保存提供了重要的条件。当然，还有一些矿点、矿化点由于形成深度相对较浅，可能由于风化剥蚀，一些矿体已经被剥蚀殆尽或仅剩余残留部分。如果对于地表放射性强度很大，且地表出露较好的矿点、矿化点，则需要深入分析，全盘考虑，是否深部还有找矿的潜力。

综上所述，摩天岭—元宝山地区铀成矿作用具有多类型、多成因的特点。铀矿成矿作用是受岩浆、构造、流体、热事件共同作用的产物。不同地区成矿作用及成矿规律又有所不同。

第4章 典型铀矿床地质地球化学特征

4.1 达亮矿床地质地球化学特征

达亮矿床(376矿床)位于摩天岭黑云母花岗岩体的西南边缘，岩体弯曲部位的接触带上，矿床及外围面积约58km²(见附录彩色图版 图4-1)。

4.1.1 矿床地质特征

1. 地层

矿床出露地层均为四堡群文通组，分部在西半部，约占矿床面积1/3强，上未到顶，下未见底，总厚度大于876m。其岩性变化较大，组合复杂，从下到上大致可划分为三个岩性段：下部由变余黑云母石英粉砂岩、变余泥质石英粉砂岩，局部夹云母片岩组成；中部由黑云母变粒岩、变粒岩夹云母片岩组成；上部由变余泥质粉砂岩夹变余石英粉砂岩、变余黑云母石英粉砂岩、少量云母石英片岩、云母片岩及多层层状变辉绿岩，变角闪辉绿岩岩脉组成。岩石矿物成分较简单，主要由石英、黑云母、白云母、绢云母组成，含少量长石、绿泥石、电气石、锆石，黄铁矿及风化黏土矿物、混铁质等。岩层的微层理、微斜层理，水平层理、微交错层理比较发育，具典型的复理石建造特征。岩石平均铀含量6.01×10^{-6}，钍含量11.2×10^{-6}，钍铀比值为1.79，铀浸出率平均达40%，活性铀含量高。

文通组变质岩与花岗岩呈突变接触关系，接触界线呈蛇曲状，大致北西向展布，剖面上常呈犬牙交错或不规则锯齿状，接触界面外倾，局部内倾，倾角30°~65°，接触界线清晰，烘烤蚀变现象不明显，围岩见有不同程度的角岩化，但宽度局限，一般数米，局部数十米，含斑细粒黑云母花岗岩呈脉状枝状顺层或切层侵入于围岩中。

2. 岩浆岩

矿床出露的花岗岩主要为摩天岭岩体西南缘的一部分，分布于矿床东半部，约占面积2/3弱，以岩体边缘相细粒黑云母花岗岩($Pt_2\gamma^3$)为主，过渡相中粒黑云母花岗岩($Pt_2\gamma^2$)为辅。矿床东北角出露有含斑细粒黑云母花岗岩($Pt_2\gamma^4$)属晚期体的一部分。

(1)中粒黑云母花岗岩($Pt_2\gamma^2$)

灰-灰白色，局部带浅肉红色，中粒变斑状结构，块状构造，矿物斑晶大者可达7~

10mm，一般 5mm，成分如表 4-1 所示，以石英、长石、黑云母为主，含电气石团块，石英部分呈烟灰色或淡紫色，长石由微斜长石、斜长石、正长石组成，黑云母大部分已绿泥石化，并有绢云母化、高岭土化分布。

（2）细粒黑云母花岗岩（$Pt_2\gamma^3$）

灰-灰白色，风化面黄褐色，变斑细粒结构，块状构造，岩石致密坚硬，含长石、石英斑晶，一般 3~5mm，个别达 1cm，斑晶多为碎裂状，矿物成分如（表 4-1）所示。主要由长石、石英、黑云母矿物组成，含电气石团块。

表 4-1　达亮铀矿床花岗岩矿物成分特征表　　　　　　　　　　单位:%

	钾长石	斜长石	石英	黑云母	绿泥石	绢云母	白云母	电气石	锆石	榍石	铁质	样品数	备注
中粒黑云母花岗岩	36.3	12.3	35.2	3.2	4.1	2.8	3.2	少量	少量	少量	少量	44	
细粒黑云母花岗岩	36.5	20	30	3.5	2.5	1.3	3.8	1.3	少量	少量	少量	10	

中粒与细粒黑云母花岗岩为渐变过渡关系，细粒黑云母花岗岩分布宽度不均一，一般为数米至数十米，出露于岩体边缘及局部顶盖残留。

花岗岩中副矿物种类少，常见有锆石、榍石、磷灰石、电气石。岩石化学特征如表 4-2 所示，为富硅铝偏碱性花岗岩，明显地表现出 $Al_2O_3 > K_2O + Na_2O + CaO$。富铝系数为 1.19，碱度系数为 7.80。FeO、MgO、CaO 含量低，富硅系数为 2.12，斜长石号码（An）为 11.4 属更长石，岩石拉伸系数（α）为 27.38，评价系数（x）为 23.24，比华南花岗岩相应值高，是铀成矿有利围岩。

表 4-2　达亮矿床花岗岩化学成分特征表　　　　　　　　　　单位:%

岩石	硅酸盐氧化物															样品量
	SiO_2	TiO_2	Al_2O_3	Fe_2O_3	FeO	MnO	MgO	CaO	Na_2O	K_2O	P_2O_5	SO_3	H_2O	烧失量	总量	
中粒黑云母花岗岩	75.51	0.083	12.08	0.66	1.445	0.035	0.455	0.55	2.64	5.05	1.68	0.121	0.175	0.75	99.722	45
细粒黑云母花岗岩	75.52	0.062	12.45	0.81	1.089	0.034	0.285	0.565	3.068	4.745	0.138	0.118	0.17	0.54	99.594	25
平均	75.52	0.076	12.21	0.71	1.318	0.035	0.394	0.555	2.79	4.94	0.157	0.120	0.173	0.68	99.68	70

岩石中平均铀含量较高，中粒黑云母花岗岩为 11.14×10^{-6}，细粒黑云母花岗岩为 11.7×10^{-6}，铀的浸出率大于 40%，Th/U 值均小于 1（约 0.85），岩石中有晶质铀矿存在。

中粒与细粒花岗岩在微量元素含量方面变化不大，岩石中 Be、Ga、Ni、Sn、Y、Zr、Cu、Ba、Th 的含量低于酸性花岗岩的克拉克值，而 Cr、U 的含量明显地高于酸性花岗岩的克拉克值。

（3）九桶补体含斑细粒黑云母花岗岩（$Pt_2\gamma^4$）

灰-灰白色，细粒结构，岩石致密坚硬，见长石、石英斑晶，约 4~7mm，局部含量达 10%，与摩天岭岩体主体粗粒或中粒花岗岩接触界线为突变关系。

3. 构造

矿床内构造发育，以断裂为主，褶皱次之。

（1）褶皱

矿床西部及西南部四堡群文通组变质岩层走向 280°～300°，主要倾向南南西，倾角 50°～75°，基本上为单斜岩层，沿接触带附近岩层产状变化较大，见有拖拉，绕曲现象，保留有四堡-雪峰期形成的挤压褶皱及断裂构造痕迹，其褶皱轴向及断裂的延伸与岩层中的劈理、基性及超基性岩脉的产状基本一致，为后期构造的活动奠定了一定的基础。

（2）断裂

断裂构造十分发育，但规模不大，按其展布方向可分为近东西、近南北、北东、北面向四组。前两组断裂规模稍大，控制铀矿化的分布；后两组断裂规模小，为矿床储矿构造。各组断裂构造特征如（表 4-3）所示。

近东西向组

主要为 F_{52}，横贯矿床北部，属早期控矿构造，长度大于 2km，宽 0.5～3m，性质先压后张，倾向 175°～190°，倾角 70°～85°，带内充填压碎岩、角砾岩、白色石英脉、蚀变主要为硅化，绿泥石化，铀矿化主要分布于该断裂上盘。其他断裂一般规模较小。

近南北向组

主要有 F_{35}、F_{38}、F_{80}、F_{17} 等，长度一般为 600～1000m，呈带状断续分布，构造面舒缓波状，具压性特征。

F_{35}：分布于刘家东南面，长 420m，宽 0.6～8.5m，倾向东 76°～101°。带内充填破碎变质石英粉砂岩，局部见角砾岩，构造由裂隙和劈理组合而成，发育劈理和片理透镜体，蚀变主要为胶状黄铁矿化、绿泥石化。具铀矿化分布。

F_{38}：分布于莫家东南面，断续长大于 1000m，宽 0.3～2.2m，倾向 80°～90°，倾角 45°～55°，带内充填花岗压碎岩、压片岩，南段见构造角砾岩，蚀变主要为绿泥石化、黄铁矿化。地表断续具铀矿化分布，沿构造的中段及南段有水化异常晕分布。

F_{17}：分布于王洞-周家一带，长大于 1000m，宽 0.5～2.0m，倾向 90°～110°，倾角 55°～75°，带内充填压性角砾岩、糜棱岩，由多条裂隙组合而成，蚀变具绿泥石化。

北东向组

主要有 F_1、F_3、F_7、F_{12}、F_{49} 等断裂，集中展布在岩体内接触带花岗岩中，长度一般为 100～500m，宽 0.5～30m，其中 F_1、F_{12} 为矿床主要储矿构造。

F_1：由大致平行的 F_{1-1}、F_{1-2}、F_{1-3}、F_{1-4}、F_{1-5}、F_{1-6} 号（后三者为盲构造）断裂组成，出露于达亮西北面，地表长 180～440m，宽 0.5～30.0m，倾向 120°～160°，倾角 55°～76°。带内充填绿泥石化压碎岩，碎裂花岗岩，岩石破碎不均一，构造由一组裂隙或节理束组成，具斜列式分布，断面舒缓波状。蚀变主要为蠕绿泥石化，胶状黄铁矿化、赤铁矿化。构造向两端均有侧伏，铀矿化在裂隙密集、倾角变缓、蚀变叠加处富集。

F_{12}：由近于平行的 F_{12}、F_{12-1} 及 F_{12} 与 F_{12-1} 间一系列矿化小裂隙组成，分布于周家西面。地表出露长 500m，宽 0.5～30m，倾向 120°～150°，倾角 50°～70°，往深部明显变缓。带内充填绿泥石化破碎岩、压碎岩、碎裂花岗岩。构造由多条裂隙组合而成，具斜

表 4-3　达亮矿床主要断裂特征表

组号	编号	产状 倾向	产状 倾角	规模 长/m	规模 宽/m	断裂特征及主要蚀变	性质	矿化
近东西向组	F$_{52}$	175°~190°	70°~85°	>2000	0.5~3.0	填充压碎岩、角砾岩，白色石英脉，构造舒缓波状，蚀变有硅化、绿泥石化	先压后张	点状
近南北向	F$_{38}$	80°~90°	45°~55°	>1000	0.3~2.2	充填压碎岩、压片岩，发育片理、劈理，构造面舒缓波状，蚀变有绿泥石化、绢云母、黄铁矿、萤石化。具有定向排列，局部见白色石英脉	压性	矿化带
	F$_{35}$	76°~101°	50°~67°	420	0.6~8.5	充填破碎变质粉砂岩，压片岩，发育劈理、片理，其定向排列，蚀变有胶状黄铁矿化、绿泥石化、硅化		
	F$_{17}$	90°~110°	55°~75°	>1000	0.5~2.0	充填糜棱岩、角砾岩，白色石英脉及花岗破碎岩，发育压片理、走向上成组成带继续分布，蚀变为绿泥石化、硅化		点状
北东向组	F$_1$	120°~160°	55°~76°	180~440	0.5~30.0	充填压碎岩、碎裂花岗岩，破碎岩，构造以一组近平平行的裂隙或节理束组成，斜列式展布，硅化、赤铁矿化、绢云母化	压扭性	主要矿化带
	F$_{12}$	120°~150°	50°~70°	500	0.5~30.0	充填花岗碎裂岩，破碎花岗岩，压碎岩，岩石碎裂不均一，构造由一组平行小断面或节理束组成，斜列式展布，蚀变为绿泥石化、赤铁矿话、紫色萤石化		
	F$_7$	120°~160°	50°~70°	180	0.3~4.0	充填花岗岩破碎岩，碎裂岩，蚀变为绿泥石化、胶状黄铁矿化，构造面舒缓波状，浅色萤石化		矿化带
	F$_{49}$	115°~145°	54°~60°	300	0.5~5.0	充填角砾岩，压碎岩，发育有压片理透镜体，构造由一组平行裂隙或节理束组成，蚀变为绿泥石化、绢云母化、硅化		
北西向	F$_{31}$	51°~65°	60°~73°	100~370	0.5~5.5	充填破碎变质石英粉砂岩，白色石英脉，岩石破碎不均一，构造由裂隙或劈理带组成，构造面舒缓波状，蚀变有鳞状黄铁、胶状黄铁矿化、硅化	压性	矿化带
	F$_{32}$	55°~65°	70°~72°	100~120	0.5~2.5	充填破碎变质石英粉砂岩，白色石英脉，岩石破碎不均一，构造由裂隙或劈理带组成，构造面舒缓波状，蚀变有鳞状绿泥石化、胶状黄铁矿化、硅化		
	F$_{60}$	60°~65°	40°~45°	120	0.2~2.0	充填花岗岩破碎岩，花岗挤压片岩，糜棱岩、红化，高岭土化，岩石破碎程度较高，硅质脉、断续分布，蚀变为绿泥石化、硅化		点状
	F$_{43}$	210°~215°	78°~83°	670	0.8~7.0	充填花岗岩破碎岩，变质岩中为劈理带组成，构造由一组裂隙或节理束，蚀变为绿泥石化、黄铁矿化		

（据核工业中南地质勘查局 305 大队）

列式分布。蚀变主要为蠕绿泥石化、胶状黄铁矿化、赤铁矿化，次为绢云母化，深部钻孔中见紫黑色萤石化。构造向两端有侧伏，铀矿化在裂隙发育处。倾角变缓、蠕绿泥石与胶状黄铁矿发育地段较富且矿体集中。

F_7：分布于周家西面，地表出露长为 180m，宽 0.3~4.0m，倾向 120°~160°，倾角 50°~70°。带内充填花岗压碎岩、破碎岩，岩性破碎不均一。构造为多条裂隙组合，向 SW 端侧伏。铀矿化主要分布在 F_7 南段构造膨胀处，胶状黄铁矿，蠕绿泥石，紫黑色萤石发育地段。多表现为盲矿体。

北西向组

内外带中均有分布，外带主要有 F_{30}、F_{31}、F_{32}、F_{41}、F_{43}；内带主要有 F_{14}、F_{16}、F_{18}、F_{21}、F_{22}、F_{23}、F_{60}。长度 100~1000m，性质为压性，铀矿化仅次于北东向组断裂，而且是铜锡矿带主要储矿构造。

F_{31}：由 F_{31-1}、F_{31-2}、F_{31-3}、F_{31-4}、F_{31-5}、F_{31-6}组成，斜列式分布，出露于田良的西北面，单条长 100~370m，宽 0.5~5.5m，倾向 51°~65°，倾角 60°~73°，往深部有变缓趋势。带内充填破碎变质石英粉砂岩，角砾岩及石英脉，断裂由一组密集的劈理和裂隙组成。岩石破碎程度较低，极不均一。蚀变主要为蠕绿泥石化、胶状黄铁矿化，次为硅化，呈微脉状充填。为外带主要储矿构造。

F_{32}：由 F_{32-1}、F_{32-2}、F_{32-3}组成，出露于菜园坡北面，地表长 100~120m，宽 0.5~2.5m，倾向 55°~65°，倾角 70°~72°，带内充填破碎变质石英粉砂岩，白色石英脉，劈理化变质岩，局部见断层泥。断裂由一组密集的劈理和裂隙面组成，具斜列式分布，蚀变主要为胶状黄铁矿化、蠕绿泥石化，次为硅化。地表铀矿化较好，深部坑道揭露矿化分散，矿体规模小。

F_{18}：由 F_{18-1}、F_{18-2}、F_{18-3}组成，出露于周家西侧，地表长 160~260m，宽 0.5~2.5m，倾向 65°，倾角 40°，带内充填破碎花岗岩、压碎岩、碎裂花岗岩。断裂由多条裂隙组成，蚀变主要为赤铁矿化，次为绿泥石化、硅化，具铀矿化。

F_{43}：出露于田良南面，地表断续长 670m，宽 0.8~7m，倾向 210°~215°，倾角 59°~83°，带内充填破碎变质石英粉砂岩，石英脉、破碎花岗岩。断裂由多条裂隙组合，变质岩中表现为劈理和裂隙，花岗岩中表现为裂隙或硅化带。蚀变主要为硅化、黄铁矿化、绿泥石化。

上述四组断裂主要活动期有两次，早期(矿前期)为四堡-雪峰期，是在近南北向压应力作用下形成的近东西向褶皱和断裂，归属于南岭纬向构造带体系之北亚带。成矿期为加里东期，是在近东西向作用力下形成的南北向压性，近东西向张性，北东向压扭性，北西向压性断裂，归属于广西山字型脊柱构造中。加里东期构造活动强烈，为主要蚀变矿化期。

4.1.2 矿体特征

1. 矿体赋存部位及空间分布

目前矿床圈定大小矿体共 111 个，分别分布在 1 号、12 号、31 号、32 号、34 号、

35 号、41 号等 7 条矿带中；其中内带的 1 号、12 号带集中了矿床的大部分矿量和矿体，矿量占总储量的 93%，矿体 83 个，占总矿体数的 75%，矿体赋存标高 743~212m，垂深 531m，出露地表的矿体 4 个(1 号带 3 个，12 号带 1 个)，95% 以上为盲矿体，且矿体向南西侧伏。外带矿量很少，仅占总储量的 7%，圈定矿体占总矿体数的 25%，分散在31 号、32 号、34 号、35 号、41 号等 5 条矿带中，分布范围局限，最大面积 0.18km²(31号带)，最小面积 0.03km²(41 号带)，而 31 号和 35 号两条带就有矿体 20 个，占外带总数的 71%、矿量 90% 以上，矿体赋存标高 667~195m，垂深 472m，出露地表的矿体 4个，85% 以上为盲矿体。

在达亮矿区 2 线、11 线施工了 2 个钻孔，12 号带 45 号矿体沿倾向变厚、变富，同时首次在 790m 的孔深处见有较好的矿化，使得达亮矿床矿化标高由 200m 延伸到 0m 左右，大大增加了该矿深部找矿的信心。

2. 矿体形态及产状

较大的矿体一般走向长 100~150m，倾向延伸 100~200m，最大的 1—1 矿体走向长241m，倾向延伸 170m；多数矿体走向长 40~80m，倾向延伸 60~200m，其中单工程见矿的小矿体就有 54 个，几乎占矿床总矿体数的一半。总观矿体倾向延伸比走向要长(1 号带多数矿体走向比倾向长)，多呈长条状、扁平状透镜体或小透镜体、脉状形态产出。

矿体产状基本上与其所在断裂破碎带的产状是一致的。1 号带矿体总体走向 48°，倾向 138°，倾角 55°，走向变化于 35°~61°，倾角变化于 45°~63°，无明显规律性。12 号带矿体总体走向 37°，倾向 127°，倾角 45°，走向变化于 2°~57°，倾角变化于 33°~57°，并表现呈上陡下缓的总趋势。31 号带矿体总体走向 335°，倾向 65°，倾角 53°，走向变化于331°~339°，倾角变化于 49°~58°，总的看比较稳定。34 号带矿体走向 79°，倾向 169°，倾角 61°。35 号带矿体走向近南北，倾向东，倾角 56°(广西壮族自治区 305 核地质大队，1994)。

3. 矿体品位及厚度

(1)矿体品位

据参与储量计算的 536 个矿段统计，采用算术平均值求得矿床平均品位 0.421%，品位变化系数 302%；其中有 3 个矿段(1 号带 2 个，12 号带 1 个)品位大于 10% 不参与统计，则矿床平均品位 0.331%，品位变化系数 177%；两者相差较大(1.7 倍)，而这 3 个特高矿段仅占总矿段数的 6‰，不参与统计更能代表矿床铀含量变化特征，所以一律采用不包括这 3 个特高品位在内的统计数据。其结果说明矿床品位中等，铀含量分布极不均匀，且各矿带又有所差异。矿床储量 90% 以上在内接触带。

内接触带 1 号矿带矿体平均品位 0.223%，品位变化系数 161%。单矿体最高品位0.644%。单矿体最低品位 0.059%。矿体沿走向及倾向变化较大，但总体情况是浅部较贫，深部较富。12 号矿带矿体平均品位 0.477%，品位变化系数 163%。单矿体最高品位4.541%，单矿体最低品位 0.067%。矿体沿走向及倾向变化较大，但总体情况是矿体较富，且深部更富。

外带矿体平均品位 0.209%，品位变化系数 134%，单矿段最高品位 1.923%，单工程最高品位 1.923%，最低品位 0.050%，单矿体最高品位 1.136%，最低品位 0.050%。矿体品位沿走向和倾向变化总的情况是：凡地表见矿部位及其相应的深部较富，其他部位则较贫，31 号、32 号带较富，34 号、41 号带则较贫。

（2）矿体厚度

据参与计算储量的 267 个矿体工程切穿点统计，矿床平均厚度 0.88m（真厚度，下同），厚度变化系数 116%。矿体厚度薄，且不稳定，是矿床矿化特征之一。

外带矿体平均厚度 0.69m，厚度变化系数 80%，单工程最厚 2.72m，最薄 0.13m，单矿体最厚 1.46m，最薄 0.13m。矿体厚度较薄，相对较稳定（广西壮族自治区 305 核地质大队，1994）。

4. 矿石类型、结构、构造及成分

（1）矿石类型、结构、构造

矿石类型主要为沥青铀矿－蠕绿泥石型。沥青铀矿呈细脉状、球粒状、胶状，与绿泥石、胶状黄铁矿共生或与黄铁矿相互交代残留。

矿石的结构构造较为简单，主要有胶状结构、交代残留结构以及脉状构造、网脉状构造、浸染状构造、角砾状构造等。

（2）矿石矿物成分

铀矿物以原生沥青铀矿为主（见附录彩色图版　照片 4-1），地表氧化带见有铀黑、硅钙铀矿、脂铅铀矿、铜铀云母、钙铀云母等，脉石矿物有石英、白云母、绢云母、绿泥石、长石、方解石、萤石、辉沸石等，金属矿物有黄铁矿、磁黄铁矿、赤铁矿、黄铜矿、方铅矿、闪锌矿、辉铜矿等（见附录彩色图版　照片 4-2）。

根据矿物的共生组合及其先后生成顺序可划分为 5 个阶段：①成矿前期硫化物阶段，形成一系列金属硫化物为特征；②成矿期沥青铀矿－蠕绿泥石，胶状黄铁矿阶段，为矿床铀主要成矿阶段；③成矿期沥青铀矿－紫色萤石、方解石阶段，分布很少，以颜色深为特征；④成矿后期晚绿泥石－微晶石英、绢云母，浅色萤石阶段，微晶石英以质纯，透明度高为特征；⑤成矿后期方解石－辉沸石－梳状石英阶段，以质纯，分布广，呈晶簇或脉状充填为特征。

（3）矿石化学成分

矿石的化学成分 Fe_2O_3、FeO、MgO、MnO、SO_3、P_2O_5 的含量总的来看高于正常花岗岩，说明矿石是在去硅去碱作用下，弱酸性、还原条件下形成的，U 与 Fe_2O_3、FeO、SO_3、P_2O_5 呈正相关，说明沥青铀矿与黄铁矿和赤铁矿关系密切。矿石中微量元素 Be、Pb、Cu、Zn、Y、Yb、U、Th 都明显地高于正常花岗岩，U 与 Pb、Cu、Zn、Y、Yb、Th 关系密切，Pb、Zn、Cu、Y、Yb、Th 为铀的伴生元素，但含量低，未达到综合利用价值，可作为找矿的指示元素（广西壮族自治区 305 核地质大队，1994）。

5. 矿体围岩

内带中矿体围岩为中粒或细粒黑云母花岗岩及其破碎岩，其成分由钾长石、斜长石，石英、黑云母、白云母、绿泥石、黄铁矿、赤铁矿等组成，具花岗结构，块状构造；近矿体部位岩石破碎，裂隙发育，见有钾长石化、绿泥石化、绢云母化、硅化、黄铁矿化等蚀变，其发育程度与围岩的破碎程度有关，宽度在 0.5～30m；正常围岩呈浅灰色，具有轻微蚀变，岩石致密坚硬，蚀变破碎围岩呈暗灰色、暗绿色，结构欠紧密，岩石坚硬程度稍差。

外带中矿体围岩为变余石英粉砂岩，变粒岩及其破碎岩，其成分由石英、黑云母、白云母、绢云母、绿泥石、长石等组成，具变余粉砂结构，块状构造；近矿体部位岩石破碎，裂隙发育，见有绿泥石化、绢云母化、硅化、黄铁矿化、碳酸盐化等蚀变，宽度在 0.5～10m。正常围岩呈浅灰至灰白色，岩石致密坚硬，蚀变破碎围岩呈暗灰至暗灰绿色，岩石致密坚硬程度稍差，但由于这种变质岩层理，劈理较发育，经撞击后易松碎。

内带及外带中矿体规模小，厚度薄，一般无夹石。

4.1.3　矿区围岩蚀变

矿床围岩蚀变种类多，无明显的分带性，且内外带有明显的差异。内带蚀变主要有云英岩化、钾长石化、绿泥石化、黄铁矿化、赤铁矿化、硅化、绢云母化、辉沸石化、萤石化、碳酸盐化、高岭土化等。外带蚀变表现较弱，主要有绿泥石化、硅化、黄铁矿化、碳酸盐化、萤石化等。

（1）云英岩化

呈南北向或北西向条带状、圆块状、枝叉状分布，剖面上，上宽下窄，与围岩为渐变关系，残留有原岩结构及淡紫色石英颗粒，矿物成分主要为石英、绢云母，局部有黄玉，与锡、铜矿化关系密切。

（2）钾长石化

呈团块状分布，与围岩呈渐变关系，表现在钾长石对斜长石的交代，蚀变较强处，石英显著减少或消失，钾长石增加，呈肉红色，碎斑结构，伴随绿泥石化、黄铁矿化、赤铁矿化。岩石钾化伴随 SiO_2 的带出，有利于铀的活化转移。

（3）绿泥石化

普遍分布的为叶绿泥石，由黑云母蚀变形成。与铀矿化有关的为蠕绿泥石，颜色较深，富铁镁，镜下单体呈鳞片状、扇状集合体，粒径小，一般为 0.1～0.05mm。

（4）硅化

为矿床普遍发育的一种类型，以脉状充填和交代两种方式产出，可分为三期：矿前期硅化以交代为主，部分形成石英岩；矿期充填微晶石英，常与胶状黄铁矿相伴生，沥青铀矿分散在石英矿物颗粒间；矿后期为白色石英，梳状石英脉充填于岩石裂隙中。

（5）绢（水）云母化

广泛发育，可分为三期：矿前期由斜长石蚀变形成的绢云母，颜色浅，分布广，使其岩石孔隙度增大，成为成矿有利围岩；矿期绢云母颜色蛋黄，常与细分散黄铁矿伴生，呈微脉状分布于沥青铀矿脉的两侧或沥青铀矿脉沿绢云母边缘沉淀；矿后期绢云母常与黏土矿物共生。

（6）黄铁矿化

矿床普遍存在的蚀变类型之一，常见有脉状、粒状、粉末状、胶状。可分为：

早期黄铁矿为自形－半自形的粒状或五角十二面体呈分散状分布于岩石或矿物颗粒间。

矿期胶状黄铁矿，通常呈浸染状、细脉状产出，镜下可见沥青铀矿沿胶状黄铁矿边缘沉淀，并有相互交代残留现象。

后期黄铁矿多为立方体晶形或细小颗粒状，粉末状产出。

（7）赤铁矿化（红化）

分布局限，仅在矿化地段出现，以充填、交代两种方式产出，前者沿岩石裂缝和矿物裂纹充填呈细小赤铁矿脉，后者肉眼观察表现为长石变红，呈猪肝色。

（8）萤石化

呈细脉、网脉状、团块状、浸染状产出。矿期萤石呈紫黑色，结晶程度差，偶见于深部钻孔中。矿后期萤石颜色浅、结晶程度好，分布也较少。

（9）碳酸岩化

在矿点、矿床内露头中均未发现碳酸岩化的现象或碳酸盐脉的存在，但是使用盐酸进行岩心样品的滴酸试验过程中发现，在较为破碎的岩心段盐酸剧烈起泡，显然说明有碳酸盐矿物的存在。经过仔细观察，发现碳酸盐矿物以极细微的脉充填在破碎裂隙中，有的或直接与铁质共同组成早期破碎岩石的二次胶结物质。这一现象在达亮矿床和同乐矿点的岩芯中均较为普遍，而且有碳酸盐化的地方也伴有不同程度的铀矿化现象，似乎表明铀矿化与碳酸盐化有直接或间接的关系。

4.1.4　矿床地球化学特征

对采集的样品，分析其常量元素、微量元素和稀土元素，分析测试由核工业北京地质研究院分析测试中心分析，常量元素分析采用 GB/T14506.28－93 硅酸盐岩石化学分析方法，X 射线荧光光谱法测定主、次元素含量，微量元素采用 DZ/T0223－2001 电感耦合等离子体质谱(ICP-MS)方法分析。

1. 常量元素地球化学特征

常量元素分析了 14 个样品，样品的岩性特征见表 4-6，常量元素分析结果可见表 4-7。

表 4-6　样品岩性特征

样品号	岩性	备注
M011	岩石新鲜面呈浅灰白色，风化面略显黄色、浅红色。岩石呈似斑状结构，斑晶为烟灰色粒状石英和灰白色斜长石斑晶，但以石英斑晶为主；斑晶中还可见一类黑色集合体状矿物；见放射状电气石集合体，分布不多。基质为石英、长石、云母和少量副矿物	四堡群文通组围岩
M012-5	以深灰－灰白色的硅化粉砂质板岩为主，具有较弱的蚀变，硅化较强，岩石坚硬	外带矿化带
M016	为云英岩，灰白色，主要成分为白云母、石英。石英有烟灰色、白色，烟灰色石英	围岩

样品号	岩性	备注
M017-1	一号矿带出露处，下盘为硅化中粒花岗岩，粒径 2～3mm，成分石英、长石、黑云母为主，硅化较强	1 号矿带下盘围岩
M017-2	矿带 2～3 m，为红化、赤铁矿化、褐铁矿化、绿泥石化，其中赤铁矿化较强，标高：715m	1 号矿带地表矿体
M017-3	上盘为一粗粒花岗岩，含有长石、石英、黑云母，有部分蚀变（钾长石化）	1 号矿带上盘围岩
M018	该处为一号坑道运出的矿石，有黑色、灰黑色矿石，估计有沥青铀矿，标高：675m	矿石
ZK1-5	岩石致密，颜色较深，1 号钻孔矿体，标高：281m	矿体（钻孔样品：505.5～505.6m）
ZK2-10	灰—灰白色，中粗粒黑云母花岗岩，标高：−112m	围岩（钻孔样品：797.25～797.45m）
M078	矿脉下盘远离矿体花岗岩（M078-1）；矿脉取样（M078-3）；矿脉上盘为远离矿的花岗岩，弱蚀变，中粗粒，长石含量较高（M078-5）；矿脉上盘远离矿的花岗岩，中粗粒（M078-6）；矿上盘更远处花岗岩，弱蚀变，中粗粒（M078-7）	1 号坑道样品

表 4-7　矿区常量元素分析结果表

样号	SiO_2	Al_2O_3	Fe_2O_3	MgO	CaO	Na_2O	K_2O	MnO	TiO_2	P_2O_5	烧失量	FeO	H_2O^+	S
M078-1	73.8	12.59	3.31	0.66	0.19	2.43	5.01	0.09	0.159	0.086	1.31	1.65	-	-
M078-3	64.48	9.6	16.17	3.1	0.21	0.12	2.76	0.36	0.09	0.114	2.47	8.4	-	-
M078-5	70.15	14.74	4.07	0.74	0.24	2.02	5.24	0.11	0.16	0.131	2	1.45	-	-
M078-6	73.26	13.91	2.4	0.5	0.3	2.57	5.4	0.05	0.14	0.142	1.09	1.15	-	-
M078-7	72.43	14.19	2.75	0.77	0.33	2.27	5.63	0.05	0.195	0.152	0.97	1.4	-	-
M011	74.68	12.59	2.06	0.43	0.77	2.52	5.3	0.022	0.045	0.09	1.19	1.25	0.77	56
M012-5	68.01	16.02	2.98	1.33	1.98	1.5	4.09	0.047	0.64	0.14	2.89	1.9	1.68	75
M016	75.57	19.75	1.35	0.077	0.49	0.094	1.6	0.017	0.09	0.043	0.83	1.2	0.78	84
M017-1	78.02	9.72	3.86	0.46	0.7	0.48	4	0.14	0.077	0.038	2.1	3.2	1.95	94
M017-2	46.75	9.74	29.12	6.6	0.28	0.052	0.067	0.39	0.12	0.11	6.44	9.3	6.33	171
M017-3	73.91	13.03	2.78	0.4	0.44	1.26	5.47	0.039	0.091	0.063	2.15	2.15	1.85	79
M018	59	10.18	19.05	3.04	0.76	0.15	2.73	0.35	0.051	0.11	4.15	8.25	4.01	81
ZK1-5	79.75	10.39	2.81	0.37	0.23	0.17	4.06	0.037	0.051	0.14	1.67	1.95	1.55	1490
ZK2-10	75.4	12.38	2.03	0.37	0.48	2.73	5.45	0.055	0.088	0.13	0.64	1.25	0.83	101

注：S 的单位为 $\times 10^{-6}$，其他元素为 %

图 4-2 是矿区内部 S 元素的变化图。由图中可以看出，区内 S 元素的变化明显，其中 M017-2、ZK1-5 样品 S 含量显著增加。最高达到了 1490×10^{-6}（ZK1-5），最小只有 56×10^{-6}（M011），由此可知，从矿区外带到矿体，常量元素 S 呈不断增高的变化规律。而钻孔岩芯样品 ZK1-5 则达到了峰值（1490×10^{-6}）。S 的增高说明从外带到矿体硫化物的含量在逐渐增高，同时矿石样品中 S 的含量显著增高。在野外实地勘查的过程中，也发现从外带到矿体黄铁矿的含量在增高，而 S 又是黄铁矿的主要组成成分（Fe 46.55%，S 53.45%），黄铁矿可经由岩浆分结作用、热水溶液或升华作用中生成，是重要的伴生矿物，由此可以推断，广西达亮铀矿床铀矿化与黄铁矿等硫化物的形成有十分紧密的关系。

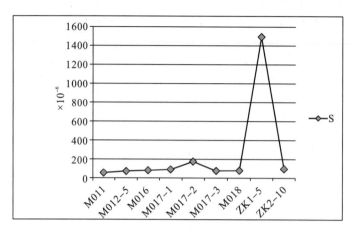

图 4-2　区内常量元素 S 地球化学特征图

图 4-3～图 4-5 是地表出露 1 号矿带所采样品常量元素地球化学图。

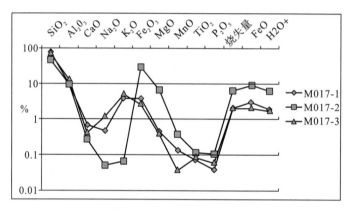

图 4-3　地表矿带样品常量元素地球化学特征图

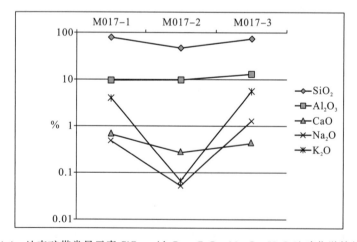

图 4-4　地表矿带常量元素 SiO_2、Al_2O_3、CaO、Na_2O、K_2O 地球化学特征图

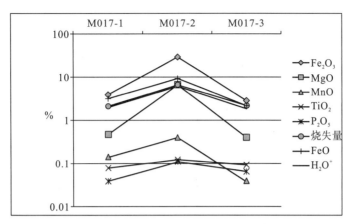

图 4-5　地表矿带常量元素 Fe_2O_3、MgO、MnO、TiO_2、P_2O_5、
烧失量、FeO、H_2O^+ 地球化学特征图

M017-1、M017-2、M017-3 号样品分别为出露地表的矿带的下盘、矿带、上盘。由图 4-4 可知，M017-1、M017-3 号样品常量元素 SiO_2、Al_2O_3、CaO、Na_2O、K_2O 含量相近并且高于 M017-2 号样品。而常量元素 Fe_2O_3、MgO、MnO、TiO_2、P_2O_5、烧失量、FeO、H_2O^+ 恰恰相反(图 4-5)。矿带上 M017-2 号样品 S 含量明显高于 M017-1、M017-3 号样品(图 4-2)。由此可见，地表矿带不是以硅化为主。由图 4-5 可知，矿带上 M017-2 号样品 Fe_2O_3 含量远高于其上盘下盘，说明矿带有明显的赤铁矿化、褐铁矿化。从图 4-3 中可以看出，M017-1、M017-3 号样品常量元素含量非常相似，而 M017-2 号样品常量元素含量明显不同于 M017-1、M017-3 号样品。同时可以看出，矿带内部 Na_2O+K_2O 的含量明显低于围岩，SiO_2 的含量略低于围岩，但 S 的含量显著高于围岩，Fe_2O_3、MgO、FeO 的含量明显高于围岩。由此可见达亮铀矿床成矿物质不完全来源于围岩，可能还有其他来源。同时说明在矿化过程中有物质的带入带出。

图 4-6～图 4-10 是不同高程矿(化)体样品的常量元素地球化学图。M017-2、M018、ZK1-5 三个样品采样深度不同，分别采集于地表(标高 715m)、坑道(标高 675m)、钻孔(标高 281m)。

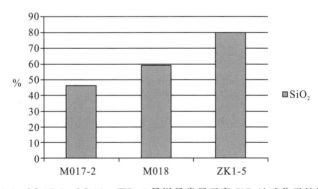

图 4-6　M017-2、M018、ZK1-5 号样品常量元素 SiO_2 地球化学特征图

由图 4-6 可知，随着矿体深度的增加，SiO_2 的含量也随之增高，由此可以推断，随着成矿深度的增加，硅化强度也随之增加。由图 4-7、4-8 可知，常量元素 Al_2O_3、Fe_2O_3、

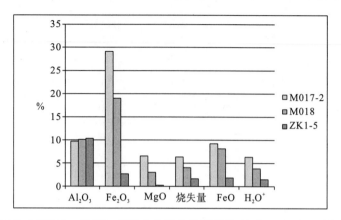

图 4-7 M017-2、M018、ZK1-5 号样品常量元素 Al$_2$O$_3$、Fe$_2$O$_3$、MgO、
烧失量、FeO、H$_2$O$^+$ 地球化学特征图

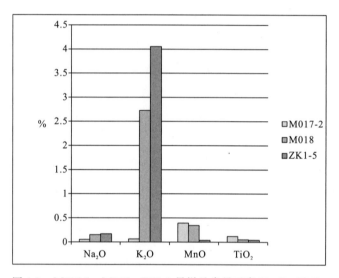

图 4-8 M017-2、M018、ZK1-5 号样品常量元素 Na$_2$O、K$_2$O、
MnO、TiO$_2$ 地球化学特征图

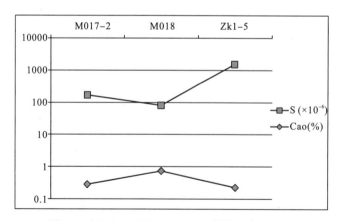

图 4-9 M017-2、M018、ZK1-5 号样品常量元素
S、CaO 地球化学特征图

MgO、Na$_2$O、K$_2$O、MnO、TiO$_2$、FeO、H$_2$O$^+$ 也随着成矿深度的变化而变化，其中，常量元素 Fe$_2$O$_3$、MgO、MnO、TiO$_2$、FeO、H$_2$O$^+$ 的含量随着成矿深度的增加也有不同程度的减小，而常量元素 Al$_2$O$_3$、Na$_2$O、K$_2$O 的含量随着成矿深度的增加而增加。图 4-9 表明，随着深度增加，S 含量明显增加，CaO 量度化不大，说明矿化带向深部还原性增强。由图 4-10 可知，M017-2 号样品投在钙碱性系列，M018 号样品投在钾玄岩系列，ZK1-5 号样品投在高钾钙碱性系列。从图中可以看出，K$_2$O 随 SiO$_2$ 的含量增高而呈现上升趋势。可能是因为岩石演化过程中存在一次钠质向钾质转化的过程。

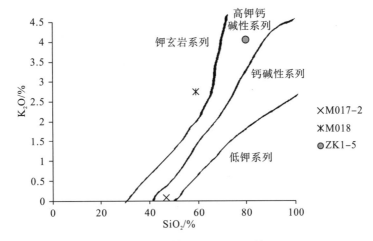

图 4-10　M017-2、M018、ZK1-5 号样品 K$_2$O-SiO$_2$ 图解（原图来源，王红军，2009）

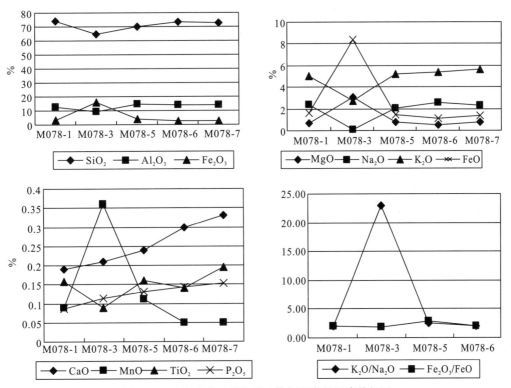

图 4-11　达亮矿床 1 号坑道矿体剖面常量元素特征图

图 4-11 是达亮矿床一号坑道中一个矿体剖面所采集样品的常量元素分析结果图。从图中可以看出矿体常量元素(M078-3)与上下盘围岩常量元素有很大差异,其中在矿体中 SiO_2、Al_2O_3、Na_2O 和 K_2O 均较围岩降低,而 Fe_2O_3、FeO、MgO、MnO 则较围岩增高,CaO、P_2O_5 则从矿体下盘到上盘呈持续增加趋势。K_2O/Na_2O 在矿体中明显高于围岩,Fe_2O_3/FeO 则变化不大。上述分析说明,达亮矿床在成矿过程中是一个去碱、去铝的过程,同时相对而言钾含量显著高于钠。

2. 微量元素地球化学特征

对达亮矿床的矿石与围岩共采取了 10 件样品,分为两个剖面各采 5 件:以钻孔为代表的垂直剖面取样;以及以一号坑道为代表的水平剖面取样,其采样点示意图见图 4-12。以此详细研究矿床的微量元素在空间上的分布特征及成矿意义。

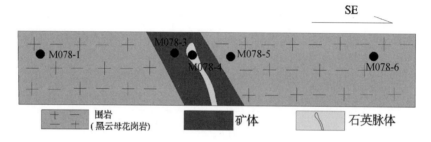

图 4-12 一号坑道水平剖面样品采样示意图

微量元素分析了 14 个样品,样品岩性特征可见表 4-8,微量元素分析结果可见表 4-9。

表 4-8 样品岩性特征

序号	岩性	备注
M017-2	矿带 2~3m,为红化、赤铁矿化、褐铁矿化、绿泥石化,其中赤铁矿化较强	地表矿体
ZK1-5	岩石致密,颜色较深。标高:281m	矿体(钻孔样品:505.5～505.6m)
M012-4	F_{31-1} 上盘,硅化较强,岩石坚硬	外带
M012-6	F_{31-1} 下盘,岩石硅化	外带
ZK1-6	碱交代型花岗岩,有萤石脉,可见绿泥石化。该样品往下 1.5m 处可见一个约 20cm 的矿体。标高:268m	围岩(钻孔样品:518.9~519m)
ZK2-4	两个矿带之间的围岩-花岗岩体。标高:363m	围岩(钻孔样品:322.41～322.61m)
ZK2-5	沥青铀矿,萤石化发育,碎裂岩化发育,岩石红色较深。标高:361m	矿体(钻孔样品:324～324.03m)
ZK2-7	粗粒钾长花岗岩,其中以浅色矿物为主。标高:238m	围岩(钻孔样品:447~447.4m)
M078-1	矿脉下盘远离矿体花岗岩	围岩
M078-3	沥青铀矿	矿体
M078-4	矿脉内近成矿期的石英脉	石英脉
M078-5	矿脉上盘为远矿花岗岩,弱蚀变,中粗粒,长石含量较高	围岩
M078-6	矿脉上盘远离矿的花岗岩,中粗粒	围岩
M078-7	矿上盘更远处花岗岩,弱蚀变,中粗粒	围岩

表 4-9　达亮矿床样品微量元素含量

单位：$\times 10^{-6}$

样品编号		描述	Sc	Cr	Co	Ni	Cu	Zn	Rb	Sr	Y	Zr	Nb	Sb	Cs	Ba	Hf	Ta	W	Pb	Th	U
水平剖面	M078-1	下盘远矿体花岗岩	4.51	221	3.02	4.12	3.45	28.5	247	16.5	19.2	87.3	8.34	0.302	9.09	105	3.55	1.65	16.8	20.3	12.9	10
	M078-3	矿石	4.29	153	6.57	5.11	40.1	51.9	125	14.4	206	62.8	6.75	14.7	5.53	122	2.52	1.31	58.5	392	10.5	4841
	M078-4	成矿期石英脉	1.59	481	8.98	8.37	61.3	38.1	110	6.9	55.9	27.5	3.73	5.73	25.4	32.7	1.17	0.7	45.9	144	3.39	559
	M078-5	上盘近矿体花岗岩	4	130	2.71	3.11	62.8	20.9	279	19.1	19.8	77.6	8.44	0.432	10.5	125	2.86	1.77	15.8	25.5	11.7	127
	M078-6	上盘远矿体花岗岩	4.65	143	2.29	3.13	5.92	22.6	324	18.7	19.3	103	9.31	0.254	12.5	56.6	3.86	1.98	14.2	26.7	12.8	77.6
垂直剖面	ZK1-6	含萤石脉碱交代花岗岩	3.74	5.67	2.11	7.26	23.8	120	745	31.2	7.17	76.5	8.12	2.03	608	77.8	3.18	2.27	4.65	14.2	4.52	10.4
	ZK1-5	深色围岩	3.86	8.87	2.57	2.38	65.7	55.4	447	5.04	13.2	99.1	6.56	0.728	19.8	166	4.1	1.61	5.63	64	12.4	15.2
	ZK2-7	浅色粗粒花岗岩	4.89	3.56	2.59	4.26	46.2	56	344	27.7	27.8	94.9	8.86	0.623	15.6	97.4	3.75	1.71	3.77	29.9	14.4	58.2
	ZK2-5	沥青铀矿，萤石发育	4.41	3.35	9.38	6.58	171	49.9	292	63.1	223	71.4	9.31	12.4	26.5	197	2.94	1.57	32.3	1055	11.1	8039
	ZK2-4	矿带间围岩	4.58	5.2	2.21	4.27	33.2	49.6	321	20.1	23.2	94.9	8.47	0.66	13.3	61.2	3.66	1.94	7.78	34.1	12.8	35.2

图 4-13～图 4-15 是不同矿化高度样品的微量元素地球化学图。

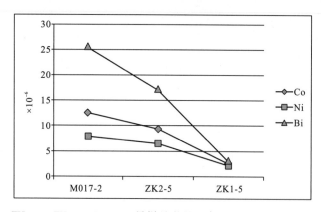

图 4-13　ZK1-5、ZK2-5、M017-2 号样品微量元素 Bi、Ni、Co 地球化学特征图

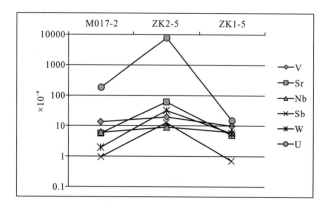

图 4-14　ZK1-5、ZK2-5、M017-2 号样品微量元素 U、W、Sb、Nb、Sr、V 地球化学特征图

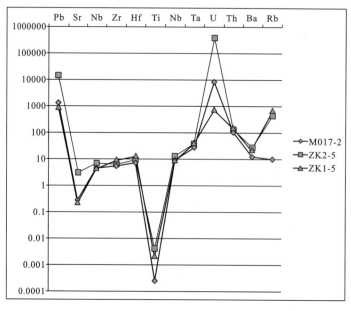

图 4-15　ZK2-5、ZK1-5、M017-2 号样品微量元素原始地幔标准化蛛网图（据 Taylor，1986）

　　M017-2、ZK2-5、ZK1-5 号样品是分别从标高 715m、361m、281m 取的样品。由图 4-13 可知，微量元素 Bi、Ni、Co 的含量随着成矿深度的增加而减小。由图 4-14 可知，ZK2-5 号样品 U、W、Sb、Nb、Cr、V 的含量高于 ZK1-5、M017-2 号样品。ZK1-5、M017-2 号样品 U、W、Sb、Nb、Cr、V 的含量变化规律相似。

　　图 4-15 中，ZK2-5、ZK1-5、M017-2 号样品的微量元素结构相似，都是富集微量元素 Pb、U，而微量元素 Sr、Ti 有不同程度的负异常。ZK2-5、ZK1-5 号样品微量元素 Rb 显示明显富集，而 M017-2 号样品微量元素 Rb 富集程度较弱。由此可以看出，达亮铀矿床在距标高 361m 处铀矿化最强，深部次之，地表最弱。

　　图 4-16、图 4-17 是围岩微量元素原始地幔标准化蛛网图。

　　在图 4-16 中，围岩 ZK2-7、ZK2-4、ZK1-6、M012-6、M012-4 号样品的微量元素结构相似，微量元素 Pb、U、Th、Rb 呈现不同程度的富集，而微量元素 Sr、Ti 呈现不同程度的负异常。其中 M012-4、M012-6 是外带四堡群矿化带围岩。可以看出，除 U 外其他微量元素变化规律基本相似，说明花岗岩体与四堡群围岩有一定的同源性。

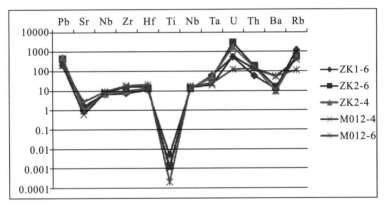

图 4-16　样品微量元素原始地幔标准化蛛网图（据 Taylor，1986）

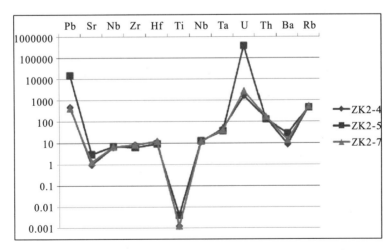

图 4-17　ZK2-7、ZK2-5、ZK2-4 号样品微量元素原始地幔标准化蛛网图（据 Taylor，1986）

　　图 4-17 是 ZK2 钻孔中矿体及上下围岩微量元素原始地幔标准化蛛网图。其中 ZK2-4 是矿体上盘花岗岩，ZK2-5 是矿体，ZK2-7 是矿体下盘，岩性是粗粒钾长花岗岩。ZK2-7、ZK2-5、ZK2-4 号样品的微量元素结构相似，都是富集微量元素 Pb、U，而微量元素 Sr、Ti、Ba 有不同程度的负异常。说明成矿物质来源与围岩有一定的关系。

　　图 4-18 是 M078-1、M078-3、M078-4、M078-5、M078-6、M078-7 号样品的微量元素原始地幔标准化蛛网图。图中 M078-1、M078-3、M078-4、M078-5、M078-6、M078-7 号样品的微量元素结构相似，都是富集微量元素 Pb、U，而微量元素 Sr、Ti、Ba 有不同程度的负异常。说明成矿物质来源与围岩有一定的关系。M078-4 号样品（矿体里的石英脉）除了微量元素 U、Pb，其他微量元素均低于其他样品。说明石英脉的物质来源与矿体及围岩可能是不同的。

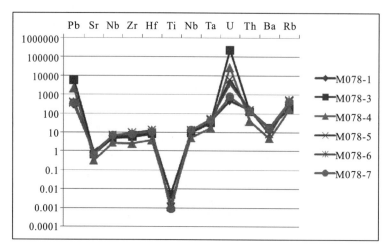

图 4-18　坑道剖面样品微量元素原始地幔标准化蛛网图（据 Taylor，1986）

　　表 4-9 为达亮矿床横纵两剖面围岩与矿石的微量元素含量。从水平剖面微量元素原始地幔标准化图来看（图 4-19），达亮矿床围岩异常富集大离子亲石元素 Rb、Cs、U，较为富集 Y、Sb、W，明显亏损 Ni、Th 等；而矿石则明显富集 Rb、Sb、W、Pb、U。从垂直剖面微量元素原始地幔标准化图来看（图 4-20），达亮矿床围岩异常富集 Rb、Cs，较为富集 Cu、W、Pb，明显亏损 Cr、Ni；而矿石则异常富集 Rb、Cs、Pb、U。Y 为稀土元素，不管是在围岩或矿石中都相对富集；Cr 在垂直剖面上表现出异常亏损，而在水平剖面上则表现正常；横纵剖面不管矿石或围岩的轻微量元素都拟合较好，而原子序数较大的微量元素差异则较大，这可能与成矿流体中各元素的地球化学行为有关，同时也说明了流体中重微量元素的分馏作用较为明显。

　　从图 4-21 则可以看出，成矿期石英脉的微量元素分布与矿石的大致一致，则可说明该次流体为矿床的形成提供了重要的物质来源。

　　使用 SPSS 统计软件对达亮矿床样品的微量元素数据进行 R 型聚类分析，统计结果如图 4-22 所示，与 U 组成一类的微量元素主要有 Pb、Y、Sb，其次为 Co、W 等。

　　同时从表 4-10 也可以看出，样品中 U 与 Pb、Y、Sb 等元素呈正相关关系，其相关系数都在 0.9 以上，特别是 U 与 Pb 的相关系数更是达到了 0.973；U 与 Y 的相关系数为 0.969，而 Y 为稀土元素，所以 U 与稀土元素的相关性也很高；这反映了 U 与 Pb、稀土元素具有高度的同源性。而这些与 U 相关性高的元素又主要是大离子亲石元素，一般都富集在地壳，但 Co、W 则是高温元素，反应深部来源的信息，所以这也从侧面反映了达亮矿床的成矿物质具有地壳和深部来源的混合特征。

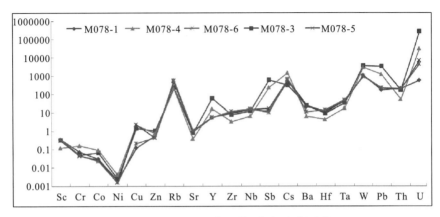

图 4-19　达亮矿床水平剖面微量元素原始地幔标准化图（据 Taylor，1986）

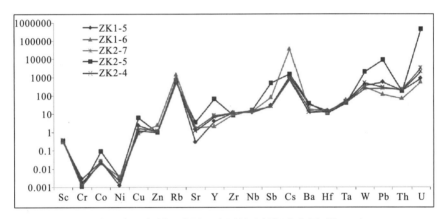

图 4-20　达亮矿床垂直剖面微量元素原始地幔标准化图（据 Taylor，1986）

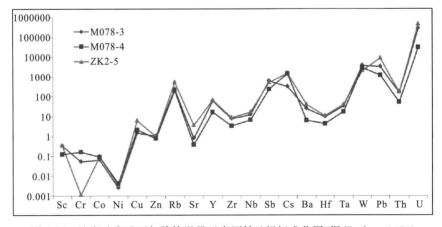

图 4-21　达亮矿床矿石与脉体微量元素原始地幔标准化图（据 Taylor，1986）

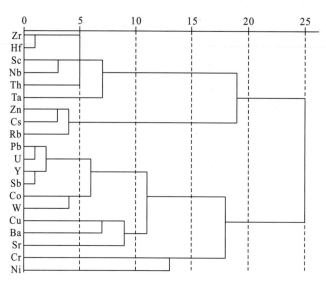

图 4-22　达亮矿床样品微量元素 R 型聚类图

表 4-10　达亮矿床样品微量元素相关系数表

	Sc	Cr	Co	Ni	Cu	Zn	Rb	Sr	Y	Zr	Nb	Sb	Cs	Ba	Hf	Ta	W	Pb	Th	U
Sc	1.000	−0.751	−0.504	−0.624	−0.105	−0.055	0.196	0.359	0.060	0.828	0.890	−0.127	−0.135	0.355	0.807	0.680	−0.422	0.060	0.836	0.118
Cr		1.000	0.468	0.404	−0.189	−0.430	−0.623	−0.478	−0.017	−0.732	−0.723	0.116	−0.250	−0.504	−0.762	−0.763	0.594	−0.141	−0.508	−0.138
Co			1.000	0.667	0.679	−0.129	−0.558	0.332	0.779	−0.787	−0.455	0.814	−0.237	0.219	−0.758	−0.763	0.820	0.773	−0.428	0.752
Ni				1.000	0.291	0.450	−0.008	0.319	0.349	−0.803	−0.442	0.481	0.448	−0.256	−0.755	−0.395	0.471	0.372	−0.836	0.338
Cu					1.000	−0.007	−0.136	0.674	0.651	−0.287	0.028	0.557	−0.178	0.690	−0.250	−0.286	0.270	0.862	−0.047	0.765
Zn						1.000	0.780	0.250	−0.031	−0.033	−0.008	0.079	0.885	0.001	0.062	0.386	−0.235	−0.002	−0.479	0.009
Rb							1.000	0.223	−0.433	0.433	0.351	−0.414	0.831	0.052	0.491	0.769	−0.713	−0.246	−0.160	−0.298
Sr								1.000	0.522	0.049	0.597	0.381	0.204	0.480	0.070	0.293	−0.035	0.754	0.069	0.683
Y									1.000	−0.397	−0.014	0.967	−0.228	0.520	−0.373	−0.386	0.755	0.899	−0.036	0.969
Zr										1.000	0.746	−0.555	−0.060	0.199	0.987	0.770	−0.764	−0.296	0.785	−0.306
Nb											1.000	−0.216	0.057	0.300	0.708	0.796	−0.527	0.132	0.649	0.122
Sb												1.000	−0.108	0.389	−0.523	−0.476	0.847	0.809	−0.244	0.900
Cs													1.000	−0.176	−0.002	0.499	−0.294	−0.161	−0.596	−0.163
Ba														1.000	0.264	0.049	0.036	0.641	0.374	0.624
Hf															1.000	0.755	−0.770	−0.258	0.746	−0.274
Ta																1.000	−0.755	−0.260	0.335	−0.261
W																	1.000	0.510	−0.366	0.613
Pb																		1.000	−0.027	0.973
Th																			1.000	−0.007
U																				1.000

3. 稀土元素地球化学特征

共分析了 14 个样品的稀土元素，稀土元素分析结果可见表 4-11，稀土元素参数见表 4-12。

表 4-11　矿区稀土元素分析结果表　　　　　　　　单位：$\times 10^{-6}$

样号	La	Ce	Pr	Nd	Sm	Eu	Gd	Tb
M017-2	18.2	23.9	4.77	20.8	7.62	0.948	10	2.45
ZK1-5	4.33	9.78	1.15	4.23	1.26	0.066	1.23	0.367
M012-4	32.5	58.8	7.4	26.5	4.62	0.985	4.79	0.659
M012-6	39.4	71.2	8.59	33.9	6.16	1.21	5.36	0.853
ZK1-6	7.12	16	1.84	6.28	1.16	0.078	0.869	0.194
ZK2-4	12.7	28.7	3.46	12.5	3.38	0.145	3.06	0.786
ZK2-5	62.3	115	13.3	50.7	12.7	4.25	17.7	3.73
ZK2-7	12.2	26.8	3.17	11.8	2.99	0.267	3.25	0.755
M078-1	9.81	24	2.6	10	2.82	0.177	2.51	0.629
M078-3	42.5	81.2	9.82	37.1	13	3.29	16.8	4.61
M078-4	10.2	15.3	2.6	10.9	4.32	0.71	4.92	1.43
M078-5	15.2	20.5	3.71	14.1	3.54	0.214	3.06	0.683
M078-6	8.17	19.8	2.08	7.95	2.22	0.15	2.23	0.585
M078-7	10.9	17.3	2.49	8.78	2.13	0.127	1.84	0.494
样号	Dy	Ho	Er	Tm	Yb	Lu	Sc	Y
M017-2	13.7	2.78	7.63	0.908	7.32	1.11	3.44	108
ZK1-5	2.41	0.48	1.4	0.191	1.4	0.234	3.86	13.2
M012-4	3.57	0.67	2.28	0.248	2.43	0.298	7.81	18.9
M012-6	4.81	0.826	2.64	0.363	2.4	0.344	10	22.1
ZK1-6	1.23	0.244	0.756	0.134	0.87	0.128	3.74	7.17
ZK2-4	4.52	0.859	2.69	0.428	2.96	0.407	4.58	23.2
ZK2-5	23.8	4.89	15.1	2.2	12.4	1.65	4.41	223
ZK2-7	4.92	0.962	3.04	0.505	3.33	0.456	4.89	27.8
M078-1	3.94	0.759	2.24	0.375	2.26	0.324	4.51	19.2
M078-3	30.5	6.05	18.2	2.9	18.2	2.51	4.29	206
M078-4	9.14	1.75	4.94	0.774	4.79	0.646	1.59	55.9
M078-5	4.06	0.742	2.26	0.364	2.24	0.297	4	19.8
M078-6	3.64	0.733	2.22	0.373	2.46	0.323	4.65	19.3
M078-7	2.9	0.599	1.9	0.297	1.96	0.276	4.25	15.5

根据表 4-11 做稀土元素配分模式图（图 4-23～图 4-26）。

由图 4-23 可知，M017-2、ZK1-5 号围岩样品具有明显的负 Eu 异常的稀土配分模式，ZK2-5 号矿石样品的稀土配分铕异常不明显，且轻重稀土分异不明显。轻重稀土比值较小，无明显的富集或亏损。三个样品都呈现轻稀土富集重稀土略亏损的右倾分布模式。

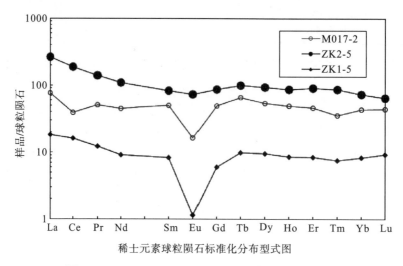

稀土元素球粒陨石标准化分布型式图

图 4-23   M017-2、ZK1-5、ZK2-5 号样品稀土配分曲线

表 4-12   矿区样品稀土元素参数表

样号	ΣREE	LREE	HREE	LREE/HREE	La_N/Yb_N	δEu	δCe
M017-2	122.14	76.24	1.18	1.66	1.78	0.33	0.61
ZK1-5	28.53	20.82	1.80	2.70	2.22	0.16	1.05
M012-4	145.75	130.81	1.21	8.75	9.59	0.63	0.89
ZK1-6	36.90	32.48	1.29	7.34	5.87	0.23	1.06
ZK2-4	76.60	60.89	1.34	3.88	3.08	0.14	1.04
ZK2-5	339.72	258.25	1.62	3.17	3.60	0.87	0.93
ZK2-7	74.45	57.23	1.18	3.32	2.63	0.26	1.03
M078-1	62.44	49.41	0.84	3.79	3.11	0.20	1.14
M078-3	286.68	186.91	1.35	1.87	1.68	0.68	0.94
M078-4	72.42	44.03	0.97	1.55	1.53	0.47	0.71
M078-5	70.97	57.26	0.00	4.18	4.87	0.19	0.65
M078-6	52.93	40.37	0.00	3.21	2.38	0.20	1.15
M078-7	51.99	41.73	0.00	4.06	3.99	0.19	0.78

由表 4-12 可得，M017-2、ZK2-5、ZK1-5 号样品 ΣREE、LREE、HREE 变化规律基本一致，ZK2-5 号样品平均值最高，M017-2 号样品次之，ZK1-5 号样品最低。各段的变化范围较大，ZK1-5 号样品平均值小于总的平均值。由 LREE/HREE 和 La_N/Yb_N 数据表明：三个样品呈轻稀土富集型，平均值相差较大。由 δEu 数据表明：Eu 呈负异常且 ZK2-5 最高，M017-2 次之，ZK1-5 最低。

由图 4-24 可知，5 个围岩样品具有负 Eu 异常的稀土配分模式，其中 ZK1-6、ZK2-4、ZK2-7 号样品负 Eu 异常明显，M012-4、M012-6 号样品负 Eu 异常较小。M012-4、M012-6 号样品稀土配分曲线相近，由此可见 M012-4、M012-6 号样品稀土元素结构相似，说明 M012-4、M012-6 号样品物质来源相似。总体上围岩都表现为轻稀土富集重稀土亏损的右倾分布模式。

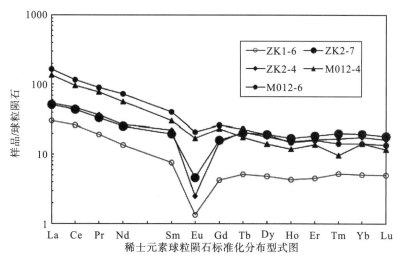

图 4-24　M012-4、M012-6、ZK1-6、ZK2-4、ZK2-7 号样品稀土元素球粒
陨石标准化分布型式图

　　由表 4-12 可得，M012-4、M012-6、ZK1-6、ZK2-4、ZK2-7 号样品$\sum$REE、LREE、HREE 变化规律基本一致，M012-6 号样品平均值最高，M012-4 号样品次之，ZK1-6 号样品最低。由 LREE/HREE 和 La_N/Yb_N 数据表明：5 个国岩样品 REE 呈轻稀土富集型，平均值相差较大。由 δEu 数据表明 Eu 呈负异常。

　　由图 4-25 可知，ZK2-4、ZK2-7 号围岩样品具有负 Eu 异常的稀土配分模式，ZK2-5 号矿石样品的稀土配分模式则是类似于 C1 球粒陨石。总体上表现为轻稀土富集重稀土亏损的右倾分布模式。ZK2-4、ZK2-7 号围岩样品稀土配分曲线基本一致，说明物质来源相似。ZK2-5 号矿石样品稀土配分曲线明显不同于 ZK2-4、ZK2-7 号样品，说明 ZK2-5 号样品与 ZK2-4、ZK2-7 号样品物质来源不同，同时说明矿石中有外物质加入。

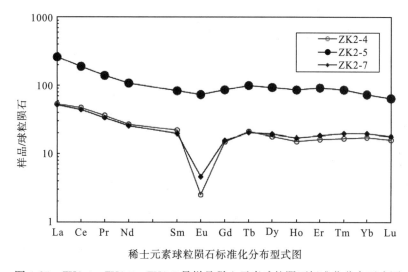

图 4-25　ZK2-4、ZK2-5、ZK2-7 号样品稀土元素球粒陨石标准化分布型式图

由表 4-12 可得，ZK2-4、ZK2-7 号样品 ΣREE、LREE、HREE 变化规律基本一致，两个样品平均值相近。由 LREE/HREE 和 La_N/Yb_N 数据表明：三个样品 REE 呈轻稀土富集型，且平均值相差较大。

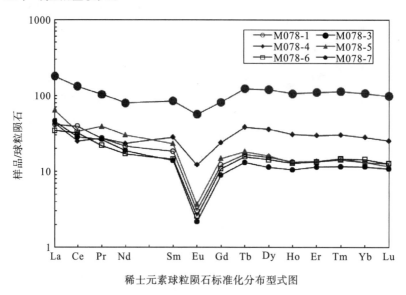

图 4-26　M078-1、M078-3、M078-4、M078-5、M078-6、M078-7 号样品
稀土元素球粒陨石标准化分布型式图

由图 4-26 可知，6 个样品具有不同程度的负 Eu 异常的稀土配分模式，总体上都表现为轻稀土富集重稀土亏损的右倾分布模式。M078-1、M078-5、M078-6、M078-7 号样品稀土配分曲线基本一致，说明物质来源相同。M078-3、M078-4 号样品稀土配分曲线明显不同于 M078-1、M078-5、M078-6、M078-7 号样品，说明 M078-3、M078-4 号样品与 M078-1、M078-5、M078-6、M078-7 号样品物质来源不同。M078-3 号样品（矿体）稀土配分曲线不同于 M078-4 号样品（矿体里的石英脉），但两个样品的稀土配分曲线走向相似，说明矿体与石英脉有一定的关系，也说明该矿形成与石英脉所代表的流体有关。

由表 4-12 可得，M078-1、M078-3、M078-4、M078-5、M078-6、M078-7 号样品 ΣREE、LREE、HREE 变化规律基本一致，M078-3 号样品平均值最高，M078-4 号样品次之，M078-7 号样品最低。由 LREE/HREE 和 La_N/Yb_N 数据表明：6 个样品 REE 呈轻稀土富集型，且平均值相差较大。

4. 同位素特征

前人在研究达亮矿床时分析了部分同位素，得出以下结论：

据矿床内脉石矿物氧同位素分析，热液中水 $\delta^{18}O$ 值为 $-6.28‰ \sim 5.4‰$，成矿期 $\delta^{18}O$ 值为 $-0.28‰ \sim 2.7‰$，与大气降水较为接近（大气降水 $\delta^{18}O$ 值为 $-6.1‰$），说明成矿热液中的水主要来自大气降水，但成矿期 δ^{18} 比大气降水明显高，说明还有其他来源水。

据矿床内沥青铀矿铅同位素分析，获初始 $^{206}Pb/^{204}Pb$ 比值为 27.22，黄铁矿 $^{206}Pb/^{204}Pb$ 比值为 $20.404 \sim 169.479$，方铅矿 $^{206}Pb/^{204}Pb$ 比值为 92.173，钾长石 $^{206}Pb/^{204}Pb$ 比值为 $18.345 \sim$

22.506，都是异常铅，说明铀在成矿前已是富铀源阶段。黄铁矿的 $\delta^{34}S$ 值在内带为 $-5.08‰\sim$ 9.1‰，平均为 1.45‰，在外带为 $-24.7‰\sim7.71‰$，平均为 $-8.67‰$，说明硫源来源的多样性。

4.1.5　矿床流体来源分析

同位素地球化学在示踪地质作用过程和流体来源方面具有独特的作用。本书将以达亮矿床成矿期的石英和方解石脉体做多种同位素分析，包括稀有气体同位素、碳、氧同位素，因为含矿热液中的同位素与母源中的同位素具有密切的内在联系，这种联系必然要在同位素特征上表现出来(何明友等，1997)，运用多种同位素进行综合判断，避免单一同位素的误判，以避免出现地质多解性。稀有气体 He 和 Ar 的同位素组成在大气降水、地幔和地壳中相差很大，即使地壳流体中混有少量地幔或大气降水的 He 源，也能很容易判别出，这就使得稀有气体同位素在研究地质流体来源和多源流体混合方面的判别提供了非常好的示踪剂(李荣西等，2006)。花岗岩型热液铀矿床 U 的成矿流体主要以碳酸铀酰络合离子形式进行迁移，$\sum CO_2$ 作为流体载体，所以成矿期方解石脉碳、氧同位素也可以很好的示踪流体来源。稀土元素在成矿作用过程中也具有类似"同位素"示踪的性质(张国玉等，2006)，通过对达亮矿床矿石和围岩的稀土元素组成和分布特征，也是判断成矿流体来源的重要手段。

1. 样品的采集与分析

对矿床成矿期重要脉石矿物进行采样，包括方解石脉、石英脉等。碳、氧同位素在成都理工大学地球化学实验室的 MAT-253 质谱仪上完成，质谱仪测试最小精度为 0.01‰，碳、氧同位素测试时都以 PDB 为标准，然后再将 $\delta^{18}O_{PDB}$ 换算成 $\delta^{18}O_{SMOW}$，换算公式为：$\delta^{18}O_{SMOW}=1.03086\times\delta^{18}O_{PDB}+30.86$，测试结果见表 4-13。稀有气体同位素研究以矿石中挑选的黄铁矿为测试对象，因为黄铁矿中 U、Th 等亲石元素的含量低，同时黄铁矿也是封闭性较好的矿物，其保存的同位素比值变化不大。样品送往中国科学院地质与地球物理研究所兰州油气资源研究中心做稀有气体同位素分析，工作仪器为 MM5400 质谱仪，工作标准为兰州市皋兰山顶的空气，其 $^3He/^4He$ 值为 1.4×10^{-6}，即 Ra，详细的实验方法参见前人文献(叶先仁等，2001)，测试结果见表 4-14。对达亮铀矿床新打的两口钻孔的矿心与围岩岩心进行取样，并由核工业北京地质研究院分析测试中心用 ICP-MS 分析方法对样品稀土元素含量进行测定，测试结果见表 4-15。

表 4-13　成矿期方解石脉碳、氧同位素组成　　　　　　　　　　　　　　　　　‰

岩性	样品编号	取样地点	$\delta^{13}C_{PDB}$	$\delta^{18}O_{SMOW}$
方解石	M076-2	同乐矿点	−16.80	17.99
方解石	M076-1	同乐矿点	−17.20	15.64
方解石	ZK1-9	达亮矿床	−8.42	13.31
方解石	ZK2-13	达亮矿床	−8.84	10.45
方解石	M077-1	同乐矿点	−17.45	16.32

表 4-14　成矿期黄铁矿流体包裹体稀有气体组成同位素组成

送样编号	M014	ZK2-6	ZK2-9	M043	M027-4	M023-4	M070-2
^{4}He(cm^{3}STP/g)(E-7)	405548	210	268898	3605	1184	335	135.3
^{20}Ne(cm^{3}STP/g)(E-7)	704	0.91	185	1.56	0.99	1.48	0.127
^{40}Ar(cm^{3}STP/g)(E-7)	24.8	26.0	727	40.4	20.6	5.96	8.46
^{3}He/^{4}He (Ra)	0.01770	0.02069	0.001016	0.008981	0.007102	0.03607	0.04559
^{40}Ar/^{36}Ar	未检测出	405.5	270.8	318.6	301.2	353.1	2300.9

表 4-15　达亮铀矿床样品稀土元素组成　　　　　　　　单位：×10⁻⁶

编号	岩性	La	Ce	Pr	Nd	Sm	Eu	Gd	Tb	Dy	Ho
ZK1-5	深色矿体	4.33	9.78	1.15	4.23	1.26	0.066	1.23	0.367	2.41	0.48
ZK1-6	含萤石脉碱交代花岗岩	7.12	16	1.84	6.28	1.16	0.078	0.869	0.194	1.23	0.244
ZK2-4	矿带间围岩	12.7	28.7	3.46	12.5	3.38	0.145	3.06	0.786	4.52	0.859
ZK2-5	沥青铀矿	62.3	115	13.3	50.7	12.7	4.25	17.7	3.73	23.8	4.89
ZK2-7	浅色粗粒花岗岩	12.2	26.8	3.17	11.8	2.99	0.267	3.25	0.755	4.92	0.962
华南产铀花岗岩平均值		47.47	63.59	10.73	39.41	8.24	0.83	6.24	1.12	6.07	1.17

编号	岩性	Er	Tm	Yb	Lu	Y	ΣREE	LREE/HREE	La$_N$/Yb$_N$	δEu	δCe
ZK1-5	深色矿体	1.4	0.191	1.4	0.234	13.2	28.53	2.70	2.22	0.16	1.05
ZK1-6	含萤石脉碱交代花岗岩	0.756	0.134	0.87	0.128	7.17	36.90	7.34	5.87	0.23	1.06
ZK2-4	矿带间围岩	2.69	0.428	2.96	0.407	23.2	76.60	3.88	3.08	0.14	1.04
ZK2-5	沥青铀矿	15.1	2.2	12.4	1.65	223	339.72	3.17	3.60	0.87	0.93
ZK2-7	浅色粗粒花岗岩	3.04	0.505	3.33	0.456	27.8	74.45	3.32	2.63	0.26	1.03
华南产铀花岗岩平均值		2.64	0.57	3.3	0.46	34.94	191.84	7.89	10.32	0.34	0.66

2. 碳、氧同位素特征及示踪

本书挑选了 5 件方解石样品，从达亮矿床和同乐矿点成矿期的方解石碳、氧同位素组成特征可以看出（表 4-13），δ^{13}C$_{PDB}$介于−17.45‰～−8.42‰，平均值为−13.74‰；δ^{18}O$_{SMOW}$介于 10.45‰～17.99‰，平均值为 14.75‰。其中达亮矿床的 δ^{13}C$_{PDB}$介于−8.84‰～−8.42‰；δ^{18}O$_{SMOW}$介于 10.45‰～13.31‰。

碳、氧同位素是示踪成矿流体中ΣCO$_2$来源的有效方法。热液成矿流体中碳一般有以下三种来源：岩浆或地幔来源的碳、沉积碳酸盐岩的碳以及有机质中的碳（沈渭州，1987）；也有研究表明，δ^{13}C$_{PDB}$在−9‰～−3‰最能代表地幔等原始岩浆碳同位素组成，沉积碳酸盐岩的 δ^{13}C$_{PDB}$值为 0‰左右，有机碳的 δ^{13}C$_{PDB}$值为−25‰（Faure G，1986）。从图 4-27 可以看出，达亮矿床的碳、氧同位素值投影点主要落在岩浆-地幔等深部流体碳附近，并较靠近于岩浆为代表的深部流体，说明了达亮矿床成矿流体具有深部来源的特点。

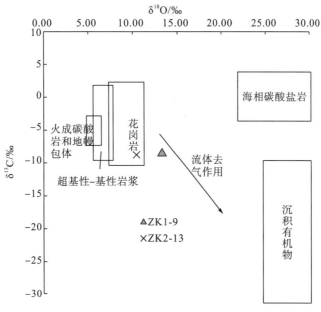

图 4-27　达亮矿床碳、氧同位素组成图

从图 4-27 亦能看出，达亮铀矿床方解石的 $\delta^{13}C-\delta^{18}O$ 呈负相关关系，从理论上讲
(Zheng et al，1993；彭建堂等，2001)，以下三种情况会影响 $\delta^{13}C$ 和 $\delta^{18}O$ 之间的相关关
系：①流体的混合作用，②$\sum CO_2$ 去气作用，③流体与围岩之间的水－岩反应。而流体混
合作用一般会使方解石的碳、氧同位素呈正相关关系，只有热液流体发生 CO_2 去气作用
或者流体与围岩的水－岩反应时方解石的 $\delta^{13}C-\delta^{18}O$ 才会呈负相关关系。流体与围岩的
水－岩反应实质上是相对高温的流体与较低温的围岩间相互发生吸附、离子交换和氧
化－还原反应等，达亮铀矿床在流体成矿过程中，含铀流体肯定也会与周围的花岗岩发
生水－岩反应，但如果仅发生水－岩反应，往往会出现方解石的 $\delta^{13}C$ 变化范围较小，而
$\delta^{18}O$ 的变化范围较大(石少华，胡瑞忠等，2011)。但从表 4-13 可以看出，达亮地区方解
石的 $\delta^{13}C_{PDB}$ 介于 $-17.45‰\sim-8.42‰$，$\delta^{18}O_{SMOW}$ 介于 $10.45‰\sim17.99‰$，$\delta^{13}C$ 和 $\delta^{18}O$ 的
变化范围都很大，这就为矿床的成因判别增加了难度。但方解石的碳同位素在沉淀之后
不会随时间的增加发生太大的漂移，而氧同位素则会在方解石沉淀之后因大气降水或其
他流体的淋滤而发生水－岩反应而漂移，加之达亮矿床的形成时间久远，为 $350\sim408Ma$
左右，所以可以初步断定达亮铀矿床的成矿流体在成矿过程中主要以 $\sum CO_2$ 去气为主，
在矿床形成之后由于大气降水淋滤等因素而使方解石脉的氧同位素发生漂移。同时从表
4-13 我们也可以注意到，达亮地区的方解石与同乐矿点的方解石明显分为两个部分，同
乐矿点方解石的 $\delta^{13}C$ 更小一些，这可能是由于这些方解石是同源不同阶段热液演化的产
物，热液发生 $\sum CO_2$ 去气作用势必将引起沉淀的方解石更为亏损 ^{13}C。因此，达亮矿床的
成矿流体主要以热液去气成因为主，这也符合矿床周围的蚀变带沿断层走向分布，而且
钾长石化、绿泥石化发育等地质现象。

据碳、氧同位素分析，达亮矿床的成矿流体来源较为复杂，但主要是以深部流体来
源为主，并沿着流体去气漂移方向排列(Demeny 等，2010)；成矿后的长时间内矿床又经

历了来自大气降水或淋滤的影响。导致矿床流体来源也较为复杂。

3. 稀有气体同位素特征及其证据

如果只简单的从碳、氧同位素来分析成矿流体来源是很难区分深部的流体是来自岩浆或来自地幔，在许多情况下，二者的地球化学特征非常相似而常常混在一起。为了进一步讨论达亮矿床铀成矿流体的来源，本书分析了达亮矿床铀成矿流体的稀有气体同位素组成(表 4-14)。

从表 4-14 可以看出，^{3}He/^{4}He 比值为 0.001~0.046Ra，平均值为 0.019Ra，^{40}Ar/^{36}Ar 比值除其中一个样品未被检测出来外，其余样品为 270.8~3195.8，平均值为 893.2。除一个样品外，其余样品的 ^{40}Ar/^{36}Ar 均明显高于大气 Ar 同位素组成(^{40}Ar/^{36}Ar =295.5)。

有研究表明，稀有气体的来源主要有以下三种：大气、地壳和地幔。大气的 ^{3}He/^{4}He 值为 1Ra，地壳物质的 ^{3}He/^{4}He 值为 0.01~0.05Ra，地幔流体的 ^{3}He/^{4}He 值为 6~9 Ra (Turner G et al，1993；叶先仁，2001)。据表 4-14，达亮铀矿床成矿流体 ^{3}He/^{4}He 介于 0.001~0.046Ra，恰好处于地壳物质的范围内。

由于达亮矿床为花岗岩型铀矿，样品本身就有一定的放射性 U、Th，会导致其放射性成因的 ^{4}He 同位素过剩；加之达亮铀矿床形成年龄为 350~408Ma，在如此长的地质历史中矿床曾受到多次强烈的应力作用、热液交代作用和大气降水作用，这些都将影响矿物中稀有气体同位素的保存，尽管我们在采样时主要以成矿期石英脉中黄铁矿为对象，并且挑选晶型较好未蚀变的为测试对象，但在如此长的放射性累计效应和地质效应中，也难免会对样品产生一定的影响。如果去除这些影响因素后成矿流体中的 ^{3}He/^{4}He 比值应该比本次测试值大不少，也会更加接近原始流体的同位素比值。但由于本书未测得样品中 U、Th 的含量，因而无法恢复样品中稀有气体的原始值，所以所测的数据只能代表矿床形成时成矿流体中稀有气体的组成趋势(张国全，胡瑞忠等，2010)。

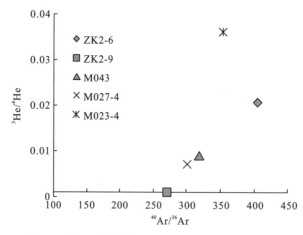

图 4-28 样品稀有气体 ^{3}He/^{4}He 与 ^{40}Ar/^{36}Ar 关系图

尽管如此，^{3}He/^{4}He 值也还是能够大致判别流体来源，从图 4-28 可以看出，样品 ^{3}He/^{4}He 与 ^{40}Ar/^{36}Ar 比值之间存在着良好的正相关关系，以地壳来源为主，并具有逐渐向深部演化的趋势，显示了成矿流体具有地壳与深部流体混合的特点。

　　如果在不考虑 U、Th 等元素放射性衰变对^{4}He 影响的情况下，可以通过二元混合模式用^{3}He/^{4}He 比值简单的估算一下成矿流体中来自地幔流体(Rm)和地壳流体(Rc)的比例，计算地幔流体公式为

$$He(Rm)\% = \left[(R-Rc)/(Rm-Rc)\right] \times 100\%$$

其中，R 为所测 He 同位素组成，Rm＝6～9Ra，Rc＝0.01～0.05Ra(Stuart et al, 1995)。计算结果若去除负值表明，达亮铀矿床成矿流体中来源于地幔流体的 He 的比例为0.025%～0.59%，流体中的 He 还是主要来自地壳。

4. 稀土元素特征判据

(1)Y/Ho 特征指示

　　Y 和 Ho 在自然界中一般以三价态存在，且离子半径非常接近，在地球化学过程中具有非常相似的地球化学行为。而且 Y/Ho 比值不受的氧化－还原的影响，其比值的变化一般与热液、岩石间的水－岩反应有关，亦或者与不同热液系统间络合介质差异有关(Bau，1995；丁振举，2000)。经历部分熔融或分离结晶的岩浆岩、洋中脊玄武岩以及一个沉积旋回内的碎屑岩，都略保持球粒陨石 Y/Ho 比值在 28 左右；而在含水溶液中Y/Ho 却不一定保持球粒陨石的比值，如南太平洋海水 Y/Ho 比值为 57，与水作用有关的灰岩、热液成因的萤石等出现非球粒陨石 Y/Ho 的比值(Bau，1995)。从达亮铀矿床的各样品稀土元素的 Y/Ho 比值来看(图 4-29)，围岩的 Y/Ho 比值为 27.01～29.39，而华南产铀花岗岩 Y/Ho 的比值为 29.86，并都接近于球粒陨石的 Y/Ho 比值，说明达亮地区的花岗岩与华南花岗岩同属于部分重熔型花岗岩。

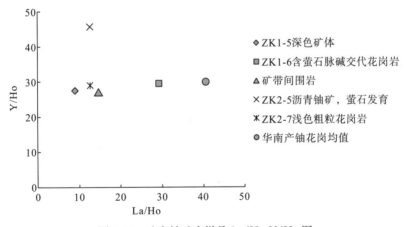

图 4-29　达亮铀矿床样品 La/Ho-Y/Ho 图

　　而沥青铀矿的 Y/Ho 比值为 45.6，远高于围岩的比值。前文已阐述成矿流体在沿岩石缝隙运移时会与围岩发生水－岩反应，流体会从围岩中以络合的方式带出一部分元素，Y/Ho 比值也会发生变化。如果成矿流体及铀源来自于花岗岩本身，则沥青铀矿的 Y/Ho比值将十分接近围岩的比值，但实际上 Y/Ho 远高于围岩，则说明成矿铀源并非完全来自于岩体本身，而是具有深部来源的热液成因特征。

(2)δCe、δEu 特征指示

　　Ce、Eu 是具有重要意义的变价元素，可随环境的氧化还原条件不同而呈不同的价

态。在相对还原的条件下，Ce^{3+} 可在溶液中保存较长时间，而 Eu^{3+} 则被还原成 Eu^{2+} 而发生沉淀，使得流体中出现 Ce 的相对稳定和 Eu 的相对异常；在相对氧化的条件下，Eu 可在溶液中保存较长时间，而 Ce^{3+} 则被氧化成 Ce^{4+} 并沉淀，使得流体中出现 Eu 的相对稳定和 Ce 的相对异常。达亮矿床围岩的 δEu 值为 $0.14 \sim 0.26$，平均值为 0.20；δCe 值为 $1.03 \sim 1.06$，平均值为 1.05；表现明显的负 Eu 异常和比较稳定的 Ce 含量，表明围岩形成于比较还原的环境。沥青铀矿的 δEu 值为 0.87，δCe 值为 0.93，表明沥青铀矿也形成于较还原的环境，不过矿石的形成环境的还原性比围岩的形成环境还原性弱很多。

（3）∑REE 特征指示

围岩的稀土元素总量为 $36.9 \times 10^{-6} \sim 74.45 \times 10^{-6}$，明显低于地壳平均值（$146.8 \times 10^{-6}$）；而矿石和沥青铀矿稀土元素则为 28.53×10^{-6} 和 339.72×10^{-6}，LREE/HREE 比值为 $2.70 \sim 7.34$，平均值为 4.08；$(La/Yb)_N$ 平均值为 3.48，δEu 平均值为 0.33。与表 4-16 对比发现，以上这些数据特征都表明成矿流体具有上、下地壳混合的特征，并且以下地壳为主，流体在上升过程中可能受到上地壳围岩的混染，具有深源性质。

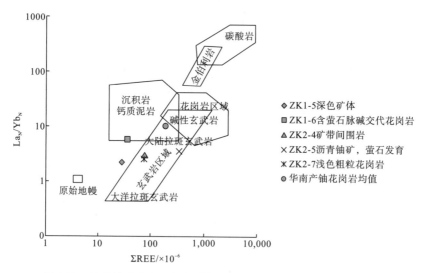

图 4-30　达亮铀矿床 La_N/Yb_N-∑REE 图解（据 Allegre et al，1978）

并且从 $(La/Yb)_N$－∑REE 图解（图 4-30）可以看出，沥青铀矿矿石投点于大陆拉斑玄武岩内，而蚀变的围岩大多也投点于玄武岩内，其中一个样品位于沉积岩区。玄武岩的出现一般为板内快速拉张形成环境，这与加里东期地壳伸展拉张事件一致。

表 4-16　地球壳层稀土元素参数特征（Taylor，1986）

地球壳层	∑REE（$\times 10^{-6}$）	LREE/HREE	$(La/Yb)_N$	δEu
上地壳	146.3	9.5	13.6	0.6
下地壳	66.9	4.1	5.0	1.2
陆壳	86.9	5.4	7.2	1.0
洋壳	53.9	1.4	0.7	1.1
太古代上部地壳	104.9	7.1	10.0	1.0
太古地壳	83.4	5.3	6.8	1.1

5. 方解石脉的元素地球化学特征与意义

表 4-17 和表 4-18 是达亮矿床中方解石脉的微量元素和稀土元素含量表。图 4-31 是方解石脉的稀土元素配分模式图，图 4-32 是方解石脉的 La_N/Yb_N-$\sum$REE 图解。

表 4-17 达亮矿床方解石样品微量元素分析结果 单位：$\times 10^{-6}$

元素	ZK1-9	ZK2-13	元素	ZK1-9	ZK2-13	元素	ZK1-9	ZK2-13
Li	34.9	6.11	In	0.146	0.007	La	16	1.8
Be	7.83	1.83	Sb	0.226	0.991	Ce	45	4.23
Sc	9.83	4.35	Cs	1347	0.09	Pr	5.98	0.538
V	4.73	5.59	Ba	16.6	2.18	Nd	23.4	2.62
Cr	1.71	2.63	Ta	0.135	0.085	Sm	10.5	0.513
Co	3.29	2.44	W	6.61	1.03	Eu	0.553	0.129
Ni	15.4	20.3	Re	0.624	0.238	Gd	12.1	0.725
Cu	10.8	16.6	Tl	1.45	0.136	Tb	3.22	0.108
Zn	11.6	51	Pb	4.33	4.61	Dy	20	0.606
Ga	13.2	8.14	Bi	0.348	0.333	Ho	3.72	0.11
Rb	176	18.3	Th	1.3	0.3	Er	10.9	0.306
Sr	144	242	U	9.22	3.73	Tm	1.89	0.048
Nb	0.855	0.414	Zr	5.91	1.92	Yb	12.6	7.95
Mo	0.752	0.397	Hf	0.401	0.19	Lu	2	1.18
Cd	0.45	0.596				Y	104	75

表 4-18 达亮矿床方解石脉稀土元素参数表

样品号	$\sum$REE/$\times 10^{-6}$	LREE/$\times 10^{-6}$	HREE/$\times 10^{-6}$	LREE/HREE	La_N/Yb_N	δEu	δCe
ZK1-9	167.86	101.43	66.43	1.53	0.91	0.15	1.13
ZK2-13	20.86	9.83	11.03	0.89	0.16	0.65	1.04

从表 4-17 可以看出，达亮矿床方解石样品中微量元素 Ni、Co、Cr 等含量较高，与若尔盖铀矿比较(陈友良，2008)，达亮矿床方解石微量元素含量远大于若尔盖，而若尔盖铀矿已经证明是热液矿床，具有幔源性质。因此达亮矿床的成矿物质具有深部来源的性质。

从图 4-31 可以看出，达亮矿床方解石脉两个样品稀土元素配分模式差别比较大。ZK1-9 的稀土配分模式是明显的"燕式"曲线，总稀土较高，轻重稀土分异不明显，重稀土略高，Eu 负异常明显。而 ZK2-13 样品的稀土元素配分模式与 ZK1-9 有显著的不同，总稀土远低于 ZK1-9，除 Yb、Lu 外，轻稀土高于重稀土。从表 4-18 可以看出，包括 Yb、Lu 在内，则总体上重稀土大于轻稀土，Eu 有弱的负异常。

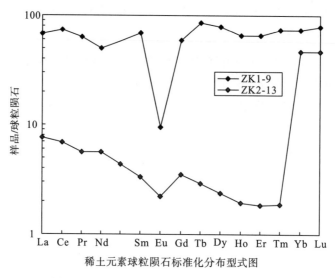

稀土元素球粒陨石标准化分布型式图

图 4-31　达亮矿床方解石稀土元素配分模式图

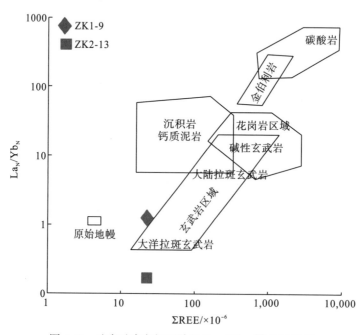

图 4-32　达亮矿床方解石脉的 La_N/Yb_N-ΣREE 图解

从图 4-32 可以看出，达亮矿床方解石脉的 La_N/Yb_N-ΣREE 图解，投影点落在玄武岩区域，说明方解石所代表的流体来源于深部。

6. 讨论与结果

桂北摩天岭花岗岩体是目前华南最老的产铀岩体，岩体形成年龄为 800Ma 左右，而岩体内的达亮铀矿床的形成年龄为 360～408Ma，该期华南地区有大的地质构造运动。岩体与矿床的成岩成矿年龄相差 400 多百万年，如此大的年龄差距，远远超过了岩浆活动所能影响的最大时限，铀成矿作用并不与花岗岩岩浆作用而同时进行，而是与加里东期区域变质作用相对应。

　　碳、氧同位素数据显示成矿流体位于岩浆等深部流体与大气降水之间，大量的资料表明，形成花岗岩型铀矿的矿期热液高度富集 $\sum CO_2$（商朋强，胡瑞忠等，2006），仅凭大气降水和裂隙水等淋滤方式难以形成如此规模的矿床；矿床成矿的岩浆等深部流体应为加里东期，当时有大的地壳拉张事件，为流体的侵入提供了动力和容矿空间，且矿床周围的断层有大规模的蚀变硅化带。因此，碳、氧同位素分析，成矿流体应以深部流体为主，成矿后期亦有少量大气降水等淋滤成矿。

　　综上所述，达亮矿床碳、氧同位素数据虽得出成矿流体主要来自深部，但没能解释流体到底是来自地壳还是地幔，而稀有气体同位素数据能解释这一点，从其数据可以看出，成矿流体主要是来于地壳，由于放射性 U、Th 会对来自于地幔的 ^{3}He 产生一定的影响，所以原始流体的 ^{3}He/^{4}He 应该比实验值大一些，因此该数据有向地幔有逐渐演化的趋势，但所占比例很小，主要还是以地壳流体为主。

　　矿石与围岩的稀土元素比值也证实了成矿流体主要来自地壳，并且是地壳的下部，亦有少量地幔流体混入。而矿石与围岩的分布模式具有某些相似性。

　　因此，本书认为达亮矿床的成矿流体主要是来自下地壳，在上升过程中受到上地壳物质的混染，来自于地幔的流体比例所占很小。矿床在形成后又有部分大气降水淋滤成矿。

4.2　新村矿床地质地球化学特征

4.2.1　矿床地质特征

　　新村矿床位于摩天岭岩体东部乌指山断裂带膨胀部位及其上下盘次级断裂构造中（图 4-33）。

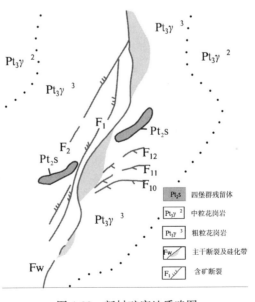

图 4-33　新村矿床地质略图

（1）岩浆岩

矿区出露的岩浆岩为摩天岭岩体东部内部相粗粒变斑状片麻状黑云母花岗岩，岩石钾长石化、绢云母化、绿泥石化等蚀变强烈。在矿床西缘保留沉积变质岩残体——云母石英片岩，其呈带状分布。

（2）构造

矿区断裂构造十分发育，主要为北北东向，并对铀矿化起控制作用。主要断裂如下：

F_W（乌指山断裂）：为区域性大断裂，产状 $290°\angle45°$，全长 53km，岩体内长 16km，宽 $0.2\sim150m$，一般宽 $10\sim30m$，水平断距 450m，铅直断距 350m，膨胀收缩明显，充填不同期次石英、玉髓、萤石、构造角砾岩、糜棱岩，两侧碎裂岩、硅化、绢—水云母化、绿泥石化，次级构造裂隙发育。

矿床处于 F_W 南部膨胀体及其上下盘，该膨胀体长 $800\sim1000m$，宽 100 多米，上盘蚀变岩宽数 10m 至近 100m，下盘蚀变岩宽 20m。

F_1（一号含矿断裂带）：产状 $295°\angle53°$，长 1.7km，宽 20 余米，充填白色细—微晶石英、杂色玉髓、萤石、构造泥及糜棱岩（矿后）等，紧靠 F_W 上盘，处于 F_W 上盘蚀变带范围内，在剖面上与 F_W 成锐角相交，为主要含矿构造，主要矿体赋存于 F_1 与 F_W 夹持的锐角三角形区。

F_2（二号含矿断裂带）：位于 F_1 上盘，产状 $295°\angle60°$，长 600m，宽数 10cm 至 1m 多，主要充填褚色石英，为含矿构造。F_2 与 F_1 在平面上构成向南西敞开、向北东收敛，在剖面上向上敞开、向下收敛的压扭性帚状构造。

F_{10}、F_{11}、F_{12}：地表未出露。分布于 F_W 下盘，产状 $132°\angle40°\sim60°$，充填玉髓、萤石、黄铁矿等。三者在剖面上形成向上收敛、向下敞开的张扭性帚状构造；在平面上向北东敞开，向南西收敛。

F_1、F_2 与 F_{10}、F_{11}、F_{12} 在平面和剖面上组成向 F_W 收敛、背 F_W 敞开、倾向相反的双帚状构造，铀矿化集中分布于收敛部位。另外，还有一组北东向断裂，产状 $215°\sim230°\angle50°\sim80°$，与铀矿化关系不明。

下盘帚状构造（$F_{10} \cdot F_{11}^1 \cdot F_{11}^2 \cdot F_{12}$ 含矿断裂带）；新村矿床深部，在下盘分布着一组完全没有出露地表的盲构造即由四个主旋面（$F_{10} \cdot F_{11}^1 \cdot F_{11}^2 \cdot F_{12}$）组成的帚状构造。根据钻孔资料的分析和综合分析的推断解释，其总的分布形成 F_W 上盘构造倾向相反，二者组成剖面上的"人"字型构造（图 4-34）。

F_{10} 总体产状：走向北东 $42°$ 倾向南东、平均倾角 $51°$；F_{11}^1 和 F_{11}^2，总体产状走向北东 $39°$ 倾向南东平均倾角 $53°$；F_{12} 总体产状走向北东 $34°$，倾向南东。平均倾角 $57°$。带状构造在平面上呈略往北西凸出的弧形；倾角北缓南陡，剖面上，上陡（$55°\sim70°$）下缓（$35°\sim40°$）。各旋回面往南西及上方收敛，往相反方向撒开，相应于砥柱的部位由较为完整的 γ_2^{2a} 正常岩性组成，砥柱近水平分布，由北东往南西方向缓倾伏。各旋回面与整个帚状构造的运动方式相同，呈逆时针方向运动。充填物以富含与沥青铀矿紧密共生的胶状黄铁矿与 F_W 上盘略有不同。F_{10} 主要充填物杂色玉髓—微晶石英脉，脉旁近矿围岩蚀变以红化、水云母化为主；F_{11}^1 和 F_{11}^2 则以充填物紫黑色萤石脉为主。蚀变类型以高岭土化为侍征，分布范围较广。根据矿石的角砾充填构造、菱形结环现象、脉体形体以及构造含水性，判断带状构造应属张扭性力学性质。

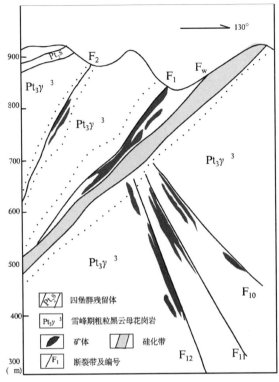

图 4-34 新村矿床 4 号勘探线剖面示意图

4.2.2 矿体特征

目前所发现的工业矿体，全部集中分布于华夏系乌指山硅化断裂带（F_w）的新村三角面膨胀转折部位，赋存于与主干断裂呈"入"字型相交的 V 级分枝断裂（F_1、F_2）和帚状构造主旋回面（F_{10}·F_{11}^1·F_{11}^2·F_1）两侧。其分布范围介于 16～19 号勘探线之间，长 680m，宽 400m，面积 0.272km²，分布标高 402.5～858.5m，最大埋藏深度 456m。

1. 矿石特征

（1）矿石类型

矿石类型主要有玉髓型硅化花岗岩型、玉髓型硅化水云母化花岗岩型、暗灰色微晶石英胶结角砾岩型、紫色萤石胶结角砾岩型、赤铁矿化绿泥石化花岗碎裂岩和碎裂花岗岩型。

矿石结构与构造：矿石中矿物颗粒细小、结晶差、具胶状－偏胶状和交代残余结构、环带状、碎斑状和溶蚀结构、细脉状、网脉状、微脉状、条带状、角砾状、浸染状构造。

矿物共生组合可分为：沥青铀矿－微晶石英（玉髓）、沥青铀矿－萤石、沥青铀矿－微晶石英（玉髓）－萤石、沥青铀矿－黄铁矿－微晶石英（玉髓）、沥青铀矿－黄铁矿－萤石等组合型式。

（2）矿石物质成分

矿石矿物成分简单，矿物有石英、正长石、微斜长石、白云母及少量副矿物；铀矿物有沥青铀矿（局部地表也可见到），氧化带有铀黑、脂铅铀矿、硅钙铀矿及钙铀云母；金属矿物有黄铁矿、白铁矿、赤铁砂、少量镜铁矿、方铅矿、黄铜矿，氧化带有褐铁矿、针铁矿及少量斑铜矿；非金属矿物有微晶石英、玉髓、萤石、绢云母、水云母、绿泥石、高岭石、少量方解石。

沥青铀矿成微脉状、球粒状、同心圆状、葡萄状、胶环带状，常与暗色萤石、灰黑色－红色微晶石英－玉髓、胶黄铁矿共生，这些矿物均具色深、结晶差、富含杂质的特点。少量铀呈吸附状存在于水云母、褐铁矿中，部分铀可能以类质同象存在于紫黑色萤石中。

（3）铀矿化特征

铀矿化主要与硅化、萤石化、水云母化、方解石化、绢云母化、绿泥石化、赤铁矿化、褐铁矿化等蚀变密切相关。铀矿体呈脉状、透镜状，产状与断裂构造基本一致；F_w上盘矿体与F_1、F_2近一致，产状$294°\angle53°$；F_w下盘矿体与F_{10}、F_{11}、F_{12}近一致，大致为$125°\angle51°\sim57°$。

矿体大小悬殊，长$10\sim306m$，斜深$10\sim336m$，厚$0.13\sim4.57m$，厚度变化系数$57.5\%\sim188.5\%$；品位较富，一般千分之几，最高3.869%，平均品位0.397%，品位变化系数$34.3\%\sim173\%$。矿体赋存标高$400\sim858.5m$，垂幅$458.5m$，矿体埋深$0\sim458.5m$。

铀的存在形式：根据镜下观察，显微放射性照相及矿石水冶加工试验研究，新村矿床铀的存在形式简单。铀元素以独立矿物——沥青铀矿为主要存在形式。铀黑、脂铅铀矿、硅钙铀矿、钙铀云母、铜铀云母及含铀褐铁矿等次生铀矿物仅见于矿床浅部或者F_w下盘帚状含矿构造北部的氧化带中；其他以吸附形式赋存于褐铁矿、水云母之中的铀和类质同象形式存在于紫黑色萤石中的铀分布虽广，但所占比重极其次要。

2. 矿体空间分布

F_w上盘矿体主要分布于主干断裂F_w与分枝断裂F_1之间；其次为平行的分枝断裂F_1与F_2之间；部分矿体下端直接插入F_w硅化带之中。共包括大小不等的矿体31个，其分布范围介于$12\sim17$号勘探线之间。分布标高在$531.2\sim858.5m$，垂幅$327.3m$。

F_w下盘矿体则主要分布于主干断裂F_w下盘帚状盲构造的4个主旋回面（F_{10}·F_{11}^1·F_{11}^2·F_{12}）两侧，但以收敛端$1/3\sim2/3$处的内侧为主，并在$2\sim10$号勘探线之间形成恰与F_w上盘矿化富集部位相对应的"矿化中心"。其分布范围介于$16\sim19$号勘探线之间。分布标高在$402.5\sim737.0m$，垂幅$334.5m$。

3. 矿体产状

F_w上盘矿体产状与F_1、F_2等含矿构造基本一致。总体走向$25°$，倾向$295°$，倾角中等，平均$55°\pm5°$。主矿体上陡下缓，北陡南缓，变化于$44°\sim65°$，甚至达$70°$。其余F_w上盘的中小矿体之产状与此大体相同。

F_w下盘矿体产状与其相应得含矿构造F_{10}·F_{11}^1·F_{11}^2·F_{12}的主旋回面一致。总体走向

$35°$，倾向 $125°$，倾角变化较大，介于 $40°\sim70°$，平均倾角 $55°$左右。主矿体、总体上上陡下缓，南陡北缓。变化于 $40°\sim70°$。其余中小矿体的产状与上述主矿体产状大体相同。

4. 矿体规模

新村矿床铀矿体大小不等，相差悬殊。其中 4 个矿体规模较大，为主矿体；其余 110 个皆为中小矿体。

5. 矿体品位

新村矿床的品位较高，单工程平均品位最高为 3.869%。新村矿床目前所控制的工业储量平均品位 0.397%，属于经济价值较高的富矿石（$0.3\%\sim1\%$）类型。4 个主矿体平均品位为 0.433%，其余 110 个小矿体平均品位为 0.332%。

6. 矿体围岩及蚀变特征

新村矿床的绝大部分矿体皆赋存于明显的构造蚀变带之中。F_W 上盘构造蚀变带主要由硅化、水云母化、钾钠长石化花岗破碎岩组成，F_W 下盘构造蚀变带则以高岭土化、硅化、萤石化破碎花岗岩和部分花岗破碎岩为主。矿体与围岩界线大多清晰而且平直，细脉浸染的范围十分有限。

矿区围岩蚀变极为发育，矿前蚀变有大规模的钾交代、硅化、绿泥石化、绢云母化；矿期蚀变主要为暗灰色、红色微晶石英—玉髓型硅化、伊利水云母化、胶黄铁矿化、紫黑色萤石化、赤铁矿及红化，常沿含矿构造呈较小范围的带状分布，叠加于早期蚀变之上。

4.2.3　热液活动

矿区热液活动强烈，可分为三期六个阶段：

（1）矿前期

Ⅰ．粗-中晶石英阶段：主要生成粗-中晶白色块状石英脉，并伴有立方体黄铁矿、绢云母、绿泥石。

Ⅱ．细晶石英阶段：主要生成细晶浅色石英脉，伴有微晶石英、立方体黄铁矿、赤铁矿、绿泥石、绢云母、少量方铅矿。

（2）成矿期

Ⅲ．微晶石英-沥青铀矿阶段：生成暗灰色微晶石英、胶状黄铁矿、白铁矿、赤铁矿、绿泥石、绢云母及少量沥青铀矿。

Ⅳ．暗色萤石-沥青铀矿阶段：生成肝色玉髓、紫黑色萤石、胶黄铁矿、黄铜矿、赤铁矿、绿泥石、绢云母、水云母、沥青铀矿，为铀主要成矿阶段。

Ⅴ．暗色玉髓-萤石-沥青铀矿阶段：生成灰黑色玉髓—微晶石英、胶黄铁矿、赤铁矿、黄铜矿、暗色萤石、绿泥石、绢云母、水云母、沥青铀矿。

（3）矿后期

Ⅵ．浅色玉髓-梳状石英阶段：伴有浅色萤石、方解石、五角十二面体黄铁矿、绿泥石、绢云母等生成。

4.2.4 矿床地球化学特征

1. 常量元素特征

（1）围岩常量元素

围岩常量元素组成见表4-19。对新村矿床围岩粗粒、中粒、细粒花岗岩以及正常围

表4-19　围岩物质成分 单位:%

元素	粗粒花岗岩	中粒花岗岩	细粒花岗岩	正常围岩	蚀变围岩
SiO_2	77.84	73.22	84.76	73.82	71.33
Al_2O_3	10.51	12.21	7.51	11.76	10.31
Fe_2O_3	3.7	4.35	2.98	0.64	1.51
MgO	0.26	0.36	0.25	0.51	0.37
CaO	0.3	1.51	0.88	0.66	0.34
Na_2O	1.84	2.59	0.19	2.19	0.32
K_2O	3.64	4.12	1.89	4.91	4.97
MnO	0.039	0.065	0.027	0.12	0.07
TiO_2	0.25	0.27	0.14	0.22	0.13
P_2O_5	0.046	0.12	0.085	0.14	0.10
烧失量	1.27	0.91	0.85	1.18	1.60
FeO	2.0	3.5	1.5	2.36	1.41
H_2O^+	1.24	0.89	0.73	0.06	0.25
S $(\times 10^{-6})$	73	61	54	—	—
SO_3	—	—	—	0.02	0.88

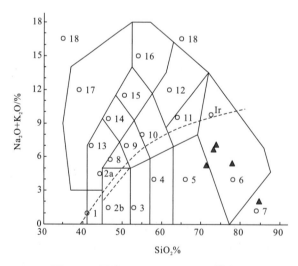

图4-35　围岩SiO_2-Na_2O+K_2O散点图

【深成岩】1-橄榄辉长岩；2a-碱性辉长岩；2b-亚碱性辉长岩；3-辉长闪长岩；4-闪长岩；5-华岗闪长岩；6-花岗岩；7-硅英岩；8-二长辉长岩；9-二长闪长岩；10-二长岩；11-石英二长岩；12-正长岩；13-副长石辉长岩；14-副长石二长闪长岩；15-副长石二长正长岩；16-副长正长岩；17-副长深成岩；18-霓方钠岩/粗白榴岩

岩、蚀变围岩进行全岩分析，从表中可以看出各类岩性 SiO_2 含量大于 70%，细粒花岗岩高达 84.76%，属于超酸性岩石，其次为粗粒花岗岩，最低为蚀变围岩。SiO_2 较高含量的围岩同时具有较低的 K_2O+Na_2O 值。对于 SiO_2 含量较高的岩体，其 MnO、MgO、P_2O_5、TiO_2 等含量较低。表中从粗粒花岗岩到蚀变围岩含量依次增高的是 H_2O^+，降低的是 S，可看出 S 随着 SiO_2 增高而降低，为负相关。

从图 4-35 中可看出各类岩性的成因类型，4 点落于 6 区属于花岗岩类，细粒花岗岩属于硅英岩类。

（2）矿石常量元素

新村矿床内铀矿石有若干种类型，最主要的有 4 种：铀－硅质脉型（$U\text{-}SiO_2$）矿石、铀－硅质脉－萤石型（$U\text{-}SiO_2\text{-}CaF_2$）矿石、铀－萤石型（$U\text{-}CaF_2$）矿石和硅化带型（$U\text{-}FeS_2\text{-}SiO_2$）4 种。研究矿床内各种铀矿物中元素的分析可以对认识矿床形成提供帮助。矿石常量元素组成见表 4-20、图 4-36。

从表 4-20 中可以看出，从铀－硅质脉型、硅化带型、铀－硅质脉－萤石型最后到铀－萤石型，SiO_2 含量呈递减趋势，最高达 82.87%，最低 34.13%，相差 48.74%，而铀－萤石型 U 含量是最高的，说明 U 元素在发生迁移和富集的成矿过程中受 SiO_2 的影响，尤其在硅化带中的矿石 U 含量值较小。从相关系数表中看到 SiO_2 与 U 的相关系数为 -0.627；同时，随着 SiO_2 含量的递减，K_2O+Na_2O 呈增高趋势。也就是说，在成矿过程中，到了一定阶段后，硅化过强不利于铀的矿化，而碱度的增加，特别是钾化有利于铀矿的形成。

表 4-20　矿石物质成分　　　　　　　　　单位：%

元素	铀－硅质脉型	铀－萤石型	铀－硅质脉－萤石型	硅化带
SiO_2	82.87	34.13	68.28	81.64
Al_2O_3	7.13	2.25	5.13	3.28
Fe_2O_3	0.90	0.58	0.21	0.49
MgO	0.30	0.16	0.18	0.09
CaO	1.35	—	—	2.35
Na_2O	0.34	0.24	0.27	0.33
K_2O	3.14	1.82	3.47	1.27
MnO	0.10	0.02	0.02	0.08
TiO_2	0.13	0.13	0.12	0.06
P_2O_5	0.07	0.01	0.05	0.03
烧失量	1.06	—	—	0.53
FeO	1.81	0.76	1.15	1.15
H_2O^+	0.24	0.35	0.36	0.10
SO_3	1.22	0.64	0.99	0.55
U	0.46600	0.57200	0.32600	0.00041

与围岩相比，矿石 SiO_2 平均含量远低于围岩，同时也具有较低的 K_2O+Na_2O。而不具有围岩 S 随着 SiO_2 增高而降低，为负相关的特点，从表 4-21 中可以看出 SO_3 与 SiO_2 相

关系数达 0.404。从相关系数表中还可以看出，U 与大部分元素 TiO_2、H_2O^+、Fe_2O_3、SO_3 相关性较为良好。

从图 4-36 中可以发现，蚀变铀矿物中的成份差异很大，蚀变矿物中以 $U-CaF_2$ 中常量元素含量普遍较低。但 5 种蚀变矿物中 TiO_2 的含量近似；$U-CaF_2$ 和 $U-FeS_2-CaF_2$ 中 Al_2O_3 含量接近并较低，而 $U-SiO_2$、$U-SiO_2-CaF_2$ 和 $U-FeS_2-SiO_2$ 型矿石 Al_2O_3 的含量相似并且比较高；$U-SiO_2-CaF_2$ 和 $U-CaF_2$ 的 MnO_2 的含量相近并比较低；在含有 CaF_2 中的含铀矿物中以 $U-FeS_2-SiO_2$ 中的 CaF_2 含量最低；而以 $U-CaF_2$ 矿石中的 P_2O_5 含量最低，$U-FeS_2-CaF_2$ 中的 K_2O 含量最低；$U-CaF_2$ 中的 Fe_2O_3 含量最低。

新村矿床内的与铀成矿关系最密切的就是该地区的硅化蚀变，研究区域内的岩石硅化产物可分为 4 类：硅化绢云母破碎花岗岩、变白色微晶石英岩、灰黑色石英微晶岩和强硅化花岗破碎岩(图 4-37)。

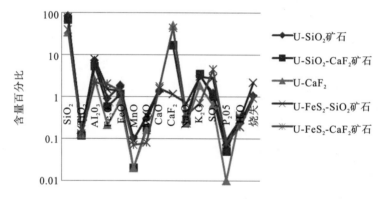

图 4-36   新村矿床不同类型矿石常量元素对比图

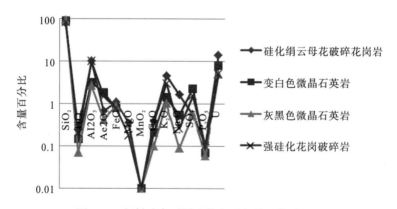

图 4-37   新村矿床不同硅化岩石常量组分对比图

从图 4-37 可以看出，区域内的硅化花岗岩都具有一定的相同性，高 SiO_2 含量，低 MnO_2 的特点。具有灰黑色微晶石英岩中的所有常量元素都比较低，而硅化绢云母破碎花岗岩和强硅化花岗破碎岩中的常量元素比较高；变白色微晶石英岩只有 SO_3 含量在岩石中最高。硅化岩中以硅化绢云母化破碎花岗岩的 U 含量最高，而且破碎岩中的 Al_2O_3、MgO、K_2O 和 Na_2O 含量最高，MnO_2 较低。

表 4-21　常量元素相关系数

	SiO$_2$	Al$_2$O$_3$	Fe$_2$O$_3$	MgO	CaO	Na$_2$O	K$_2$O	MnO	TiO$_2$	P$_2$O$_5$	FeO	H$_2$O	SO$_3$	U
SiO$_2$	1													
Al$_2$O$_3$	0.673	1												
Fe$_2$O$_3$	0.168	0.388	1											
MgO	0.210	0.837	0.629	1										
CaO	0.729	0.119	0.359	-0.196	1									
Na$_2$O	0.919	0.594	0.501	0.267	0.869	1								
K$_2$O	0.219	0.785	-0.060	0.734	-0.486	-0.007	1							
MnO	0.778	0.544	0.714	0.356	0.845	0.961(*)	-0.093	1						
TiO$_2$	-0.462	0.345	0.251	0.737	-0.784	-0.454	0.664	-0.336	1					
P$_2$O$_5$	0.755	0.991(**)	0.309	0.754	0.192	0.646	0.758	0.564	0.230	1				
FeO	0.787	0.935	0.594	0.756	0.429	0.816	0.516	0.804	0.123	0.933	1			
H$_2$O	-0.664	0.005	-0.277	0.320	-0.991(**)	-0.800	0.578	-0.770	0.850	-0.075	-0.309	1		
SO$_3$	0.404	0.947	0.353	0.927	-0.192	0.317	0.903	0.301	0.624	0.904	0.802	0.315	1	
U	-0.627	0.134	0.360	0.630	-0.742	-0.521	0.418	-0.340	0.956(*)	0.004	-0.023	0.789	0.422	1

** 相关性在 0.01 水平显著

* 相关性在 0.05 水平显著

2. 微量元素特征

（1）围岩微量元素

围岩微量元素组成见表 4-22。围岩中较富 As、Be、Ge、Sr，贫 Mo、Ga、Ag 等，As、Sr、Ga、Ni 等分布较为均匀，Pb、V、In 等差异性较大。与花岗岩平均值相比，大部分元素低于平均值，少数如 As、Bi、Ge 等整体水平较高。这些元素对铀矿化指示作用具有重大意义。

表 4-22　围岩微量元素含量　　　　　　　　　　单位：$\times 10^{-6}$

元素	花岗岩平均值	正常围岩	蚀变围岩	$U-SiO_2$ 矿石	$U-SiO_2-CaF_2$ 矿石	$U-CaF_2$ 矿石	$U-FeS_2-SiO_2$ 矿石	$U-FeS_2-CaF_2$ 矿石	硅化带
Ge	25	1100	40	1300	50	20	24	53	23
Ni	8	5	10	16	5	4	10	6	5
Co	5	5	10	5	10	14	≤10	≤10	10
V	40	20	20	23	17	14	13	11	12
Ca	3	<3	3	10	3	≤3	7	6	10
Mo	1	<1	≤1	≤1	1	<1	1	<1	2
Bi	2	<10	<10	<10	<10	<10	—	—	<10
Cu	20	13	20	18	33	32	14	12	15
Pb	20	15	13	34	67	28	52	46	5
In	60	30	30	100	100	170	70	29	40
Ag	0.19	<1	<1	≤1	<1	<1	<1	<1	<1
As	1.5	<300	<300	≤300	<300	<300	290	330	<300
Br	5.5	2.5	2	3.5	4.7	8.4	4	9	1.4
Sr	300	<300	<300	<300	<300	<300	<300	<300	<300
Be	830	110	120	100	<100	≤100	140	170	≤100
Ga	20	12	10	≤10	11	11	7	5	≤10

（2）硅化带微量元素

硅化带微量元素组成见表 4-23，图 4-38。可以看出弱硅化花岗岩 U 含量明显高于其他两类，与常量元素分析结果相似，都说明硅化对 U 的影响较大；U 的可能伴生元素是 Zn，Rb 等。

表 4-23　微量元素含量　　　　　　　　　　单位：$\times 10^{-6}$

元素	硅化花岗岩	硅化岩	弱硅化花岗岩
	M027-1	M027-3	M032-2
Sc	4.26	2.1	3.67
V	23.8	19.8	7.04
Cr	8.26	6.91	1.49

元素	硅化花岗岩	硅化岩	弱硅化花岗岩
	M027-1	M027-3	M032-2
Co	1.81	1.13	1.4
Ni	4.8	2.94	2.89
Cu	8.26	23.4	16.9
Zn	34.9	14.8	39.4
Ga	18.7	13.6	17.5
Rb	383	218	416
Mo	1.61	3.84	2.09
Cd	0.153	0.072	0.101
In	0.231	0.097	0.16
Sb	1.28	5.51	0.694
Cs	21.9	15.7	18.5
Ba	131	108	28.7
U	7.88	3.91	18.5

注（样品分别采集于矿床硅化带上、下盘不同蚀变类型围岩及远离硅化带的花岗岩）

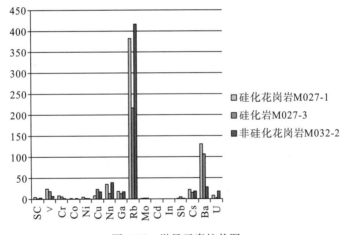

图 4-38 微量元素柱状图

3. 稀土元素特征

（1）围岩稀土元素

围岩稀土元素组成见表 4-24。从远离接触带（粗粒花岗岩）至近接触带（细粒花岗位），围岩 U 含量依次最高，同时随 U 含量的增高，稀土元素 Lu、Yb 亦增高，说明 U 与稀土元素 Lu、Yb 关系密切，Eu 等降低。围岩中无论哪类岩性 Ce 含量较其他元素高，说明围岩富轻稀土，其次为 Y、La、Nd。

表 4-24　围岩稀土元素含量　　　　　　　　　　单位：×10⁻⁶

元素	粗粒花岗岩	中粒花岗岩	细粒花岗岩
	M029-1	M021-1	M029-2
La	28	17.7	19.7
Ce	52.5	30.3	31
Pr	7..43	4.33	5.17
Nd	26.6	17.2	18.6
Sm	6.41	4.11	4.84
Eu	0.952	0.778	0.186
Gd	5.83	3.9	4.99
Tb	1.22	0.822	1.22
Dy	7.4	5.28	7.36
Ho	1.33	1.03	1.32
Er	3.37	2.77	4.06
Tm	0.527	0.483	0.579
Yb	2.98	3.02	3.37
Lu	0.402	0.45	0.418
Y	36.5	25.9	40
Th	12.2	11.2	16.4
U	4.84	6.12	27

注（样品 M029-1、M029-2 采集于摩天岭北西围岩，样品 M021-1 采集于近接触带围岩）

（2）硅化带稀土元素

硅化带稀土元素组成见表 4-25、表 4-26，图 4-39。

表 4-25　硅化带稀土元素含量　　　　　　　　　　单位：×10⁻⁶

元素	铀-硅质脉型	铀-硅质脉-萤石型
	M027-1	M027-3
La	12.9	13.3
Ce	26	27
Pr	3.37	2.98
Nd	12.1	11.1
Sm	2.93	2.46
Eu	0.25	0.208
Gd	3.1	1.99
Tb	0.74	0.414
Dy	4.43	2.31

元素	铀-硅质脉型	铀-硅质脉-萤石型
	M027-1	M027-3
Ho	0.811	0.415
Er	2.47	1.14
Tm	0.327	0.164
Yb	1.98	1.07
Lu	0.237	0.138
Y	25.3	12.4
Th	13.1	6.18
U	7.88	3.91

表 4-26　围岩与硅化带稀土元素特征参数

样品号	$\Sigma REE/\times10^{-6}$	$LREE/\times10^{-6}$	$HREE/\times10^{-6}$	LREE/HREE	La_N/Yb_N	δEu	δCe
M027-1	71.65	71.65	14.10	4.08	4.67	0.25	0.95
M027-3	64.69	64.69	7.64	7.47	8.92	0.28	1.01
M029-1	144.95	144.95	23.06	5.29	6.74	0.47	0.87
M021-1	92.17	92.17	17.76	4.19	4.20	0.59	0.82
M029-2	102.81	102.81	23.32	3.41	4.19	0.11	0.74

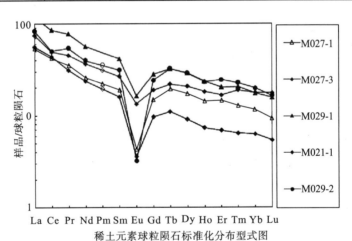

稀土元素球粒陨石标准化分布型式图

图 4-39　围岩与硅化带稀土元素分布型式图

从图 4-39，表 4-26 中可以看出，硅化带中的稀土元素配分模式曲线与围岩中的稀土元素配分曲线整体有所类似，右倾，围岩与硅化带 Eu 明显负异常，围岩 Ce 均为负异常，矿石正异常程度较围岩高。总体 LREE/HREE 变化范围(3.41～7.47)不大，说明轻重稀土分馏中等，但最底下 M027-1 和 M027-3 曲线 LREE/HREE 较围岩其他低，并且 M027-1 和 M027-3 曲线右倾程度较围岩的其他曲线明显，说明重稀土有所亏损。依据此两种情况，可以推测成矿物质大部分来源围岩，但在与围岩交代作用的同时可能存在部分来源深部的物质，即很有可能后期深部岩浆提供了动力和能量，为成矿期热液活动对围岩，原岩进行交代，改造提供了有利条件，但可以注意的是硅化带大部分仍然保留与围岩稀土元素大致相近的特点。

4. 同位素特征

本书研究过程中，收集了新村矿床硫同位素资料（表 4-27）。

表 4-27 新村铀矿床硫同位素组成表

类别	测定矿物	δ³⁴S‰	³²S/³⁴S
岩体	FeS$_2$	13.61，−4.87，11.2，平均 6.64	21.921，22.309，21.954，平均 22.059
矿前硅化带	粉末 FeS$_2$	1.9，1.00，5.6，6.1，8.4，平均 4.6	22.179，22.198，22.096，22.085，22.035，平均 22.118
矿前蚀变带	立方 FeS$_2$	5.7，8.1，0.5，3.4，1.3，7.4，7.4，0，5.9，0(胶 FeS$_2$)平均 5.0	22.092，22.041，22.209，22.145，22.191，22.057，22.057，22.09，22.22，平均 22.111
矿前脉	胶 FeS$_2$	−5.2，−6，平均−5.6	22.336，22.354，平均 22.345
矿床	平均	3.4	22.146

从整体上看 ^{32}S/^{34}S 变化范围 22.035～22.354，平均值 22.146，δ^{34}S 变化范围−6.0‰～8.4‰，平均值+3.4‰，不具有地幔硫的特点。

成矿前期硅化带的 δ^{34}S 变化于 1.000‰～8.4‰，平均值 4.6‰，相应的 ^{32}S/^{34}S 变化范围为 22.035～22.198，平均值为 22.118，从而反映了矿前期"高氧低硫"的环境是有利于铀元素的释放与迁移的成矿准备阶段。

成矿期矿前脉 δ^{34}S 的变化范围为−5.2‰～−6‰，平均值为−5.6‰，相应的 ^{32}S/^{34}S 变化范围为 22.336～22.354，均值为 22.345，反映了一种有利于沥青铀矿形成的"强烈高硫低氧"的成矿环境。

4.3 其他铀矿点特征

4.3.1 同乐矿点特征

1. 地质特征

矿点位于摩天岭岩体中部东南缘，乌指山断裂（Fw）南西末端以南。矿点内构造以断裂为主，规模不大，按方向主要分为北东和北西两组。

区内出露岩性主要为摩天岭岩体中心相中粗粒黑云母花岗岩，次为细粒花岗岩脉体。蚀变类型有硅化、钾长石化、赤铁矿化、紫色萤石化、绢云母化、绿泥石化、黄铁矿化等（见附录彩色图版 照片 4-3～照片 4-7）。硅化至少有两期次，早期石英脉较薄、颜色很深，有矿化显示，矿直接产于脉体边缘。晚期石英脉呈乳白色，厚度不规则，局部有膨大现象，或成布丁状，不含矿化。其中早期硅化、紫色萤石化与矿化密切相关。

矿石原生矿物成分为沥青铀矿，次生铀矿物可见钙铀云母、铜铀云母、脂铅铀矿等。

控矿因素为破碎带控矿、细粒花岗岩脉体控矿。矿化严格受北东向断层破碎带控制。北东向破碎带与细粒花岗岩脉体的接触边缘或附近往往有矿化产出。

2. 地球化学特征

(1)微量元素地球化学特征

表 4-28 是同乐矿点微量元素分析结果表，图 4-40 是同乐矿点岩石微量元素蛛网图。

表 4-28　同乐矿点微量元素分析结果表　　　　　　单位：$\times 10^{-6}$

样品	M038-1	M038-2	M038-5	M038-8
	矿层上盘花岗岩	矿层内硅化、碱交代花岗位	矿层下盘花岗岩	含萤石脉硅化岩
Sc	6.2	5.42	3.99	3.04
Cr	12.3	16.7	9.02	9.54
Co	4.91	6.68	3.26	2.73
Ni	8.05	9.41	6.25	6.16
Cu	22.4	16.4	23.2	19.1
Zn	37.3	97.8	90.2	26.4
Rb	233	239	268	339
Sr	42.3	27.4	64.6	37.2
Y	23.9	27.6	28.5	25.9
Nb	10.1	12.9	6.95	6.21
Sb	0.535	1.01	0.553	3.32
Cs	7.23	11.5	7.52	29.1
Ba	313	145	294	133
Ta	1.09	1.62	0.936	0.529
W	4.69	7.35	3.38	3.97
Pb	44.7	16.2	41.5	22.5
Th	14.4	19	12.6	8.49
U	6.68	79.4	3.05	33.4
Zr	76.6	87.5	72.8	49.4
Hf	2.49	2.87	2.53	1.48

从表 4-28 和图 4-40 中可以看出，同乐矿点岩石中 Cr、Co、Ni 的含量远低于原始地幔，表现出明显的亏损，而 Rb、Cs、W、Pb、Th、U 则表现出了显著的富集。

(2)稀土元素地球化学特征

表 4-29 是同乐矿点稀土元素分析结果及参数表，图 4-41 是同乐矿点岩石稀土元素配分模式图。

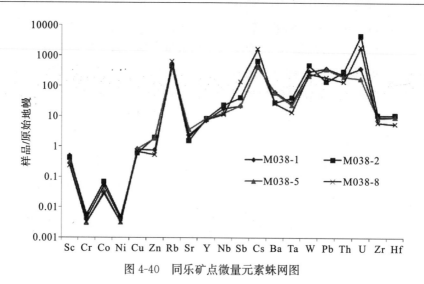

图 4-40　同乐矿点微量元素蛛网图

表 4-29　同乐矿点稀土元素及参数表　　　单位：$\times 10^{-6}$

样品	M038-1	M038-2	M038-5	M038-8
La	13.4	20	18.1	16.3
Ce	40.6	36.3	36.7	32.5
Pr	3.17	4.71	4.45	3.73
Nd	11.9	18.1	16.1	14.2
Sm	2.87	4.06	4.23	2.92
Eu	0.416	0.363	0.571	0.273
Gd	2.79	3.79	4.22	2.75
Tb	1.33	0.816	0.904	0.639
Dy	4.4	5.04	5.14	3.9
Ho	0.851	0.959	0.969	0.799
Er	2.32	2.61	3.03	2.35
Tm	0.315	0.392	0.435	0.269
Yb	2.36	2.9	2.54	2.29
Lu	0.324	0.434	0.328	0.305
Y	23.9	27.6	28.5	25.9
ΣREE	87.05	100.47	97.72	83.23
LREE	72.36	83.53	80.15	69.92
HREE	14.69	16.94	17.57	13.3
LREE/HREE	4.93	4.93	4.56	5.26
La_N/Yb_N	3.84	4.66	4.82	4.81
δEu	0.44	0.28	0.41	0.29
δCe	1.42	0.85	0.94	0.95

　　从表 4-29 和图 4-41 中可以看出，同乐矿点稀土元素有较强的规律性，普遍右倾，说明轻稀土大于重稀土，有明显的 Eu 负异常。此外可以看出，蚀变（钾长石化）花岗岩的稀土总量较高。

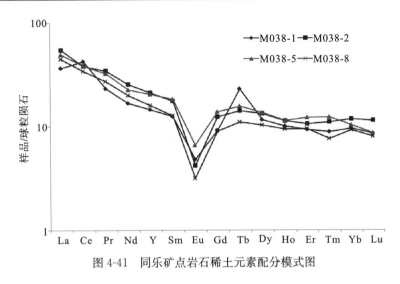

图 4-41　同乐矿点岩石稀土元素配分模式图

(3)方解石脉地球化学特征

为了研究同乐地区成矿流体来源，采集了同乐矿点钻孔中的方解石脉进行研究，分析了方解石脉的碳、氧同位素、微量元素和稀土元素（表 4-30、表 4-31、表 4-32）。同时做出了相应的图解（图 4-42～图 4-45）。

表 4-30　同乐方解石脉碳、氧同位素组成

岩性	样品编号	$\delta^{13}C_{PDB}(‰)$	$\delta^{18}O_{SMOW}(‰)$
方解石	M076-1	−17.20	15.64
方解石	M076-2	−16.80	17.99
方解石	M077-1	−17.45	16.32
方解石	ZK-1	−10.22	12.51
方解石	ZK-2	−18.09	15.30
方解石	ZK-3	−13.64	14.98

本书研究挑选 6 件同乐矿点的方解石样品，从这些样品的方解石碳、氧同位素组成特征可以看出，$\delta^{13}C_{PDB}$ 为 −18.09‰～−10.22‰，$\delta^{18}O_{SMOW}$ 为 12.51‰～17.99‰。与达亮矿区比较，同乐矿点的方解石脉碳同位素更低。

从图 4-42 中可以看出，同乐矿点的碳、氧同位素值投影点主要落在岩浆－地幔等深部流体碳与沉积有机碳之间，并较靠近于岩浆为代表的深部流体，说明了成矿流体的来源的复杂性与多源性，并具有深部流体的特征。

表 4-31 是同乐矿点方解石脉微量元素分析结果表。图 4-43 是微量元素蛛网图。从表 4-31 和图 4-43 中可以看出，同乐方解石脉中微量元素 Ba、Th、Ta、Nb、Zr、Hf 呈显著的亏损状态，而 Rb、U、Pb 则明显富集。从表 4-32 中可以看出，U 与 Cu、Rb、Nb、Ta、W、Th、Zr 具有显著正相关关系（相关系数大于 0.7），与 V、Cr、Co、Ni、Sb、Cs、Ba 有一定的正相关关系（相关系数 0.3～0.7），与 Mo 有一定的负相关关系。

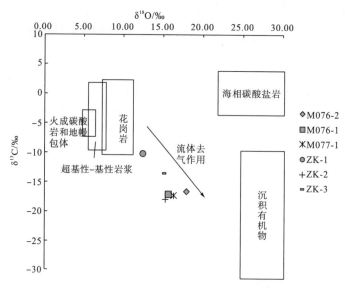

图 4-42　同乐矿床(点)碳、氧同位素组成图

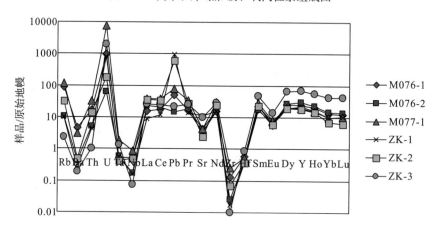

图 4-43　同乐矿点方解石脉微量元素蛛网图

表 4-31　同乐矿点方解石脉微量元素分析结果表　　单位：$\times 10^{-6}$

元素	M076-1	M076-2	M077-1	ZK-1	ZK-2	ZK-3
Li	9.35	0.745	7.3	1.1	12.8	1.42
Be	5.8	4.41	4.82	5.92	11.3	8.57
Sc	3.46	0.999	5.76	1.62	4.3	1.59
V	6.14	8.9	9.41	5.07	8.6	4.87
Cr	1.96	2.14	2	1.3	1.41	1.48
Co	1.87	1.51	3.27	1.91	3.6	2.2
Ni	10.9	20.2	19.2	17.2	7.33	21.9
Cu	1.44	1.31	38.9	1.82	9.32	2.29
Zn	8.28	2.12	9.36	4.31	41.7	4.19
Ga	3.78	1.2	5.8	2.45	12.9	2.49
Rb	55.3	6.64	73.4	6.28	20.6	1.49

元素	M076-1	M076-2	M077-1	ZK-1	ZK-2	ZK-3
Sr	72.1	89.2	89.4	239	52.8	212
Nb	0.377	0.123	0.625	0.117	0.359	0.054
Mo	0.467	0.326	0.107	0.147	0.262	0.235
Cd	0.149	0.072	0.025	2.62	1.34	1.73
In	0.015	0.013	0.02	0.01	0.017	0.01
Sb	0.105	0.035	0.123	0.054	0.094	0.032
Cs	5.82	2.93	6.94	1.85	3.88	0.424
Ba	32.8	2.96	21.8	1.63	3.48	1.33
Ta	0.021	0.024	0.078	0.023	0.017	0.055
W	0.607	0.208	0.829	0.149	0.375	0.301
Re	0.137	0.028	0.036	0.004	0.001	0.004
Pb	3.62	1.03	5.62	69.3	44	1.56
Bi	0.209	0.047	0.413	0.375	4.85	0.125
Th	1.39	0.443	2.8	0.367	1.22	0.087
U	20.2	1.29	159	16.9	3.8	41.8
Zr	1.48	0.282	2.77	0.194	0.786	0.115
Hf	0.182	0.128	0.158	0.116	0.113	0.261

表 4-33 是同乐矿点方解石脉稀土元素及参数表。图 4-44 是同乐矿点方解石脉稀土元素配分模式图。

表 4-32　微量元素相关性表

	Sc	V	Cr	Co	Ni	Cu	Rb	Nb	Mo	Sb	Cs	Ba	Ta	W	Th	U	Zr
Sc	1.000																
V	0.538	1.000															
Cr	0.166	0.574	1.000														
Co	0.821	0.484	−0.249	1.000													
Ni	−0.431	−0.150	0.214	−0.430	1.000												
Cu	0.823	0.609	0.295	0.672	0.119	1.000											
Rb	0.852	0.434	0.522	0.405	−0.234	0.739	1.000										
Nb	0.963	0.620	0.390	0.663	−0.361	0.834	0.938	1.000									
Mo	−0.220	−0.109	0.376	−0.438	−0.421	−0.588	0.020	−0.134	1.000								
Sb	0.945	0.451	0.247	0.634	−0.550	0.684	0.917	0.961	−0.012	1.000							
Cs	0.828	0.620	0.594	0.404	−0.381	0.673	0.949	0.941	0.116	0.919	1.000						
Ba	0.582	0.139	0.562	0.044	−0.295	0.352	0.884	0.702	0.417	0.760	0.828	1.000					
Ta	0.434	0.180	0.225	0.337	0.596	0.777	0.454	0.420	−0.588	0.241	0.240	0.185	1.000				
W	0.876	0.429	0.487	0.501	−0.156	0.787	0.966	0.920	−0.027	0.871	0.874	0.820	0.597	1.000			
Th	0.938	0.630	0.438	0.622	−0.232	0.888	0.943	0.990	−0.210	0.923	0.930	0.685	0.514	0.928	1.000		
U	0.679	0.348	0.306	0.460	0.358	0.932	0.715	0.702	−0.577	0.553	0.554	0.409	0.922	0.785	0.781	1.000	
Zr	0.893	0.536	0.500	0.514	−0.138	0.866	0.976	0.963	−0.160	0.896	0.924	0.767	0.580	0.968	0.983	0.822	1.000

表 4-33 同乐矿点方解石脉的稀土元素含量及参数表　　　　单位：×10⁻⁶

样品号	M076-1	M076-2	M077-1	ZK-1	ZK-2	ZK-3
La	10.9	15.7	25.8	6.13	24.6	17.6
Ce	30.7	37.6	68.4	21.2	59.9	43.2
Pr	4.61	4.99	9.22	3.75	7.44	7.21
Nd	21	22.6	41.5	21.1	32.9	40
Sm	8.14	7.75	12.8	10.5	10	21.6
Eu	0.95	1.05	1.37	1.18	1.04	2.34
Gd	11.2	12.2	13.2	12.7	11.6	32.3
Tb	3.13	3.03	2.77	2.63	2.58	8.15
Dy	18.8	19.6	15.1	14.7	14.4	48.6
Ho	3.35	3.74	2.57	2.64	2.47	9.43
Er	9.31	10.3	6.75	6.87	6.19	26.7
Tm	1.24	1.44	0.9	0.82	0.69	3.63
Yb	6.51	7.4	4.91	5.06	3.59	20.6
Lu	0.93	1.05	0.79	0.77	0.47	3.21
Y	112	141	89	101	82.2	316
ΣREE	130.77	148.45	206.08	110.05	177.86	284.57
LREE	76.3	89.69	159.09	63.86	135.88	131.95
HREE	54.47	58.76	46.99	46.19	41.98	152.62
LREE/HREE	1.4	1.53	3.39	1.38	3.24	0.86
La_N/Yb_N	1.2	1.52	3.77	0.87	4.92	0.61
δEu	0.3	0.33	0.32	0.31	0.29	0.27
δCe	1.06	1.03	1.09	1.06	1.07	0.94

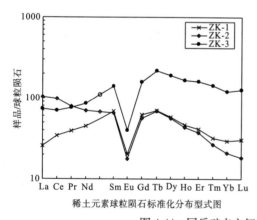

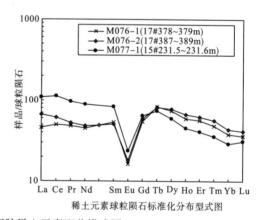

图 4-44 同乐矿点方解石脉稀土元素配分模式图

表 4-33 和图 4-44 表明，同乐矿点方解石脉中稀土元素含量普遍较高，稀土元素配分模式分为三种类型：ZK-3、M076-2 为一类，重稀土大于轻稀土，Eu 负异常；ZK-2、M077-1 为一类，轻稀土大于重稀土，Eu 负异常；ZK-1、M076-1 中稀土大于轻重稀土，Eu 负异常。

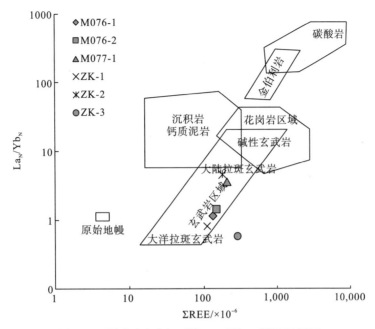

图 4-45　同乐矿点方解石脉 $La_N/Yb_N - \sum REE$ 图解

从图 4-45 可以看出，同乐矿点方解石脉投在玄武岩区，说明有成矿流体有深部来源。

4.3.2　老山矿点地质特征

1. 地质特征

矿点位于元宝山岩体东侧中部，岩体与围岩接触带内侧。矿点处有锡矿产出。矿点内出露岩性主要为元宝山岩体边缘相中-细粒花岗岩。岩石中石英含量总体比摩天岭岩体要高。岩石颜色普遍较深，岩石中黄铁矿较多，呈团块状集合体产出，此外还包括部分黄铜矿等。在矿点附近有细粒花岗岩脉出露，脉体规模较小，但数目较多。

金属矿物主要为黄铁矿、磁黄铁矿，少量方铅矿、闪锌矿、黄铜矿、斑铜矿、蓝辉铜矿、锡石等(见附录彩色图版照片 4-8～照片 4-10)。非金属矿物主要为石英、黑云母、绿泥石、斜长石、微斜长石等。普遍具有绢云母化、云英岩化(见附录彩色图版照片 4-11～照片 4-13)。

2. 地球化学特征

(1)常量元素特征

分析了元宝山老山矿点一个样品(Y005-1)的常量元素，分析结果为：SiO_2 69.32%，Al_2O_3 11.66%，Fe_2O_3 10.63%，MgO 0.79%，CaO 0.16%，Na_2O 0.56%，K_2O 3.95%，MnO 0.13%，TiO_2 0.16%，P_2O_5 0.089%，FeO 8.75%，H_2O^+ 2.39%，S 0.67%。与达亮矿床和新村矿床比较，老山矿点硅质、铝质、碱质含量相对偏低，Fe_2O_3

的含量相对较高，S 的含量则大大高于新村矿床和达亮矿床。

（2）微量元素特征

图 4-46 是元宝山岩体及老山矿点（Y005-1）的微量元素蛛网图。从图中可以看出，矿点的微量元素蛛网图与其他岩体岩石的形态完全一致，但总量总体上要高。

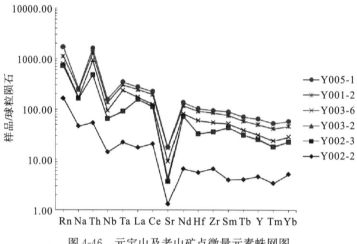

图 4-46　元宝山及老山矿点微量元素蛛网图

（3）稀土元素特征

图 4-47 是元宝山岩体及老山矿点稀土元素配分模式图。从图中可以看出，元宝山岩体的稀土元素配分模式极为一致，且与华南花岗岩的配分模式一致。老山矿点稀土配分模式更接近华南花岗岩的配分模式，稀土元素含量较高。同时也说明，元宝山老山矿点成矿物质来源于岩体。

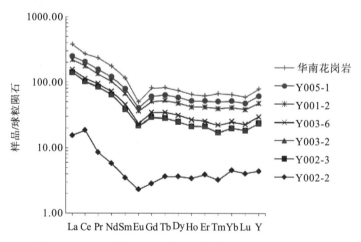

图 4-47　元宝山老山地区稀土元素球粒陨石标准化模式图

第5章 摩天岭—元宝山地区铀多金属矿分布规律

5.1 铀矿成矿分带规律

5.1.1 不同类型铀矿的分布规律

摩天岭—元宝山地区铀矿化类型丰富(见前文图 3-1),已经发现的铀矿床(点)在平面上有明显的分带特征,无论从铀矿床(点)的分布位置与构造的关系,还是不同类型的铀矿化点的分布,均具有分带规律。

(1)铀矿床(点)与构造及岩体的分带规律

根据摩天岭岩体断裂带的分布与铀矿化的关系,大部分矿床(点)均分布在断裂带及其附近。摩天岭岩体 21 个铀矿床(点)与主要断裂的关系如表 5-1 所示。

表 5-1 摩天岭岩体铀矿与断裂的分带特征

矿床(点)	断裂名称	备注
矿点:大河边、头坪、滚贝、跃进桥 矿床:新村	乌指山断裂(Fw)	乌指山断裂南延还有吉羊和同乐矿点分布
矿点:乌华、尧岜、维洞、如雷	高武断裂(Fg)	茶山矿点西距 800m,古汤矿点西距约 2km
矿点:大桥、高强、梓山坪、如腊、大蒙 矿床:达亮	梓山坪断裂(Fz)	达亮矿床在该断裂南延方向
矿点:俾门、高堤	麻木岭断裂(Fm)	

按照矿床(点)与岩体的位置关系,可以分为接触带型和花岗岩体内部型,绝大部分是花岗岩内部的铀矿床(点)。接触带型主要有外接触带型甘农矿点,内外接触带型达亮矿床。

(2)不同铀矿化类型的分带规律

摩天岭—元宝山地区目前已经发现的铀矿床、矿点及矿化点类型丰富,既有花岗岩内部型,又有接触带型,既有硅化带—沥青铀矿型,又有绿泥石—沥青铀矿型,还有碱交代型。从铀矿化类型来看,最主要的有铀-绿泥石型矿化、铀-硅化型、铀-萤石型和碱交代型。

综合分析摩天岭—元宝山地区铀矿化类型,发现不同类型铀矿化有明显的分带特征。铀-绿泥石型铀矿化主要分布在岩体的边部,如达亮铀矿床分布在摩天岭岩体的西南部，老山铀矿点则分布在元宝山岩体的东侧。

铀-硅化带型铀矿化比较普遍，主要沿硅化带分布。如新村铀矿床产于乌指山断裂带及其附近。

铀-萤石型铀矿化则既与铀-绿泥石型铀矿化共生，也与铀-硅化带型铀矿化共生，但主要是与铀-硅化带型铀矿化共生在一起。在新村铀矿床和同乐铀矿点铀-萤石型矿化十分明显。同时，达亮矿床铀-萤石型矿化也较为明显。

5.1.2　典型铀矿床垂直分带规律

花岗岩型铀矿床一般具有较为典型的分带规律，特别是垂直分带规律，这在华南花岗岩型铀矿床以及很多热液成因的碳硅泥岩型铀矿床中很普遍。摩天岭—元宝山岩体中的花岗岩是典型的花岗岩型铀矿床，结合前人的研究成果，以及本书的调查研究，发现达亮矿床以及新村矿床均有较为明显的垂直分带规律，但是由于两个矿床的勘查深度有限，对于垂直分带规律的认识仍然不够深入，在此仅做简单的讨论，待勘查深度增大之后进一步总结垂直分带规律，以便为深部找矿提供依据。

矿床的垂直分带有宏观和微观表现。长期以来，更多的人是从微观角度进行研究，但是宏观的规律对于找矿更有效，更具有参考价值。

（1）地质宏观垂直分带规律

矿床的垂直分带规律从宏观上主要通过地质特征表现出来，即通过矿物共生组合和蚀变特征表现出来。华南花岗岩型铀矿床具有"上酸下碱"、"上氧化下还原"的特征，达亮矿床和新村矿床也有类似的特征，但是特征没有华南其他地区明显。

由于达亮矿床及新村矿床目前控制的深度有限，不同中段取样难度较大。根据前人资料以及野外调查工作发现，达亮矿床和新村矿床在宏观上仍有"上酸下碱"的特征。具体来说，就是在上部有大量的硅化及石英脉的存在，在下部出现了方解石脉，而且控制深度越大，方解石脉的宽度逐渐增加。在达亮矿床最新打的深孔中，700m 左右可见裂隙中发育宽度 0.5~1cm 的方解石脉，同时还有少量的石英脉存在；在上部坑道中尽管含有钙质，但未发现方解石脉，符合"上酸下碱"的规律。此外，在达亮矿床新打的钻孔编录中还可以发现，黄铁矿相对较为普遍，但是在深部黄铁矿出现的频率和粒度均有增大趋势，浅表层有赤铁矿化等氧化现象，符合"上氧化下还原"的规律。根据这一规律，达亮矿床的酸碱界面仍在目前控制的深度以下，说明深部还有较好的铀矿存在。

新村矿床由于坑道已经被完全破坏，未能直接观测到相关信息，只能根据前人的资料进行分析。新村矿床直接产于五指山硅化带中，该硅化带规模大，在地表厚度达数十米。但在深部钻孔中发现了大量的方解石脉，仍然有"上酸下碱"的规律。目前新村矿床正在开采施工中，一旦开采几个中段后，即可对其进行详细的垂直分带规律研究。

（2）地球化学垂直分带规律

矿床垂直分带规律的地质宏观表现是源于物质组分和元素组成的不同而引起的。因此，要研究矿床垂直分带规律的内在原因，需要通过微观研究，即地球化学研究，分析矿床成因以及可能的产出位置，为深部找矿提供一定的参考。

为了揭示达亮矿床中 U 及伴生微量元素在矿床垂深方向变化的地球化学行为，沿矿床不同标高各取了 7 个样品，各样品基本情况如下：样品 M017-2 位于矿床地表的探槽 6 附近，红化、赤铁矿化较强；样品 M078-3 位于矿床 1 号坑道内，为矿脉；样品 ZK1-6 位于 2010 年施工一号钻孔 518.9m 标高处，为碱交代型花岗岩；样品 ZK1-5 取于一号钻孔 505.5m 标高处，为深色花岗岩；样品 ZK2-7 位于 2 号钻孔 447m 标高处，为粗粒钾长花岗岩；样品 ZK2-5 取于 2 号钻孔 324m 标高处，为含沥青铀矿矿石；样品 ZK2-4 取于 2 号钻孔 322m 标高处，为矿体间的围岩。对这些样品进行 ICP-MS 分析，并挑选与 U 相关性大于 0.6 的微量元素在垂深方向的变化特征进行分析。微量元素地球化学参数在不同标高的变化情况也反映出矿体的多期多阶段性和复杂性。

对各不同标高的样品微量元素聚类分析发现，与 U 相关性好的微量元素为：Co、Cu、Sr、Sb、Ba、W 和 Pb，以及以 Y 为代表的稀土元素。对以上元素作分布图（图 5-1）发现，不同标高的矿体 M078-3 和 ZK2-5 的微量元素含量都很高，当 U 元素出现峰值时，各伴生元素也或多或少的出现含量的增加。围岩内各元素的变化则很不一致。

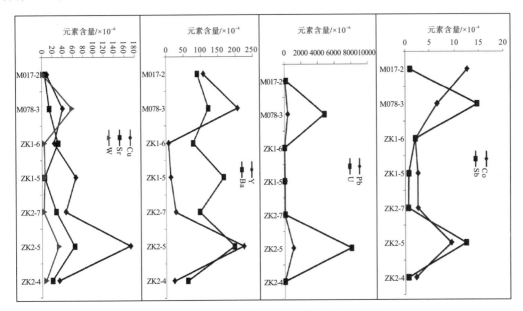

图 5-1 达亮矿床部分微量元素的垂直分带特征

U、Pb、Sb、W 和稀土元素的含量随深度的变化很相似，在围岩内的含量大致相当，而在矿体内含量则不一，但变化趋势是一致的；Ba、Cu 的含量在矿体以及 505m 标高处相对增加，在不同标高的围岩内其含量也相对较高；Co 在地表至 447 m 标高其含量逐渐降低，在 324m 处的矿体内则又增高，但总体来说其含量在地表是最高的，稀土元素的含量在地表、坑道和 324m 处的矿体内含量则较高，在其他标高处含量相对较低。

总体来说，不同标高的样品其元素的种类和含量还是有一定差异的，在 324m 标高的矿体各元素的含量比坑道内矿体的含量要高一些，说明离地表较近的矿体受到大气降水淋滤等作用使矿体内部的元素流失；而两矿体内某些稀土元素的含量则大致相当，由于有些稀土元素的较为稳定，不受周围环境的影响，能保持成矿时的特性与含量，由此说明，两不同标高的矿体为同一期成矿。

由于典型矿床各中段样品采集难度较大，对于垂直分带规律仅做了初步探讨，如果两个矿床在深部或者不同中段可以取到样品，可以进一步深入研究垂直分带规律，为下一步找矿提供更多的依据。

5.2 铀与其他金属矿产的分带规律

(1)多金属矿平面分布规律

1979 年程裕淇、陈毓川、赵一鸣提出矿床成矿系列概念，认为"在一定的地质发展阶段，与一定的地质作用有关，形成相互有成因联系，具一定时空分布规律的矿床组合，称为一个成矿系列"（陈毓川等，1995；毛景文等，1988）。

在桂北九万大山—元宝山成矿区内，锡、铜、铅、锌、锑、镍、钴、钯、铀多金属矿床及矿化点星罗棋布，交错相影。究其成矿时代和空间展布，可分为两大成矿系列。其一是与雪峰期黑云母花岗岩有关的锡多金属矿床、铀矿床。目前已发现 2 个大型、5 个中型及一系列小型锡钨、锡铜、铜锌和铅锌矿床。铀矿则主要分布在花岗岩体内部，已发现两个中型矿床和一系列矿点。这些矿床均围绕黑云母花岗岩体分布，在时间上具良好的生成演化关系。其二是与四堡早期科马提岩有关的铜、镍、钴、钯、锡矿床成矿系列。

摩天岭—元宝山地区除铀矿外还有锡、铜铅锌等多金属矿产(见附录彩色图版 图 5-2)。从平面上来看，这些不同矿种有明显的分带性。

从图 5-2 中可以看出，铀矿主要分布在岩体内部，并分布在断裂带及其附近；其他金属矿产主要分布在岩体周边，其中锡矿主要分布在摩天岭岩体南部的宝坛地区和元宝山岩体的东侧。铜锡矿点、铅锌矿点及其他金属矿产主要分布在摩天岭岩体和元宝山岩体周边的围岩中。

从成矿时带上来看，摩天岭岩体和元宝山岩体周围的多金属也具有一定的成矿时代专属性，并具有成矿系列的演化特征。总体上来看，该区的锡矿形成时间较早，根据前人研究成果，锡矿成矿时间为新元古代。铀矿的成矿时代到目前发现具有多期次性，主要成矿时代为加里东末期－海西期和喜马拉雅早期。

(2)多金属矿分带规律的原因探讨

以往地质工作者将桂北的镁铁质－超镁铁质岩认定为侵入岩类，位于其底部的铜镍硫化物矿床也自然地被归为正岩浆熔离型矿床。毛景文等(1990)认为上述镁铁质－超镁铁质岩属科马提岩类，而且认为与其有关的铜镍矿床也是我国一个新矿床类型—火山岩型铜镍矿床，其特点有三：①以不连续的层状分布于辉石质科马提岩的底部；②矿石有斑杂状和侵染状两类。斑杂豆状体矿石的长轴方向与岩流底部接触带呈 $10°\sim30°$ 夹角，这基本上指示出矿质乳滴生成于动荡环境中，在其定位时曾受到地球吸引力和岩流冲力的联合影响；③科马提岩、铜镍矿石及磁黄铁矿的硫同位素测试结果为 $\delta^{34}S=+3.4‰\sim+23.5‰$；而且 $\delta^{34}S$ 在矿化密集处降低，于矿化分散处及岩流中则大大富集。这似乎反映出海底硫酸盐大幅度地参加了成岩作用成原始岩浆为一个相对贫硫环境，这一点也由矿石中多出现自然镍和金属互化物——宝坛矿所印证。此外，在五地－孟公山一带发现与四堡早期镁铁质岩有关的层纹状电英石型锡矿化。锡矿化体呈似层状、透镜状和扁豆状，厚一米至数十厘米不等，分布于镁铁质火山杂岩与粉砂岩地层的交互部位。矿化体与周围地层整合接触，其中部分受到雪峰期脉状点英石岩锡矿脉的切割和穿插。矿化体中发育有典型的层纹状构造，层纹宽度大小不一，从数厘米到零点几毫米，由富镁电气石与石英重复交替而成。矿化岩石为致密块状构造，组成矿物十分简单，仅有电气石（75％～80％）、石英（20％～25％）及微量锡石。白色锡石呈他形晶，与电气石共生。矿化岩石不具工业意义，其含锡品位一般为万分之几，仅个别取样点达千分之几。在有雪峰期脉状电英岩叠加的部位构成矿体。关于层纹状电英岩锡矿化的成因，毛景文等（1990）认为是在四堡早期海底镁铁质岩浆喷发时，由喷气作用于熔体周围的洼地形成硼质锡矿化体。

迄今，区内锡多金属矿床的成因问题已是我国金属矿床方面争议的热点之一。近几年来，不少学者基于以下三点事实：①研究区内相当一部分锡多金属矿床位于镁铁质-超镁铁质岩中；②镁铁质-超镁铁质岩的含锡丰度高于同类岩石的克拉克值；③部分矿体成似层状产出，将该类矿床认定为幔源成因，镁铁质-超镁铁质岩被誉为成矿的物质来源。其中李在基（1987）提出锡多金属矿床直接从镁铁质岩浆中熔离生成，而卢建春、黄有德（1988）则认为镁铁质-超镁铁质岩原始富锡，经区域变质作用而富集成矿。毛景文等（1988）认为，镁铁质-超镁铁质岩尽管对锡多金属矿床的形成起到了积极的作用，诸如其中的 Fe、Mg、Sc、Ni、Cr、Cl（也许有一些 Sn）参与成矿作用，但将其描绘为成矿的核心尚不足可取。

众所周知，在整个地球上，所有的锡多金属矿床总是成带或成区分布。这种有规律的分布形式必然受到一定规律的制约。通过前人的研究，认为锡矿成矿作用的发生和结果取决于三个因素：①富锡地球化学场的客观存在；②地壳重熔型花岗岩的高度分馏演化作用和巨大"热能机"作用；③构造边缘活动带的动定转换。

综上所述，本书认为，摩天岭—元宝山地区铀多金属矿作为一个成矿系列，具有一定的生成联系，但各有不同的具体成矿作用和条件。锡矿主要产于中元古代四堡群地层中，但成矿时代主要为新元古代雪峰期，与摩天岭—元宝山岩体的形成有直接的关系，岩浆活动为锡矿的形成提供了大量的热源和一部分成矿物质，导致锡矿在岩体边缘外接触带一定范围内成矿。而铀矿的形成与锡矿显著不同。铀矿是经过雪峰期岩浆预富集、加里东期区域变质作用，到海西早期产生第一次铀成矿作用，形成达亮矿床及相关矿化点；到燕山晚期-喜马拉雅早期产生第二次大的铀成矿作用，形成新村矿床及一系列铀矿化点。

需要指出的是，在老山矿点，铀矿化和锡矿化共生在一起，主要与石英脉有关，含有大量的黄铁矿、黄铜矿、蓝铜矿、辉铜矿、闪锌矿等金属矿物。此处铀矿化与锡矿化是否是同时形成或有先后，还不得而知。需要今后进一步进行深入研究。

第6章　摩天岭—元宝山地区铀矿成矿模式及找矿方向

6.1　摩天岭—元宝山地区铀矿成矿模式

摩天岭—元宝山地区铀矿化丰富，铀矿化类型多样，铀成矿模式多样。如果把铀成矿纳入桂北多金属成矿系列，从更为广泛的基础上对铀成矿作用进行研究，对研究区的铀矿成矿模式进行探讨。

在第4章铀成矿规律中对研究区的铀成矿的物质来源、流体来源、热源以及控矿因素等进行了较为详细的分析，本节是在综合前面的分析与研究基础上，综合各因素，提出研究区的铀矿成矿模式。

（1）高背景的铀含量是成矿的物质基础

元素在地球上分布的不均一性是显而易见的，这就解释了为什么有些地带形成某种特有的矿产。例如，在华北地台边缘钼矿、铅锌矿大量云集，长江中下游地带形成铜铁矿，而在南岭地区钨锡矿遍地开花。反过来讲，无论地质作用如何变换，上述的矿产展布格架都无法得到改变。

前人对区域地层地球化学和区域岩石学研究（於崇文等，1987）也已表明，在南岭地区，成矿元素 Sn、W、Cu、Pb、Zn、U 等明显富集，并于前寒武系、寒武系和泥盆系尤甚。就桂北地区而言，在桂北九万大山—元宝山地区，无论地层、铁镁质岩－超镁铁质岩、花岗闪长岩还是黑云母花岗岩都具有高于同类岩石克拉克值的成矿元素（包括 Sn、U、W、Cu、Pb、Zn、Sb、Co、Ni）。也就是说区内的整体（包括地壳和地幔）都富有锡、铀多金元素，这正是锡多金属矿床成矿的物质基础。

研究区的四堡群围岩以及摩天岭岩体、元宝山岩体都是富含铀的地质体，其丰富的铀源为后期铀矿的形成提供了重要的物质基础。

（2）构造热事件是成矿的主导因素

扬子地块的古老基底为早元古四堡群，其成岩时代约 1412Ma 左右（陈毓川，毛景文等，1995）。最近几年，应用 Sm-Nd 同位素年代学方法测得扬子地块以南的华南褶皱带中最古老岩石的成岩时代亦为 1800～2700Ma。由此可以初步认为这两个地质单元在早元古代及以前很可能连在一起。二者的分裂可能是一个北东东向裂谷带沿柳州—抚州—金华一线产出。之后又进一步发展为一个海槽。海槽中的洋脊活动导致板块运动，并于大陆两侧发生了板块俯冲。当时的海槽在桂北地区走向近东西，其扬子古陆南缘的主构造线亦为近东西向。前人在野外调查时发现九万大山—元宝山地区的镁铁质岩浆活动表现为非均一性，即在三防—四荣以南的镁铁质岩十分发育，超镁铁质岩则以辉石质科马提岩为主，而该线以北却很少有镁铁质岩，广泛发育的超镁铁质岩又以橄榄质科马提岩为主体。因此。初步推测宝坛一带在早元古代时可能为一个洋中小陆块，在板块碰撞时被逐渐向北推移，最后与大陆拼接在一起。在四堡期末由于海槽的夭折，沉积作用将两个大陆又连在一起（毛景文等，1995）。应该指出的是在四堡期板块碰撞时不仅产生了东西向的挤压性构造，也产生了北南—北北东向的张裂隙。在四堡晚期，后一组断裂反客为主，又变成了压性断裂。该断裂组的活动导致热流上升及深部地壳重熔生成花岗闪长岩。此后，雪峰运动使得原北北东—北南向挤压构造重新活动，并同步生成了地壳重熔型的黑云母花岗岩，即本书研究的主体岩体——摩天岭岩体和元宝山岩体。在黑云母花岗岩的形成和定位过程中，一场强烈的锡多金属矿化作用发生。

摩天岭地区的铀成矿与地质构造演化是密不可分的。铀矿成矿经历了数百个百万年，多期次成矿作用，图 6-1 反应了研究区的铀矿成矿演化及模式。下面将该区的成矿模式论述如下。

中元古代四堡期的沉积预富集作用（图 6-1a）。距今 1800~1000Ma，研究区处于一个海相环境，沉积了厚度超过 5000m 的碎屑岩、火山岩等岩石。铀随着这些物质的沉积、成岩，有了最初的预富集，使得地层中的铀含量达到了 5.4×10^{-6}~11.7×10^{-6}。四堡期末期（1000Ma），地壳抬升，并受到近南北向构造力的作用，导致了四堡期地层形成了轴向近东西向的褶皱（图 6-1b）。

新元古代雪峰期地壳熔融作用，导致地层中的铀再次活化，并在岩体中重新分配与富集（图 6-1c）。雪峰期，研究区经历了碰撞、晚碰撞、后碰撞等阶段。在晚碰撞阶段（850~790Ma），由于碰撞积累的能量以及地层自身的压力，导致四堡群地层熔融，形成了摩天岭岩体和元宝山岩体主体，之后在后碰撞阶段（790~750Ma），又有岩浆活动，并且程双峰式脉动，形成了细粒花岗岩补体（图 6-1d）。

加里东期的区域变质作用，提供了大量的热，导致花岗岩及围岩地层中的铀大规模活化。这种活化主要出现在岩体的边缘部位，由于岩体与围岩接触面具有相对的空间和低压区，导致含矿流体向这些地区流动，最终在海西期在内外接触带形成了铀矿床及铀矿化（360~408Ma）（图 6-1e）。

印支运动也有构造-流体热事件的发生，但对本区没有产生重大影响。

燕山晚期-喜马拉雅早期的伸展构造运动导致了新的成矿作用的产生（图 6-1f）（100~45Ma）。燕山晚期-喜马拉雅早期，随着新华夏构造体系的形成与发展，在研究区形成了一系列北北东向的压扭性的深大断裂。与这些深大断裂伴随形成了一系列北西向的断裂。这些深大断裂沟通了地壳深部物质与能量，导致深部物质沿导矿构造上涌，在合适的容矿构造中富集沉淀，形成了一系列铀矿床、矿点击矿化点。

综上所述，认为九万大山—元宝山地区的成矿事件是一个矿质来源庞杂，物化条件多变的集合，构造运动是成岩成矿之主导因素，区域地球化学场富锡、铀多金属元素是基础，雪峰期黑云母花岗岩为成矿重要物质基础。从另外一个角度来讲，以岩浆侵位—分异演化—矿质富集为一端点的内生成矿作用达到平衡统一，从而将一系列矿床以时空的有序性排列于黑云母花岗岩周围，构成了一个完整的锡多金属矿床成矿系列。铀矿的形成则要晚于锡矿，主要受后期的区域变质作用及构造事件的影响，导致花岗岩和围岩中的铀活化、迁移、富集沉淀而成。

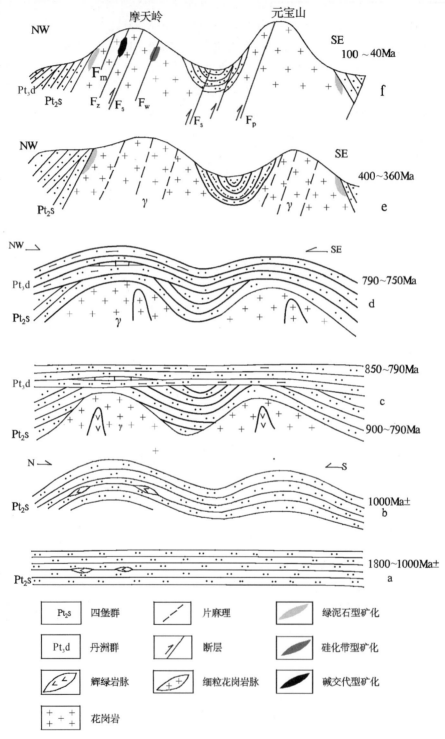

图 6-1 摩天岭－元宝山地区铀多金属矿成矿模式图

6.2　摩天岭—元宝山地区铀矿找矿方向

6.2.1　铀矿化的定位标志

根据本书的野外调查、室内研究，并结合前人研究资料，对研究区的铀矿化定位标志进行了深入分析。从岩性特征、构造组合特征、矿化蚀变特征、放射性特征以及地球化学特征等方面，进行归纳总结，将其作为岩体找矿和成矿有利地段的标志，作为矿床、矿点的定位条件，同时，作为评价岩体某一地段铀成矿找矿方向的判据。

（1）岩性特征方面

①岩体与围岩的接触带；

②中粗粒或中、细粒花岗岩过渡带；

③发育有碱交代岩地段；

④分布有残留体和挤压带地段。

（2）构造组合方面

①北北东向主干断裂 Fw、Fg、Fz，Fm 走向由近南北转向北东走向的上、下盘 2.5km 范围内断陷带次级派生断裂发育地段；

②岩体边缘舌形凹陷带附近断裂发育地段；

③北东向断裂与北西向断裂的交汇部位及其附近；

④帚状构造，特别是压扭性帚状构造靠近收缩端的地段；

⑤含矿（矿期）断裂延长大于 150m，宽大于 2～6m，并且产状由陡变缓、宽度增大，充填构造角砾岩地段；

⑥糜棱岩化、碎裂岩化发育地段。

（3）矿化蚀变特征方面

①硅化发育地段。矿前期热液蚀变发育，矿后期构造和热液充填微弱的地段；矿期热液重叠充填和交代的地段；

②绿泥石化与云英岩化发育地段；

③大规模碱交代（钾钠交代）发育地段；

④多种蚀变复合部位；

⑤酸性蚀变与碱性蚀变的过渡部位。

（4）地形标高方面

岩体剥蚀深度小于 400（岩体边缘）～1000m（岩体中央部分），地表矿化标高在 500m 以上地区。

（5）放射性物理场方面

①γ 趋势面高场（隆起区）及其边缘地带；

②γ 平均强度、剩差、变异数及 U^* 值等值线四者晕圈比较吻合的地段；

③γ 平均强度晕圈把相对 γ 高场连成一体的地段。

（6）地球化学方面

①正常岩石铀量特低或特高地段；

②铀含量变异系数大的地段。

上述定位条件中，若完全具备则为矿床的定位，若基本具备则为矿点的定位，若某些方面具备则为矿化点的定位地段。

6.2.2　铀矿远景划分及找矿方向

（1）远景区的分级及划分原则

成矿远景区（预测区）一般按照成矿地质条件的有利程度划分为不同的级别，以确定工作重点及工作任务。

为了便于反映远景区的成矿地质条件有利程度，将远景区划分为三级，其划分原则是：

Ⅰ级远景区：研究程度高，做过系统的地表综合详查和坑、钻深部揭露，矿床定位条件具备或基本具备，已有好的工业矿化，可直接做深部详查的地区。该区内往往有重要的工业矿床、矿点分布，成矿地质条件优越，多种矿化信息集中分布。该远景区内可以考虑布置较大比例尺的综合找矿工作。

Ⅱ级远景区：研究程度较高，做过1∶1万γ、地质测量，局部做过深部控制性钻孔揭露，某些地段矿床地位条件基本具备或主要方面具备，用于重复普查或深部揭露的地区。该远景区内成矿条件较好，有明显的矿化标志和较多的物化探异常，但未发现工业矿床，或只有少数矿化点。

Ⅲ级远景区：铀矿工作空白区或虽然做过1∶1万~1∶2.5万γ普查，但发现点带密集，未作综合详查，矿床定位条件某些方面相当具备，用以普查，矿点检查的地区，或者有少量矿化点存在的地区。该远景区往往根据地质类比，具有一定成矿地质条件，但依据不够充分。

（2）研究区铀矿成矿远景区的划分

根据前述岩体工业铀矿化的定位条件及远景区划分原则，经综合分析，研究区成矿远景区划分于下（见附录彩色图版　图6-2）。

Ⅰ级远景区。共划分5个一级远景区，分别为：I_1远景区、I_2远景区、I_3远景区、I_4远景区、I_5远景区。

Ⅱ级远景区。共划分为8个二级远景区，分别为：$Ⅱ_1$远景区、$Ⅱ_2$远景区、$Ⅱ_3$远景区、$Ⅱ_4$远景区、$Ⅱ_5$远景区、$Ⅱ_6$远景区、$Ⅱ_7$远景区、$Ⅱ_8$远景区。

Ⅲ级远景区。共划分为5个三级远景区，分别为：$Ⅲ_1$远景区、$Ⅲ_2$远景区、$Ⅲ_3$远景区、$Ⅲ_4$远景区、$Ⅲ_5$远景区。

上述远景区分布于不同的断裂带及构造范围内，通过表格列出远景区与断裂的关系及依据（表6-2）。

（3）主要远景区的分析及找矿方向

Ⅰ级远景区

I_1远景区：该远景区划分面积0.2km²。处在 Fw、Fg 夹持区的铀——硅质脉型矿化点。主含矿断裂续长达 1780m，宽 0.2~2m，北段连续异常长度 500m，下盘尚有平行的含矿带分布，构造热液活动多期多次，充填热液次生石英岩和玉髓，附近有碱交代岩产出，地表标高大于 750m，属洼地半坡地貌。虽然厚度小，交代作用微弱，品位低，但矿床定位条件的主要方面(尤其是热液活动)尚基本具备，区域花岗岩体含铀 8.1×10^{-6}，铀浸出率 32.2%。划为Ⅰ级远景区，了解岩体中央部位的矿化远景。

　　I_2 远景区：该远景区划分面积 0.32km²。处于头坪断陷带，Fw 上下盘 50~400m 内的矿化点。有含矿带三条，一般长度 600m，宽 1~25m，具多期石英脉热液充填，除出露中、粗粒黑云母花岗岩外，附近尚有云英片岩、绿泥石岩、碱交代岩及挤压带分布，地质条件尚好，花岗岩含铀 9.2×10^{-6}，铀浸出率 31.3%，地貌上与新村矿床以一山之隔相对称，划为Ⅰ级远景区，应作深部钻探揭露，以了解深部矿化远景，验证 Fw 构造控矿规律。所不足的是目前地表部分矿化规模小，呈小透镜状，品位低，厚度小。

　　I_3 远景区：该远景区划分面积 2.41km²。新村矿床为喜马拉雅期铀—硅质脉型矿床，处在新村-同乐断陷带北段 Fw 走向由近南北转向北东向上下盘次级派生帚状断裂中。Fw 转弯变异部位长 4.5km，以往工作重点在 Fw 上盘和下盘局部地段，而深部和南部工作尚少。根据水化学、古水文流向和物探资料，依据近年来的成矿理论结合该区以往的研究资料，综合分析认为，新村深部仍有更多资源量的可能性。区域花岗岩含铀性 8.0×10^{-6}，浸出率 30.1%，同时认为五指山断裂带南延线南部和 Fw 下盘的北部尚有必要工作，划为Ⅰ级远景区作为今后深部钻探揭露的地段。

　　I_4 远景区：该远景区划分面积 0.58km²。产于岩体西部 Fz 南段转弯段的上盘附近次级断裂中的矿化点。构造热液活动多期多次，附近又有大规模碱交代化岩、云英片岩残留体分布，是断陷带，相对 γ 场表现为宽大的异常区，综合晕圈吻合，区域花岗岩体铀含量 8.1×10^{-6}，浸出率 33.2%，所处标高合适，是矿化有利地区，划为Ⅰ级远景区。尽管矿后断裂破坏较严重，经地表综合详查后，也应作深部钻探揭露，以了解其深部和 Fz 的矿化远景。该区是整个摩天岭岩体碱交代最为明显、规模最大的地区。根据最近几年来矿床的研究，大规模碱交代作用对于铀矿成矿具有十分重要的意义。今后在该区进行地质勘查工作时，首先要圈定碱交代岩的分布范围、规律以及与梓山坪断裂带的关系，重点在碱交代岩发育、裂隙发育，特别是次级断裂发育的地段，同时关注包括辉绿岩等不同岩性地质体的结合部位。

　　I_5 远景区：该远景区划分面积 1.84km²。为已落实的加里东-海西期铀-绿泥石型中型矿床，处于摩天岭岩体西南边缘舌形凹陷带广西山字型脊柱北东向压扭性帚状断裂中，含矿断裂多，但单条规模小，矿化与裂隙、节理和小断裂带有关，区域花岗岩铀含量非常高，达到 16.7×10^{-6}，铀浸出率达到 52.2%，且在深部已经有新的发现，使得矿化垂深达到了 650m 左右，有很大的找矿潜力，划为Ⅰ级远景区。对于达亮矿床，重点在深部找矿，扩大储量，力争使该矿床成为一个大型铀矿床。在外围仍需做进一步的工作，重点是查明茶山北西向断裂、梓山坪断裂对矿区的影响程度，查明梓山坪断裂是否延伸经过矿区。在工作思路上，要把岩体内外接触带作为同一个成矿系统来进行研究，查找深部流体来源的通道和证据，重视垂直分带特征，关注碱性蚀变与酸性蚀变的界线，在该界线附近是成矿的有利部位。

Ⅱ级远景区

Ⅱ₁远景区：该远景区划分面积 11.07km²。该区出露中、细粒黑云母花岗岩，北东向硅化断裂发育，并与北北西向断裂形成俾门断陷带。处在趋势高场的边部，γ高场晕圈成群出现，呈南北－北东展布。地表发现异常较多，并有俾门矿点。充填细－微晶石英岩，有γ异常点 13 个，带 2 条，相对γ晕圈与之较吻合，与赤铁矿化有关，镜下见有脉状铀黑。区域花岗岩铀含量 13.1×10^{-6}，铀浸出率 28.3%。该区位处摩天岭岩体北部边缘，岩体界线凹陷曲折，再加上处于硅化带周围，有已知矿点，区域花岗岩体铀含量较高，故划为Ⅱ级远景区。该区极有可能形成绿泥石型和硅化型的混合多期次铀矿。

Ⅱ₂远景区：该远景区划分面积 10.2km²。位于岩体北东部，包括一小部分白岩顶组变质岩。花岗岩以中粒黑云母花岗岩为主，变质岩以云母石英片岩为主，接触带附近岩石石榴子石化较强烈。该区北部高武老山东南侧铀矿工作空白区，南部 Fw 上盘一带经1：1万γ普查发现异常较多，强度较高，其中河边南异常群 3168、3219 两条带强度 $315 \sim 1000 \gamma$，经镜下鉴定有黄铁矿玉髓和黄铁矿微晶石英呈胶结物胶结原岩及早期细、微晶石英构成黄铁矿玉髓（或微晶石英）型硅化角砾岩，工作程度低，又处在 Fw 上盘不远，区域花岗岩体铀含量为 13.1×10^{-6}，铀浸出率 29.2%，有拉培铀矿点，划为Ⅱ级远景区，作进一步检查和追索。

Ⅱ₃远景区：该远景区划分面积 4.54km²。处于岩体中、粗粒黑云母花岗岩过渡带，γ趋势高场的鞍部，剥蚀较深，造成放射性各种晕圈虽然较吻合，有一定强度而不太连续的分布特点。区域花岗岩体铀含量 7.9×10^{-6}，铀浸出率 27.6%。有高提铀矿点存在，成矿条件较好，划分为Ⅱ级远景区。

Ⅱ₄远景区：该远景区划分面积 11.81km²。横跨梓山坪断裂和麻木岭断裂，大桥矿点在梓山坪断裂与北西向断裂的交汇部位；绿泥石化发育；地表矿化较好。高强有一个品位极高的铀矿点，以沥青铀矿为主。区域花岗岩体铀含量 7.5×10^{-6}，铀浸出率较高，达到 35.6%。重视构造交汇部位的控矿作用；绿泥石化是一个重要的找矿标志。

Ⅱ₅远景区：该远景区划分面积 4.54km²。处于 Fw 上下盘附近，通过区内的五指山断裂 Fw 规模大，沿走向变异部位多，断陷及次级派生断裂发育，是目前岩体的主要矿化地段，划为Ⅱ级远景区。跃进桥矿点处在 Fw 南端拐弯部位上盘 $5 \sim 180m$ 内，经钻探揭露证实深部比地表矿化好，矿体向南延伸尚未封闭，应继续向南追索，扩大远景。同时，该段的 Fw 下盘据γ平均强度、γ变异系数及 U^* 值图资料表明有一定的矿化远景，区域花岗岩铀含量 5.3×10^{-6}，铀浸出率 28.6%，是值得注意的地段。

Ⅱ₆远景区：该远景区划分面积 4.53km²。出露岩性为中、粗粒黑云母花岗岩，构造以 Fz 规模较大，并在其南端形成梓山坪断陷带，分布云英片岩、变质砂岩和中基性岩残留体。区域花岗岩体铀含量 8.4×10^{-6}，铀浸出率 37.1%。碱交代岩发育，并有矿化现象。放射性物理场处于岩体西部趋势隆起区鞍部附近，地表异常点带密集成群，已知有碱交代型如腊、硅质脉型梓山坪两个矿化点，其中后者见有多期多次热液活动，有一定矿化远景。但按放射性物理场资料，各类晕圈强度低而分散，地表异常多，最密集的地段达 60 个/km²，认为是矿根相的标志。

Ⅱ₇远景区：为 Fw 的南延部位；硅化带、碎裂岩带发育、细粒花岗岩与粗粒花岗岩的接触部位；硅化、赤铁矿化、萤石化、黄铁矿化等蚀变发育。区域花岗岩体铀含量 $6.2×10^{-6}$，铀浸出率 33.1%。2010 年至 2011 年，在同乐一带进行了普查工作，通过打钻，发现了深部有一定的矿化显示，但效果不如近地表明显。重点注意深部勘查；对于北西向断裂与北东向断裂的交汇部位进行关注。

II$_8$ 远景区：位于元宝山东侧，内外接触带中。该远景区有九毛铀矿点，周围有锡矿点，又地处岩体边缘，围岩中有大量的基性岩脉。故划为二级远景区。

III 级远景区

III$_1$ 远景区：该远景区划分面积 $11.82km^2$。出露中、细粒黑云母花岗岩，新华夏系北西向硅化断裂发育，并有其北北东向硅化断裂形成俾门断陷带。处在趋势隐约高场的边部，γ 高场晕圈成群出现，呈南北—北东展布。地表发现异常较多，并有俾门矿点。在其他的异常中以产于 UFh-29 中的异常较好，该断裂长 2.8km，宽 4～6m，产状 $45°∠38～60°$，充填细-微晶石英岩，有 γ 异常点 13 个，带 2 条，相对 γ 晕圈与之较吻合，其中带 Ag-8 产于该硅化断裂上盘，长 50m，宽 1～1.5m，最宽 6m，一般 200γ，最高大于 1000γ，与赤铁矿化有关，镜下见有脉状铀黑，此外，区域花岗岩铀含量很高，达到 $13.8×10^{-6}$，铀浸出率 28.3%。值得检查处理。

III$_2$ 远景区：该远景区划分面积 $25.28km^2$。处于岩体西部内外接触带，有甘农矿化点，同心、归曹、羊角异常群等。其中甘农矿化点产于变质岩中，受层位、小断裂控制，矿化贫，呈团块状，标志着含铀层存在；同心异常一组受小硅化带控制，见有微晶石英、玉髓，长 43m，宽 1～2m，一般 100～200γ，最高大于 1000γ，经捡块取样 U=0.109%；归曹异常产于 UFn-21 中，有异常带 4 条，点 14 个，带长 50m 左右，宽 0.8～3m，一般 90～200γ，高者 600γ，与硅化、黄铁矿化、赤铁矿红化有关；羊角异常产于外接触带 F7-21 下盘附近 $1.5×1km^2$ 范围内，有异常带 10 条，点 18 个，受白岩顶组层位或节理中的黑色粉末状黄铁矿脉或黄铁矿石英脉控制，其中较好的异常带有 7 条，长 30～70m，宽 0.3～5m，一般 100～300γ，高者 500γ，甚至大于 1000γ，区域铀含量 $6.5×10^{-6}$，铀浸出率较高，达到 35.1%。总之，从现有资料看有热液活动、含铀层存在，是值得重视的地区，划为 III 级远景区，作为今后安排普查的地区。

III$_3$ 远景区：该远景区划分面积 $29.73km^2$。处于尧巴-维洞断陷带段，Fg 走向由近南北转向北东向的变异部位的上下盘附近。岩性为中粗粒黑云母花岗岩，Fg 纵贯全区，充填有大小悬殊的硅化砾岩、各期次中-微晶石英岩、破碎花岗岩，其上下盘有绢云母化、赤铁矿化、绿泥石化、钠钾长石化等。据电测资料，于其拐弯段的上盘发育有低级别的断裂组成帚状构造。地表异常主要分布在 Fg 上下盘绿色蚀变带及下盘杂色蚀变带中，强度低，且分散，连续性差，钻孔揭露深部矿化较好。矿化与硅化、绢云母化、赤铁矿红化、黄铁矿化有关，下蚀变带中尚与钾钠长石化有关。区域铀含量 $8.2×10^{-6}$，铀浸出率较高，达到 38.1%。

III$_4$ 远景区：该远景区划分面积 $10.63km^2$。区域铀含量 $6.4×10^{-6}$，铀浸出率较高，达到 30.2%。位于摩天岭岩体南部，高武断裂从该区通过，并且岩体蜿蜒曲折，有一定的成矿条件。

III$_5$ 远景区：位于元宝山岩体西北部，平硐岭断裂通过。已经发现了铀矿化现象。矿化区有四堡群残留体。有一定的铀成矿远景。

表 6-2 是研究区主要远景区与构造的关系及今后工作的重点。图 6-2 是主要的远景区位置示意图。

总之,纵观摩天岭岩体和元宝山岩体,铀矿化类型丰富,但重点还是要看以达亮矿床为代表的绿泥石型铀矿化,以新村矿床为代表的硅化带型铀矿化,以梓山坪矿点为代表的碱交代型铀矿化。同时,深部找矿是今后的重中之重。

表 6-2　重要远景区与构造的关系及今后工作的重点

序号	断裂或构造部位	远景区	依据	工作重点及建议
1	Fw	I₃远景区	有中型矿床存在,处在新村—同乐断陷带北段 Fw 走向由近南北转向北东向上下盘次级派生帚状断裂中	新村深部;五指山断裂带南延线南部;Fw 下盘的北部,划为 I 级远景区作为今后深部钻探揭露的地段
2	Fw	I₁远景区	处在 Fw、Fg 夹持区;主含矿断裂续长达 1780m,宽 0.2～2m;北段连续异常长度 500m,下盘尚有平行的含矿带分布;构造热液活动多期多次;附近有碱交代岩产出;属洼地半坡地貌	详查揭露
3	Fw	II₅远景区	Fw 规模大,沿走向变异部位多,断陷及次级派生断裂发育;跃进桥矿点处在 Fw 南端拐弯部位;经钻探揭露证实深部比地表矿化好;矿体向南延伸尚未封闭	继续向南追索;Fw 下盘也应受到关注
4	Fw	II₇远景区	为 Fw 的南延部位;硅化带、碎裂岩带发育、细粒花岗岩与粗粒花岗岩的接触部位;硅化、赤铁矿化、萤石化、黄铁矿化等蚀变发育	注意深部勘查;对于北西向断裂与北东向断裂的交汇部位进行关注
5	Fg	III₃远景区	为 Fg 的南部,有矿化点多处,硅化带厚度、形态变化大,北西向断裂发育	重点对断裂转换部位以及北东向与北西向断裂的交汇部位
6	Fz	I₄远景区	构造热液活动多期多次;有大规模碱交代化岩、云英片岩残留体、辉绿岩脉分布;断陷带;相对 γ 场表现为宽大的异常区,综合晕圈吻合	首先要圈定碱交代岩的分布范围、规律以及与梓山坪断裂带的关系,重点关注碱交代岩发育、裂隙发育、特别是次级断裂发育的地段,同时关注包括辉绿岩等不同岩性地质体的结合部位
7	Fz	II₄远景区	在梓山坪断裂与北西向断裂的交汇部位;绿泥石化发育;地表矿化较好。高强有一个品位极高的铀矿点,以沥青铀矿为主	重视构造交汇部位的控矿作用;绿泥石化是一个重要的找矿标志
8	Fm	II₁远景区	北东向硅化断裂发育,并有北北西向硅化断裂形成俾门断陷带;处在趋势隐约高场的边部;γ 高场晕圈成群出现;地表发现异常较多,并有俾门矿点,与赤铁矿化有关,镜下见有脉状铀黑。	重视绿泥石型铀矿和硅化带型铀矿的勘查,并重视岩体内外接触带。
9	岩体边缘	I₅远景区	有中型矿床存在;位于岩体内外接触带;摩天岭岩体西南边缘舌形凹陷带广西山字型脊柱北东向压扭性帚状断裂中;含矿断裂多,但单条规模小,矿化与裂隙、节理和小断裂带有关	重点在深部找矿;在外围仍需做进一步的工作,重点是查明茶山北西向断裂、梓山坪断裂对矿区的影响程度,查明梓山坪断裂是否延伸经过矿区。在工作思路上,要把岩体内外接触带作为同一个成矿系统来进行研究,查找深部流体来源的通道和证据,重视垂直分带特征,关注碱性蚀变与酸性蚀变的界线,在该界线附近是成矿的有利部位

第7章 结论与建议

7.1 主要成果及结论

本书通过对桂北摩天岭—元宝山地区基础地质进行深入分析研究，对铀成矿条件进行分析，对铀成矿规律进行了研究，指出了今后的找矿方向。取得的主要成果如下。

（1）进一步阐明了桂北地区地质发展演化历史

桂北地区先后经历了原始洋盆阶段、四堡期沟—弧—盆系阶段、四堡群褶皱变质阶段、雪峰期沟—弧—盆系阶段、丹洲群褶皱变质阶段、南华—震旦—早古生代被动大陆边缘沉积阶段、加里东挤压造山运动阶段、加里东晚造山期—后造山期伸展阶段、燕山—喜马拉雅期的伸展构造运动等发展阶段。该区的所有矿产资源都是在地质演化发展历史时期形成发展起来的。

（2）系统研究了摩天岭岩体和元宝山岩体的地质学、地球化学以及年代学特征，首次系统性地阐述了该区经历的岩浆－构造热事件

通过研究发现，摩天岭岩体和元宝山岩体形成于雪峰期，是地壳重熔形成的 S 型花岗岩。岩体主体形成于 790～830Ma 的时间内，是晚碰撞阶段的产物。其后，在后碰撞期（790～750Ma）又有少量补体花岗岩形成。所有锆石 U-Pb 年龄显示，研究区经历了多次大的事件，分别为 1800～1000Ma 的四堡群沉积事件；750～850Ma 的地壳重熔岩浆－热事件；400Ma 的加里东期变质热事件；360Ma 的海西期构造－流体热事件；200～220Ma 的印支期流体热事件；60～80Ma 的燕山晚期－喜马拉雅早期构造－流体热事件。每一次热事件，均产生了不同程度的铀成矿作用。

（3）深入研究了达亮矿床等的成矿流体来源

通过地质学、地球化学、同位素等研究方法与手段，分析了岩石、矿石的化学全分析、微量元素、稀土元素，分析了方解石脉的碳氧同位素、黄铁矿的稀有气体同位素。研究发现，研究区的成矿流体是混合流体，既有浅表层的大气降水，又有深部流体的参与。

（4）系统总结了研究区的铀成矿作用

本书认为，研究区铀成矿作用可以分为铀的前期预富集作用及两次大的成矿作用，和若干个小的成矿作用。两次大的成矿作用主要为加里东－海西期成矿作用和喜马拉雅期成矿作用。碱交代作用也是一种十分重要的影响铀成矿的作用。

（5）系统总结了研究区的铀成矿规律，分析了铀源、流体来源、热源以及控矿条件

本书认为，铀既有围岩来源，也有花岗岩来源，可能还有深部来源。流体为混合流体。热源主要为区域变质作用及构造作用提供。控矿因素包括岩性和构造。保矿条件对矿床具有十分重要的意义。

（6）分析了研究区铀及多金属矿的分带规律

本书研究发现，从平面上来看，铀矿主要分布在岩体内部，并分布在断裂带及其附近；其他金属矿产主要分布在岩体周边，其中锡矿主要分布在摩天岭南部的宝坛地区和元宝山岩体的东侧。铜锡矿点、铅锌矿点及其他金属矿产主要分布在摩天岭岩体和元宝山岩体周边的围岩中。从成矿时带上来看，摩天岭岩体和元宝山岩体周围的多金属也具有一定的成矿时代专属性，并具有成矿系列的演化特征。总体上来看，该区的锡矿形成时间较早，根据前人研究成果，锡矿成矿时间为新元古代。铀矿的成矿时代到目前发现具有多期次性，主要成矿时代为加里东末期－海西期和喜马拉雅早期。

（7）建立了研究区的铀成矿模式

本书研究发现，高背景的铀含量是成矿的物质基础，构造热事件是成矿的主导因素。中元古代四堡期的沉积预富集作用以及新元古代雪峰期地壳熔融作用，导致地层中的铀再次活化，并在岩体中重新分配与富集；加里东期的区域变质作用，提供了大量的热，导致花岗岩及围岩地层中的铀大规模活化，在海西早期形成了铀矿；燕山晚期－喜马拉雅早期的伸展构造运动导致了新的铀成矿作用的产生。

（8）总结了研究区铀矿化的定位标志，指出了研究区的铀找矿方向

本书从岩性特征、构造组合特征、矿化蚀变特征、放射性强度以及地球化学特征等方面，进行归纳总结，作为岩体找矿和成矿有利地段的标志，作为矿床、矿点的定位条件，作为评价岩体某一地段铀成矿找矿方向的判据。摩天岭岩体和元宝山岩体，铀矿化类型丰富，但重点还是要寻找以达亮矿床为代表的绿泥石型铀矿化，以新村矿床为代表的硅化带型铀矿化，以梓山坪矿点为代表的碱交代型铀矿化。绿泥石型铀矿主要在岩体边缘，岩体形态变化大、构造发育但大构造不发育的地区。硅化带型铀矿主要在岩体内部，硅化带变异部位或与北西向断层的交汇部位。碱交代型铀矿主要重点在梓山坪断裂带。

7.2 建 议

本研究由于时间、资金等的限制，仍有多个问题需要进一步深入研究。建议在研究区加强以下研究工作。

（1）对本项目划分为Ⅰ级远景区的地段尽早布置生产和科研项目进行工作。

（2）随着达亮和新村矿床勘查和开采的进行，加大两个矿床的对比研究，以期进一步研究该区铀成矿作用，为铀矿勘查提供依据。

（3）进一步加强铀与其他金属矿产的相互作用研究。

参 考 文 献

陈友良. 2008. 若尔盖地区碳硅泥岩型铀矿床成矿流体成因和成矿模式研究 [D]. 成都：成都理工大学，1—119.

陈毓川，毛景文. 1995. 桂北地区矿床成矿系列和成矿历史演化轨迹 [M]. 南宁：广西科学技术出版社：1—433.

程裕淇. 1994. 中国区域地质概论 [M]. 北京：地质出版社，448—476.

丁振举. 2000. 海底热液系统高温流体的稀土元素组成及其控制因素 [J]. 地球科学进展，15(3)：307—312.

董宝林，覃杰. 1987. 桂北九万大山地区花岗岩类新的同位素年龄数据及时代的讨论 [J]. 广西地质，(1—2)：20—22.

董宝林. 1987. 中国南方前寒武纪浅变质岩 Rb-Sr 同位素年代学研究有了突破 [J]. 广西地质，(1—2)：22.

董宝林. 1990. 广西四堡群及其成矿特征 [J]. 广西地质，3 (1)：53—58.

甘晓春，李献华，赵风清，等. 1996. 广西龙胜丹洲群细碧岩锆石 U-Pb 及 Sm-Nd 等时线年龄 [J]. 地球化学，25 (3)：270—276.

葛文春，李献华，李正祥，等. 2001. 桂北新元古代两类强过铝花岗岩的地球化学研究 [J]. 地球化学，30：24—34.

葛文春，李献华，李正祥. 2000. 桂北"龙胜蛇绿岩"质疑 [J]. 岩石学报，16(1)：11—18.

顾雪祥，刘建明，Oskar Schulze，等. 2003. 江南造山带雪峰隆起区元古宙浊积岩沉积构造背景的地球化学制约 [J]. 地球化学，32(5)：406—426.

广西地质矿产勘查开发局. 1995. 1：5 万滚贝、大平东、三防、为才东幅区域地质调查报告 [R]. 1—221.

广西壮族自治区 305 核地质大队. 1980. 桂北摩天岭花岗岩体铀矿成矿规律与成矿预测 [R].

广西壮族自治区 305 核地质大队. 1988. 新村矿床储量报告 [R].

广西壮族自治区 305 核地质大队. 1994. 达亮矿床勘查报告 [R].

广西壮族自治区地质局. 1966. 三江幅 1：20 万区域地质测量报告书 [R]. 1—115.

广西壮族自治区地质局. 1968. 罗城幅 1：20 万区域地质测量报告书 [R]. 1—108.

广西壮族自治区地质局. 1977. 三门幅和同列幅 1：5 万区域地质调查报告 [R]. 1—86.

广西壮族自治区地质矿产局. 1985. 广西壮族自治区区域地质志 [M]. 北京：地质出版社，1—40.

广西壮族自治区地质矿产局. 1987. 1：5 万宝坛地区加刷东、龙岸西、腊峒东、黄金西幅区域地质调查报告 [R]. 1—289.

郭福祥. 1994. 华南大地构造演化的几点认识 [J]. 广西地质，7 (1)：114.

郭令智，卢华复，施央申，等. 1996. 江南中、元古代岛弧的运动学和动力学 [J]. 高校地质学报，2 (1)：1—13.

郭令智，施央申，卢华复，等. 1987. 武夷—云开震旦纪—早古生代沟、弧、盆褶皱系 [C]. 国际大陆岩石圈构造演化与动力学讨论会第三届全国构造会议论文集 1(造山带盆地环太平洋构造). 北京：地质出版社：116—121.

郭令智，施央申，马瑞士，等. 1980. 华南大地构造格架和地壳演化 [C]. 国际交流地质学术论文集(构造地质地质力学). 北京：地质出版社：109—116.

郭令智，施央申，马瑞士，等. 1984. 中国东南部地体构造的研究 [J]. 南京大学学报(自然科学版)，20 (4)：732—739.

郭令智，施央申，马瑞士，等. 1986. 江南元古代板块运动和岛弧构造的形成和演化 [C]，国际前寒武纪地壳演化讨论会论文集(第一集). 北京：地质出版社，30—37.

郭令智，舒良树，卢华复，等. 2000. 中国地体构造研究进展综述 [J]. 南京大学学报，36 (1)：1—17.

韩发，沈建中，聂凤军，等. 1994. 江南古陆南缘四堡群同位素地质年代学研究 [J]. 地球学报，(1—2)：43—50.

韩吟文，马振东. 2003. 地球化学 [M]. 北京：地质出版社.

郝杰，李曰俊，胡文虎. 1992. 晋宁运动和震旦系有关问题 [J]. 中国区域地质，(2)：131—140.

何明友，金景福. 1997. 热液矿床石英铅同位素组成及其地质意义 [J]. 地质评论，43(3)：317—321.

侯可军，李延河，田有荣. 2009. LA-MC-ICP-MS锆石微区原位U-Pb定年技术［J］. 矿床地质，28(4)：481-492.

侯增谦，曲晓明，杨竹深，等. 2006. 青藏高原碰撞造山带：III. 后碰撞伸展成矿作用［J］. 矿床地质，25(6)：629～651.

候光久，索书田，魏启荣，等. 1998. 雪峰山地区变质核杂岩与沃溪金矿［J］. 地质力学学报，4(1)：58-62.

黄惠民，树皋. 2002. 桂北地区锡多金属矿找矿方向［J］. 广西地质，15(4)：17-22.

来志庆. 2009. 桂西北地区摩天岭和元宝山花岗岩岩石地球化学及其成因研究［D］. 中国海洋大学.

赖伏良. 1982. 一个老岩体铀成矿作用的探讨［J］. 桂林工学院学报，4：27-32.

黎彤，1995. Element Abundances of China's Continental Crust and Its Sedimentary Layer and Upper Continental Crust ［J］. Chinese Journal of Geochemistry，(1)：26-32.

李春昱. 1980. 中国板块构造轮廓. 中国地质科学院院报，2(1)：11-22.

李江海，穆剑. 1999. 我国境内格林威尔期造山带的存在及其对中元古代末期超大陆再造的制约. 地质科学，34(3)：259-272.

李荣西等. 2006. 东胜铀矿流体包裹体同位素组成与成矿流体来源研究［J］. 地质学报，80(5)：753-760.

李献华，李正祥，葛文春，等. 2001. 华南新元古代花岗岩的锆石U-Pb年龄及其构造意义［J］. 矿物岩石地球化学通报，20(4)：271-273.

李献华，王选策，李武显，等. 2008. 华南新元古代玄武质岩石成因与构造意义：从造山运动到陆内裂谷［J］. 地球化学，37(4)：382～398.

李献华. 1998. 华南晋宁期造山运动——地质年代学和地球化学制约［J］. 地球物理学报，41(增刊)，184～194.

李献华. 1999. 广西北部新元古代花岗岩锆石U-Pb年代学及其构造意义［J］. 地球化学，28(1)：1-9.

李在基，广西北部灿一侵入基性超基性杂锡矿床的某些地球化学特征（《锡矿地质讨论会论文集》P234-250）. 北京：地质出版社，1987.

李志昌，赵子杰. 1991. 广西晚元古代本洞和三防花岗岩类岩体Nd、Sr同位素特征［J］. 广西地质，4(1)：53-59.

凌文黎，程建萍. 2000. Rodinia研究意义、重建方案与华南晋宁期构造运动［J］. 地质科技情报，19(3)：7-11.

刘宝珺，许效松，潘杏南，等. 1993. 中国南方古大陆沉积地壳演化与成矿［M］. 北京：科学出版社，9-33.

刘福来，许志琴，宋彪. 2003. 苏鲁地体超高压和退变质时代的厘定：来自片麻岩锆石微区SHRIMP U-Pb定年的证据［J］. 地质学报，77(2)：229-237.

刘家远. 1994. 华南前寒武纪花岗岩类的构造演化、成因类型及与成矿的关系［J］. 安徽地质，4(1-2)：39-48.

刘英俊，曹励明，1987. 元素地球化学导论［M］. 地质出版社，北京，281 pp.

卢建春，黄有德. 1988. 一个与前寒武纪火山碎屑沉积岩及超镁铁岩有成因联系的锡矿床［J］. 矿床地质，7(3)：29-41.

毛景文，宋叔和，陈毓川. 1988. 桂北地区火成岩系列和多金属矿床成矿系列［M］. 北京：北京科学技术出版社，1-196.

毛景文，张宗清，董宝林. 1990. 江南古陆南缘四堡群钐钕同位素年龄研究［J］. 地质论评，36(3)：264-268.

南京大学地质系. 1981. 华南不同时代花岗岩类及其与成矿关系［M］. 北京：科学出版社，1～395.

彭建堂，胡瑞忠. 2001. 湘中锡矿山超大型锑矿的碳、氧同位素体系［J］. 地质评论，47(1)34-41.

蒲心纯，周浩达，王熙林，等. 1993. 中国南方寒武纪岩相古地理与成矿作用. 北京：地质出版社：1-102.

乔秀夫，耿树方. 1981. 华南晚前寒武纪古板块构造［C］. 中国及其邻区大地构造论文集，北京：地质出版社，77-91.

丘元禧，马文璞，范小林，等. 1996. "雪峰古陆"加里东期的构造性质和构造演化［J］. 中国区域地质，(2)：150-160.

丘元禧，张渝昌，马文璞，等. 1999. 雪峰山的构造性质与演化—个陆内造山带的形成演化模式［M］. 广州：中山大学出版社，1-153.

邱检生，周金城，张光辉，等. 2002. 桂北前寒武纪花岗类岩石的地球化学与成因［J］. 岩石矿物学杂志，21：197-208.

饶冰，沈渭洲，张祖还．1989．广西摩天岭岩体成因研究［J］．南京大学学报（地球科学），（3）：45－57．

任纪舜，牛宝贵，刘志刚．1999．软碰撞、叠覆造山和多旋迴缝合作用［J］．地学前缘，6（3）：85－93．

任纪舜．1964．中国东部泥盆纪一前几个大地构造问题的初步探讨［J］．地质学报，44（4）：418－430．

任纪舜．1990．论中国南部的大地构造［J］．地质学报，（4）：275－288．

任纪舜．1991．论中国大陆岩石圈构造的基本特征［J］．中国区域地质，（4）：289－293．

商朋强，胡瑞忠，毕献武，等．2006．花岗岩型热液铀矿床 C，O 同位素研究 ——以粤北下庄铀矿田为例［J］．矿物岩石，26（3）：71－76．

沈渭洲．1987．稳定同位素地质［M］．北京：原子能出版社．

施实．1976．前寒武纪摩天岭岩体同位素地质年龄讨论［J］．地球化学，（4）：297－307．

石少华，胡瑞忠，温汉捷，等．2010．桂北沙子江铀矿床成矿年代学研究：沥青铀矿 U－Pb 同位素年龄及其地质意义［J］．地质学报，84（8）：1175－1182．

石少华，胡瑞忠，温汉捷，等．2011．桂北沙子江花岗岩型铀矿床碳、氧、硫同位素特征及其成因意义［J］．矿物岩石地球化学通报，30（1）：88－96．

舒良树，施央申，郭令智，等．1995．江南中段板块一地体构造与碰撞造山运动学［M］．南京：南京大学出版社．

水涛．1987．中国东南大陆基底构造格局［J］．中国科学（B辑），（4）：414－422．

宋彪，张玉海，刘敦一．2002．微区原位分析仪器 SHRIMP 的产生与锆石同位素地质年代学［J］．质谱学报，23：58－62．

田景春，张长俊．1995．早震旦世扬子陆块东南缘构造性质探讨［J］．矿物岩石，15（2）：55－59．

田景春．1989．桂北下震旦统杂砾岩成因之探讨［J］．广西地质，2（4）：25－29．

田景春．1990．桂北下震旦统层序及沉积相特征——以桂北三江震旦系剖面为例［J］．广西地质，3（2）：39－45．

涂光炽，欧阳自远，朱炳泉，等．1984．地球化学［M］．上海：上海科学技术出版社．

王德滋，周新民，孙幼群．1982．华南前寒武纪幔源花岗岩类的基本特征［J］．桂林冶金地质学院学报，（4）：1－9．

王鸿祯．1982．中国地壳构造发展的主要阶段［J］．地球科学，（3）：155－173．

王鸿祯．1986．中国华南地区地壳构造发展的轮廓［M］．见：王鸿祯，杨巍然，刘本培主编．华南地区古大陆边缘构造史．武汉：武汉地质学院出版社，1～15．

王剑．2000．华南新元古代裂谷盆地演化：兼论与 Rodinia 解体的关系［M］．北京：地质出版社：1－146．

王孝磊，周金城，邱检生，等．2006．桂北新元古代强过铝花岗岩的成因：锆石年代学和 Hf 同位素制约［J］．岩石学报，22（2）：326－342．

王自强，索书田．1986．华南地区中、晚元古代阶段古构造及古地理［C］．见：王鸿祯，杨巍然，刘本培主编．华南地区古大陆边缘构造史．武汉：武汉地质学院出版社，16－38．

吴根耀．2000．华南的格林威尔造山带及其坍塌：在罗迪尼亚超大陆演化中的意义［J］．大地构造与成矿学，24（2）：112－123．

伍实．1979．广西晚元古代本洞岩体同位素年代学研究［J］．地球化学，（3）：187－193

夏斌．1984．广西龙胜元古代二种不同成因蛇绿岩岩石地球化学及侵位方式研究［J］．南京大学学报（自然科学版），（3）：554－566．

夏文杰，杜森官，徐新煌，等．1994．中国南方震旦纪岩相古地理与成矿作用［M］．北京：地质出版社，1－100．

谢晓华，陈卫锋，赵葵东，等．2008．桂东北豆乍山花岗岩年代学与地球化学特征［J］．岩石学报，24（6）：1302－1312．

徐夕生，周新民，1992．华南前寒武纪 S 型花岗岩类及其地质意义［J］．南京大学学报（自然科学版）（3）：423－430．

阎明，马东升，刘英俊．1995．桂北四堡期火山岩微量元素地球化学特征［J］．矿物岩石，15（2）：60－65．

杨丽贞，周景辉，梁磊，等．1987．广西罗城宝坛地区具鬣刺结构科马提岩的发现及其意义［J］．广西区域地质，（16）：9－12．

杨丽贞．1990．桂北中元古代的科马提岩［J］．中国区域地质，（1）：14－24．

杨巍然，胡德祥，张旺生．1986．华南加里东阶段古构造特征［M］．见：王鸿祯，杨巍然，刘本培主编．华南地区古大陆边缘构造史．武汉：武汉地质学院出版社：39－64．

叶先仁，吴茂炳，孙明良. 2001. 岩矿样品中稀有气体同位素组成的质谱分析 [J]. 岩矿测试. 20(3)：174—178.

於崇文. 1987. 南岭地区区域地球化学 [J]. 矿物岩石地球化学通讯，(03)：124—126.

张安达. 2003. 阿尔金英格利萨依超高岩石中锆石的成因矿物学与年代学研究 [D]. 西北大学硕士学位论文：
　　10—38.

张福勤，谢鸿森，许祖鸣. 1993. 华南前寒武纪镁铁—超镁铁杂岩的岩石大地构造格架 [M]. 见：李继亮主编，东
　　南大陆岩石圈结构与地质演化. 北京：冶金工业出版社：163—172.

张桂林，梁金城，何振培，等. 1997. 广西龙胜非构造侵位的蛇绿岩 [J]. 大地构造与成矿学，21 (2)：137—144.

张桂林，梁金城. 1993. 广西龙胜基性超基性岩的变形分解构造及其大地构造意义 [J]. 桂林冶金地质学院学报，13
　　(4)：357—365.

张桂林. 2004. 扬子陆块南缘(桂北地区)前泥盆纪构造演化的运动学和动力学研究 [D]. 长沙：中南大学博士学位
　　论文：66—80.

张国全，胡瑞忠，蒋国豪，等. 2010. 幔源挥发性组分参与 302 铀矿床成矿作用的氦同位素证据 [J]. 地球化学，39
　　(4)：386—395.

张国玉，王正其，梁良. 2006. 相山、下庄铀矿田稀土元素特征对比 [J]. 矿物岩石，26(1)：64—68.

张泰贵. 1989. 南岭及其邻区几个区域地质矿产问题的探讨 [J]. 地质评论. 35(2)：168—175.

张祖还，章邦桐. 1991. 华南产铀花岗岩及有关铀矿床研究 [M]. 北京：原子能出版社.

章崇真. 1983. 华南花岗岩的成因类型及其演化系列 [J]. 岩石矿物及测试，2(1)：9—11.

赵振华. 1992. 微量元素地球化学 [J]. 地球科学进展，7(5)：65—66.

赵子杰，马大铨，林惠坤，等. 1987. 桂北前寒武纪花岗岩本洞、三防岩体的研究 [C]. 南岭地质矿产科研报告集
　　(一). 武汉：武汉地质学院出版社：1—27.

钟自云，龚安，方积义. 1983. 广西龙胜蛇绿岩带的地质特征及构造环境 [J]. 岩石矿物及测试，2 (1)：1—8.

周金城，王孝磊，邱检生，等. 2003. 桂北中—新元古代镁铁质—超镁铁质岩的岩石地球化学 [J]. 岩石学报，19
　　(1)：9—18.

朱小波. 2009. 矿产资源整合方案分析：广西融水县矿产资源整合方案实例分析 [J]. 矿产与地质，23(4)：
　　391—395.

Allegre C J，Minster J F. 1978. Quantitative models of trace element behavior in magmatic processes [J]. Earth and
　　Planetary Science Letters，38(1)：1—25.

Barbarin B. 1999. A review of the relationships between granitoid types，their origins and their geodynamic
　　environments [J]. Lithos，46：605—626.

Bau M，Dulski P. 1995. Comparative study of yttium and rare—earth element behaviours in fluorine—rich hydreotheral
　　fluids [J]. Contrib Mineral Petrol，119：213—223.

Belousova E A，Griffin W L，O' Reilly S Y and Fisher N I. 2002. Igneous zircon：Trace element composition as an
　　indicator of source rock type. Contributions to Mineralogy and Petrology [J]. Contrib. Mineral. Petrol.，143
　　(5)：602—622.

Burke K，Dewey J F，Kid W S F. 1977. World distribution of sutures：the sites of former oceans [J].
　　Tectonophysics，40：69—99.

Chappell B W，White A J R. 1992. I—and S—type granites in the Lachlan Fold Belt [J]. Trans. Royal Soc.
　　Edinburgh：Earth Sci.，83：1—26.

Dalziel I W D. 1991. Pacific margins of Laurentia and East Antarctica—Australia as a conjugate rift pair：Evidence and
　　implications for an Eocambrian supercontinent [J]. Geology，19：598—601.

Demeny A L，Dallai M L，Frezzotti，et al. 2010. Origin of CO_2 and carbonate veins in mantle derived xenoliths in the
　　Pannonian Basin [J]. Lithos，117(1—4)：172—182.

Faure G. 1986. Principles of Isotope Geology [M]. New York：John Wiley and Sons.

Grabau，A W. 1924. Stratigraphy of China，Part I，Paleozoic and older [M]. Peking：The geological survey of
　　agriculture and commerce，(528)：1—6.

GuoLinzhi, Shi Yangshen, Lu Huafu et al. 1996. Research on the terrene tectonics in China [J]. Chinese Journal of Geochemistry, 15(3): 193—202.

GuoLinzhi, Shi Yangshen, Ma Ruishi, et al. 1985. Plate movement and crustal evolution of the Jiangnan Proterozoic mobile belt, Southeast China [J]. Earth Science (Japan), 39(2): 156—166.

Hanchar J M and Miller C F. 1993. Zircon zonation patterns as revealed by cathoclolumine scene and backscattered electron imagess: Implications for interpretation of complex crustal histories [J]. Implical Geology (Chem. Geol.), 110: 1—13.

Harker B R, Ratschbacher L, Webb L, et al. 1998. U-Pb zircon ages constrain the architecture of the ultrahigh—pressure Qinling—Dabie Orogen, China [J]. Earth and Planetary Science letters, 161: 215—230.

Hinton R W, Upton B G J. 1991. The chemistry of zircon: Variations with in and between larger crystals from syenite and alkall basalt xenolths [J]. Geochim Cosmochim Act, 55(11): 3287~3302.

Hoffman P F. 1991. Did the breakout of Laurentia turn Gondwanaland inside—out? [J]. Science, 183: 1409—1412.

Hoskin P W O, Black L P. 2000. Metamorphic zircon formation by solid—state recrystallization of protolith igneous zircon [J]. J. Metamorph. Geol., 18: 423—439.

Hoskin P W O, Ireland T R. 2000. Rare earth element chemistry of zircon and its use as a provenance indicator [J]. Geology, 28(7): 627—630.

Kroner A, Jaeekel P, Williams I S. 1994. Pb-loss Patterns in zircons from a high—grade metamorphic terrain as revealed by different dating methods. U-Pb and Pb-Pb ages of igneous and metamorphic zircon from northern Sri Lanka [J]. Precambrian Research, 66: 151—181.

Kroner A. 1980. Pan—African crustal evolution [J]. Episodes, 2: 3—8.

Kroner A. 1981. Precambrian plate tectonics. Amsterdam: Elsever, 1—781.

Li X H, Li ZX, Ge WC, et al. 2003. Neoproterozoic granitoids in South China: crustal melting above a mantle plume at ca. 825 Ma? [J] Precambrian Research, 122(1—4): 45—83.

Li X H. 1999. U—Pb zircon ages of granites from the southern margin of the Yangtze Block: timing of Neoproterozoic Jinning orogeny in SE China and implication for Rodinia Assembly. Precambrian Research, 97: 43—57.

Li Z X, Li X H, Kinny P D, et al. 1999. The breakup of Rodinia: did it start with a mantle plume beneath South China? [J]. Earth Planet., Sci., Lett., 173: 171—181.

Li Z X, Li X H, Kinny P D, et al. 2003. Geochronology of Neoproterozoic syn—rift magmatism in the Yangtze Craton, South China and correlations with other continents: Evidence for a superplume that broke up Rodinia [J]. Precamb. Res., 122: 85—109.

Li Z X, Li X H, Zhou H W, Kinny P D. 2002. Grenvillian continental collision in south China: New SHRIMP U—Pb zircon results and implications for the configuration of Rodinia [J]. Geology, 30(2): 163 166.

Li Z X, Li X H. 2007. Formation of the 1300—km—wide intracontinental orogen and postorogenic magmatic province in Mesozoic South China: A flat—slab subduction model [J]. Geology, 35(2): 179 182.

Liu Y S, Gao S, Hu ZC, et al. 2010. Continental and oceanic crust recycling—induced melt—peridotite interactions in the Trans—North China Orogen: U—Pb dating, Hf isotopes and trace elements in zircons from mantle xenoliths [J]. Journal of Petrology, 51: 537—571.

Ludwig K R. 2001. Squid 1. 02: A User's Manual [M]. Berkeley Center Special Publication, California, 2: 1—21.

Nasdala L, Gotze J, Pidgeon R T, et al. 1998. Constraining a SHRIMP U—Pb age: Micro—scale characterization of zircons from Saxonian Rotliegend rhyolites [J]. Contrib Mineral Petrol, 132: 300—306.

Nasdala L, Hofmeister W, Norberg N, et al. 2008. Zircon M257 — a homogeneous natural reference material for the ion microprobe U-Pb analysis of zircon [J]. Geostandards and Geoanalytical Research, 32, 247—265.

Park R G. 1994. Early Proterozoic tectonic overview of the northern British Isles and neighboring terrains in Lourentia and Baltica [J]. Precambrian Research, 68: 65—79.

Rowley D B, Xue F, Theker R D, et al. 1997. Ages of ultr—high pressure metamorphism and protolith orthogneisses from the eastern Dabie shan: U/Pb zircon geochronology [J]. Earth Planet Sci. Lett., 151: 191−120.

Rubatto D. Gebauer G, Compagnoni R. 1999. Dating of eclogite facices zircons: the age of Alpine metamorphism in the Sesia−Lanzo Zone (Western Alps) [J]. Earth and Planetary Science Letter, 167: 141−158.

Sláma J, Kosler J, Condon D J, et al. 2008. Plesovice zircon — A new natural reference material for U−Pb and Hf isotopic microanalysis [J]. Chemical Geology, 249: 1−35.

Stuart F M, Burnard P G, Taylor R P, et al. 1995. Resolving mantle and crustal contributions to ancient hydrothermal fluids: He−Ar isotopes in fluid inclusions from Dae Hwa W−Mo mineralization, South Korea [J]. Geochemica et Cosmochimica Acta, 59(22): 4663−4673.

Taylor S R, Melennan S M. 1986. The Continental Crust: its Composition and Evolution [J], Blackwell Scientific Publication, 15: 312.

Turner G, Burnard P, Ford J L, et al. 1993. Tracing fluid sources and interactions [J]. Phil Trans R Soc A, 334 (1670): 127−140.

Vavra G, Gebauer D, Schmid R, et al. 1996. Multiple zircon growth and recrystallization during ployphase Late Carboniferous to Triassic metamorphism in granulites of the Ivrea Zone (Southern Alps): an ion microproble (SHRIMP) study [J]. Contrib. Mineral. Petrol, 122: 337−358.

Vavra G, Schmid, Gebauer D. 1999. Internal morphology, habit and U-Th-Pb microanalysis of amphibole to granulite facies zircon: geochronology of the Ieren Zone (Southern Alps) [J]. Contrib. Mineral. Petrol., 134: 380−404.

Wang X L, Zhou J C, Qiu J S, et al. 2006. LA-ICP-MS U-Pb zircon geochronology of the Neoproterozoic igneous rocks from Northern Guangxi, South China: Implications for tectonic evolution [J]. Precambrian Research, 145 (1−2): 111−130.

Windley B F. 1983. Uniformitarianism today: plate tectonics is the key to the past [J]. Journal of the Geological Society, 150: 7−19.

Wingate M T D, Cambell I H, Compston W, et al. 1998. Ion microprobe U-Pb age for Neoproterorozoic basaltic magmatism in South Central Australia and implication for the break up of Rodinia [J]. Precamb Res, 87: 135−159.

Zhao G C, Cawood P A. 1999. Tectonothermal evolution of the Mayuan assemblage in the Cathaysia Block: implications for Neoproterozoic collision−related assembly of the South China craton [J]. Am. J. Sci., 299: 309−339.

Zhao J H, Zhou M F. 2007. Geochemistry of Neoproterozoic mafic intrusions in the Panzhihua district (Siehuan Province, SW China): Implications for subduction−related metasomatism in the upper mantle [J]. Precambrian Research, 152(1−2): 27−47.

Zhao J H, Zhou M F. 2007. Neoproterozoic adakitic plutons and arc magmatism along the western margin of the Yangtze Block, South China [J]. The Journal of Geology, 115(6): 675−689.

Zhao J X, Malcolm M T, Korsch R J. 1994. Characterization of a plume−related −800Ma magmatic event and its implication for basin formation in central−southern Australia [J]. Earth Planet Sci Lett., 121: 349−367.

Zhao X F, Zhou M F, Li J W, et al. 2008. Association of Neoproterozoic A− and I− type granites in South China: implications for generation of A − type granites in a subduction−related environment [J]. Chemical Geology, 257 (1−2): 1−15.

Zheng Yong−fei, Hoefs J. 1993. Carbon and oxygen isotopic covariations ins hydrothermal calcites [J]. Mineralum Deposita, 28(2): 79−89.

Zhou J C, Wang X L, Qiu J S, et al. 2004. Geochemistry of Meso−Neoproterozoic mafic−ultramalic rocky from northern Guangai, China: Arc or plume magmatism. Geochemical Journal, 2(38): 139−152.

Zhou M F, Zhao T P, Malpas J, et al. 2000. Crustal−contaminated komatiitic basalts in southern China: products of a Proterozoic mantle plume beneath the Yangtze block [J]. Precam. Res., 103: 175−189.

附录　彩色图版

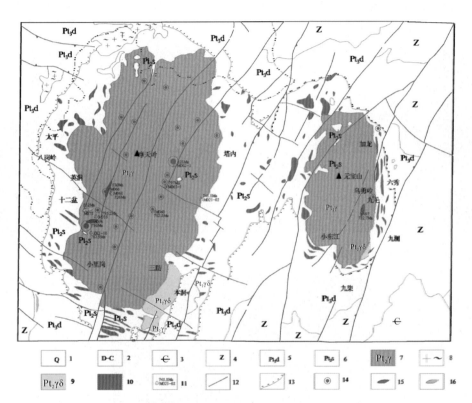

图 2-1　桂北摩天岭−元宝山锆石采样点分布图

1-第四系；2-泥盆系和石炭系；3-寒武系；4-震旦系；5-丹洲群；6-四堡群；7-雪峰期花岗岩；8-雪峰期混合花岗岩和混合岩；9-四堡晚期英云闪长岩和花岗闪长岩；10-四堡早期(少量雪峰早期)中性−超基性岩；11-采样点及测年结果；12-断层；13-地层不整合界线；14-铀矿床(点)；15-中酸性岩脉；16-基性岩脉

图 2-14　摩天岭 M016 云英岩照片

图 2-20　摩天岭 M021-2 电英岩照片

图 2-26　摩天岭 M040 细粒花岗岩照片

图 2-37　摩天岭 M062-3 细粒花岗岩照片

图 2-48　摩天岭 M063-1 钠长岩照片

图 2-54　摩天岭 M066 钾长花岗岩照片

图 2-60　摩天岭 M068 辉绿岩照片

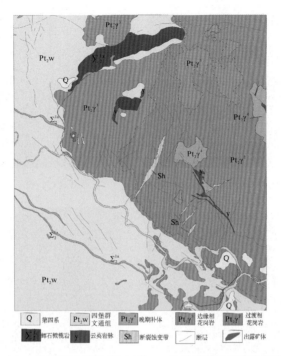

图例:

| Q | 第四系 | Pt₂w | 四堡群文通组 | Pt₁γ⁵ | 晚期补体 | Pt₁γ⁴ | 边缘相花岗岩 | Pt₁γ | 过渡相花岗岩 |

Σ₂¹ᵃ 辉石微辉岩　γ 云英岩脉　Sh 断裂蚀变带　／ 断层　◤ 出露矿体

图 4-1　达亮矿区地质图（据广西 305 核地质队地质图内部资料）

沥青铀矿，环状、葡萄状、球状结构，
（20×10）（M014）

沥青铀矿脉状构造（20×10）（M020-4）

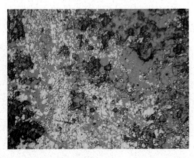

沥青铀矿浸染状构造（20×10）（M014）

沥青铀矿脉状构造（50×10）（M018）

照片 4-1　达亮矿床矿石沥青铀矿镜下特征

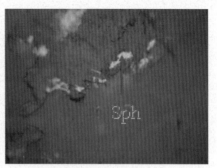

沥青铀矿与黄铜矿共生(20×10)(M019)　　　　闪锌矿(50×10)(M019)

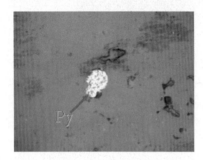

黄铁矿边缘呈小港湾,内部被部分交代　　　黄铜矿(黄色带状)、斑铜矿(棕红色)
　　　(20×10)(ZK2-5)　　　　　　　蓝辉铜矿(蓝色,分布于矿物边缘)
　　　　　　　　　　　　　　　　　　　　(50×10)(ZK2-5)

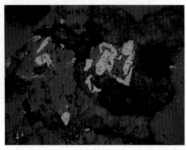

铌钽铁矿(10×10)(M020-4)

照片 4-2　达亮矿床金属矿物镜下鉴定特征

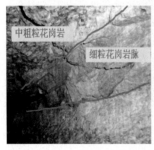

照片 4-3　同乐矿点岩性及矿化特征

照片 4-4　M038-11：含绢云母硅化花岗岩

微粒石英集合体局部较大，粒间普通含少许细小鳞片状绢云母无序穿插，局部发育形成细粒白云母（彩色）。D=6.3mm

照片 4-5　M038-10：白云母化二长花岗碎裂岩

碎裂结构，半定向不完全条带状构造，由碎裂的长石（灰色浑浊）和石英（灰至灰白色透明）组成，粒间被较多细粒白云母交代（彩色，以交代碎基为主）。D=5.2mm

照片 4-6　M038-12：二长花岗斑岩

斑状结构，斑晶由自形斜长石组成（灰色具强烈绢云母化），基质细粒，主要由细粒不规则粒状石英（灰白色透明）及钾长石（灰色，雾浊状）组成，且稍呈半定向分布。D=5.2mm

照片 4-7　M038-5：蚀变中粒含黑云母二长花岗岩

岩石组分主要由钾长石（灰色中粗粒不规则）粒状含较多细粒斜长石包体（灰白色半自形或不规则粒状且较强烈绢云母化）及石英组成（后者灰白色透明）。D=5.2mm

左图：黄铁矿（Py）被磁黄铁矿（Pyr）包裹；右图：闪锌矿（Sph）与磁黄铁矿（Pyr）
下图：闪锌矿（Sph）中分散的黄铜矿（Clp）与黄铁矿（Py）固溶体分离相（10×10）

照片 4-8　老山矿点 Y005-1 样品金属矿物组成

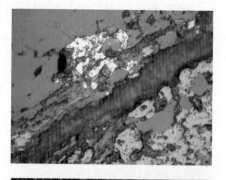

照片 4-9 老山矿点 Y005-3 样品金属矿物组成
左图：闪锌矿、黄铜矿、蓝辉铜矿共生；
右图：脉状锡石(灰白色)；
下图：锡石(Cst)与黄铜矿(Clp)共生(10×10)

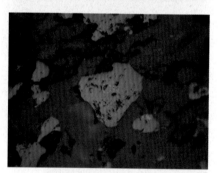

照片 4-10 老山矿点 Y005-3 样品锡
石(Cst)单晶特征(20×10)

照片 4-11 Y005-1 黄铁绢英岩化花岗岩
粗－细粒不等粒鳞片变晶结构，块状具不规则条
带状半定向构造。岩石组分由石英和浅色云母
组成，含少许钾长石和黑云母及少许细粒黄铁
矿。（正交偏光）

粗－细粒粒状鳞片变晶结构，块状具斑杂状
构造，岩石组分由石英和云母组成，由于结
构和组分不均匀造成斑杂状构造。黑云母多
被白云母交代。云英岩化。（单偏光）

照片 4-12 Y005-2 含黑云母(残余)云英岩

照片 4-13　Y005-4 含锡石－电气石云英岩化石英－黑云母岩

中粗粒不等粒状鳞片变晶结构，块状构造。岩中组分由石英和两种云母组成，含少许细粒电气石、锡石、萤石及黄铁矿等组成。云英岩化、电气石化、萤石化、黄铁矿化(正交偏光)

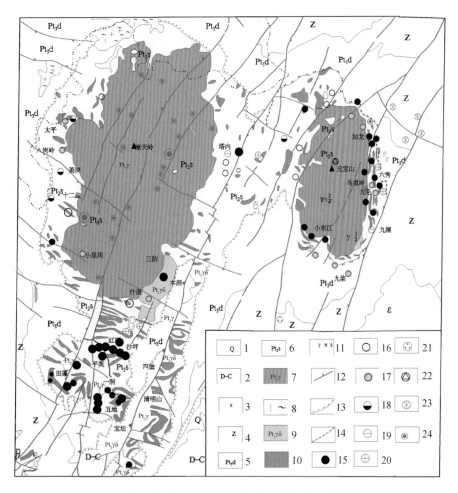

图 5-2　摩天岭—元宝山地区多金属矿分布示意图

1-第四系；2-泥盆系和石炭系；3-寒武系；4-震旦系；5-丹洲群；6-四堡群；7-雪峰期花岗岩；8-雪峰期混合花岗岩和混合岩；9-四堡晚期英云闪长岩和花岗闪长岩；10-四堡早期(少量雪峰早期)中性－超基性岩；11-中生代花岗斑岩；12-断层；13-地层角度不整合界线；14-地层平行不整合界线；15-锡矿床(点)；16-铜锡矿点；17-多金属矿点；18-铅锌矿点；19-金矿点；20-铜矿点；21-铁矿点；22-钨矿点；23-锑矿点；24-铀矿床(点)

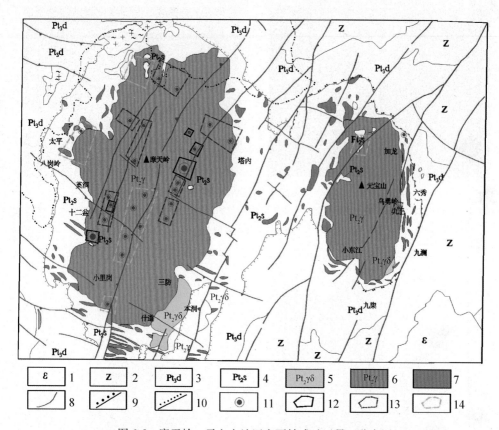

图 6-2　摩天岭—元宝山地区主要铀成矿远景区分布图

　　1-寒武系；2-震旦系；3-丹洲群；4-四堡群；5-四堡晚期英云闪长岩和花岗闪长岩；6-雪峰期花岗岩；7-四堡早期（少量雪峰早期）中性-超基性岩；8-断层；9-断层不整合界线；10-地层平行不整合界线；11-铀矿床(化)点；12-Ⅰ级远景区；13-Ⅱ级远景区；14-Ⅲ级远景区